U0257962

INTERNET

本书受上海哲学社会科学中青班专项课题资助

互联网治理

历史演进与分层解析

GOVERNANCE

Historical Evolution
and Layered Analysis

戴丽娜 ——————— 著

社会科学文献出版社
SOCIAL SCIENCES ACADEMIC PRESS (CHINA)

目　录

导　论　重新认识互联网及互联网治理

1969 年阿帕网（ARPAnet）诞生至今，互联网已演进了五十余载，在人们的日常生活中几乎无处不在。截至 2024 年 1 月，互联网已覆盖全球总人口的 66.2%，约 53.5 亿人，[①] 并成为信息传播的新渠道、生产生活的新空间、经济发展的新引擎、文化繁荣的新载体、社会治理的新平台、交流合作的新纽带、国家主权的新疆域。[②] 然而，无论是互联网的内部结构，还是互联网的运作原理，抑或互联网的治理体系，绝大多数人都不甚了了。有时，人们对这个复杂体系的理解或描述犹如盲人摸象。在用户感知中，互联网可能是一种获取信息的工具，也可能是一种通信手段，或者是一种消磨时间的娱乐方式；在媒体从业者心目中，互联网是一种传播新闻的媒介形态；在程序员看来，互联网是一个根据数字逻辑建构的虚拟空间；在网络运营者眼中，互联网是由无数个计算机网络组成的合集；等等。

一　什么是互联网

那究竟什么是互联网呢？互联网一词来自英文"internet"（首字母小写）一词，人们经常将其与"Internet"（首字母大写）混淆。2002 年《美国国家信息技术标准词典》中指出"internet"是 internetwork 的同义词，泛

[①] Wearesocial，"Digital 2024：Global Overview Report，" https://datareportal.com/reports/digital-2024-global-overview-report，2024-5-4.

[②] 《国家网络空间安全战略》，https://www.cac.gov.cn/2016-12/27/c_1120195926.htm，2016 年 12 月 27 日。

指由多个网络互联形成的计算机网络，但并不意味着全球性，两个或多个局域网也可组成一个互联网，即使它们位于同一幢建筑物里或属于同一个机构。"Internet" 是一个专有名词，特指以美国国防部高级研究计划局网络——阿帕网为基础，通过产业、教育、政府和科研机构等系统的自治网络将用户连接起来的世界范围的网络。它采用了网际协议（IP）进行网络互联和路由选择，依据传输控制协议（TCP）实现端对端控制。[①] 由此可见，Internet 只是 internet 的一种。二者被混淆使用主要有以下原因：一是它们仅首字母的大小写不同，读音完全相同，在口语交流中很难直接区分；二是技术及其术语在诞生和演变中具有偶然性、模糊性，其所代表的含义固定为特定群体或社会所周知需要一个过程；三是由于技术的隐蔽性和复杂性，普通人很难确切知道这两个词的演变历史及其含义，当 Internet 成为全球覆盖范围最大的计算机网络和最常见的计算机互联方式时，人们便理所当然地将其等同于 internet；四是翻译在处理文本时没有注意二者的区别，在语境（如中文）转换中，二者所指逐渐出现了合二为一的现象。因此，为区分 internet 和 Internet 两词，全国科学技术名词审定委员会信息科学新词审定组曾特意对它们进行了定名，将 internet 认定为计算机科学领域中的普通名词，译为"互联网络"或"互联网"，而将 Internet 认定为专有名词，译为"因特网"。[②]

从上述定义可以看出，互联网最初是以计算机为核心设备（通常称为主机）形成的一个数据及信息传播网络。在无线传输技术投入使用以前，将计算机连接在一起的各种线缆也是互联网物理设施的重要组成部分。从互联网的初始结构、功能及使用者的范围来看，它并不是一个复杂而影响广泛的事物。然而，互联网是持续高速发展的技术产物，自诞生起就一直处于动态变化中。这种动态变化特征为认识互联网和互联网治理带来了巨大挑战，

---

① 张伟：《因特网≠互联网——Internet 与 internet 是两个不同的名词》，《中国计算机学会通讯》2005 年第 3 期，第 87 页。

② 全国科学技术名词审定委员会信息科学新词审定组：《关于 Internet 的汉语定名》，《科技术语研究》1998 年第 1 期，第 21 页。

需要我们不时重新检视对互联网的认知，并调整相应的治理方案。

互联网的动态变化反映在多个维度。在物理形态方面，随着通信及网络技术的发展，千变万化的主机形态（如大型超级计算机、小型台式计算机、笔记本电脑、平板电脑、智能手机、智能汽车，以及各种数字穿戴设备、数字家居用品和数字生产设备等）将人们带入万物互联的世界。在传输方式方面，移动蜂窝、Wi-Fi、蓝牙、卫星等无线传输方式更是使得互联网几乎既无处不在又无影无踪。在使用功能方面，互联网已经成为现代社会的重要基础设施，日益丰富的各种互联网应用服务已使人们的交流、学习、工作、娱乐等活动离不开互联网的辅助。在信息传播方面，互联网不仅覆盖了人类的自我传播、群体传播、组织传播及大众传播等所有常见模式，还包括人机交互传播模式。在用户数量方面，全球互联网用户数量仍呈增长态势。这些变化带来的持续且颠覆性的影响主要表现在信息传播秩序重塑、商业模式创新、产业结构重组等方面。

二　什么是互联网治理

互联网的发展为人类社会带来了积极影响和发展机遇，但同时也带来了一些消极影响和安全挑战，如虚假信息泛滥、网络犯罪、隐私泄露、网络沉迷、关系疏远，以及数字鸿沟加深和信息不平等加剧。因此，如何发展和治理互联网已经成为各国高度关注的问题。

"互联网治理"一词大概在 20 世纪 90 年代中期就已成为一个流行术语，[①] 但一直极具争议，涉及是否需要治理、谁具有治理的权威、治理包含的内容、治理活动的组织方式等。产生分歧的根源主要是对互联网本质的认知差异。一方面，相对于现实物理世界而言，关于"互联网创造的网络空间是不是一个全新的、独立的、不受现实规则约束的领域"存在争议；另一方面，在国家主体应该如何利用和管理互联网问题上，存在"全球公域"

---

① Jeanette Hofmann, "Internet Governance: A Regulative Idea in Flux," *Global Internet Governance: Critical Concepts in Sociology*, edited by Laura DeNardis, Volume I, Routledge, p. 504.

和"主权新疆域"的辩驳。

"互联网例外论"在早期互联网治理讨论中曾大行其道，其中代表性的观点是："基于计算机的全球通信跨越了领土边界，创造了新的人类活动领域，破坏了基于地理边界适用法律的可行性和正当性。在这些电子通信破坏地理边界的同时，出现了新的边界，由屏幕和密码组成，将虚拟的世界和原子的'现实世界'分开。这个新的边界定义了一个独特的网络空间，它需要并且能够创造它自己的新法律和法律机构"。①类似观点备受自由主义者、理想主义者和技术精英的推崇。然而，随着互联网与现实社会的融合，上述"互联网例外论"的观点不攻自破。关于"谁具有治理的权威""治理活动的组织方式"等问题，来自美国的主张一直处于优势地位。在 20 世纪八九十年代，在美国的技术精英主导下建立的 I∗ 系列互联网组织至今仍在治理中发挥着重要作用。

"全球公域"派主张，针对互联网的治理活动是"全球治理"的一个新领域，故应称之为"互联网全球治理"。网络空间是由兼容协议构成的全球互联互通的公共领域，本质上是"全球公域"，没有哪个国家拥有绝对实力可以在整个网络空间行使主权。同时，如果将国家主权延伸至网络空间将促使网络空间冲突加剧，并导致互联网分裂。因而，"全球公域"派主张采取"多利益相关方治理模式"，即拥有主权的国家政府、私营企业、非政府组织、公民个体等利益相关方共同参与互联网治理。这种模式也常被称为"多方模式"。在这种模式中，国家政府相较于其他利益相关方并不具备特权。"互联网全球治理"主张在 20 世纪 90 年代中期到"斯诺登事件"爆发前的一段时间内占据明显优势地位，以至于那一时期互联网治理体制的构建与演进都受到"全球公域"逻辑的影响。

在 21 世纪头十年，从 ICANN 到信息社会世界峰会再到互联网治理论坛，美国所倡导的多利益相关方治理模式在互联网治理组织中得到了普及。

---

① David R. Johnson, Susan P. Crawford, John G. Palfrey, "The Accountable Internet: Peer Production of Internet Governance," *The Virginia Journal of Law and Technology*, 2004, 9, pp. 2-33.

在 2005 年召开的首届信息社会世界峰会上，联合国成立了"互联网治理工作组"，试图阐明互联网治理的内涵以及相关公共政策问题。2005 年 7 月，互联网治理工作组明确了互联网治理的工作定义：政府、私营企业和社会组织发挥各自的作用，制定和实施旨在规范互联网发展和使用的共同原则、准则、规则、决策程序和方案。①

在联合国层面达成的关于互联网治理定义的共识有两个积极意义：一是表明了在国际社会开展互联网治理的正当性和必要性；二是确认了私营企业和非政府组织等参与互联网治理的合法性。多利益相关方治理模式因此被认为是信息社会世界峰会取得的最重要的成果之一。然而，该定义被诟病之处在于，仅将"互联网治理"指向公共政策制定，掩盖了互联网治理原本浓厚的互联网资源分配和技术协调色彩。对此，2005 年信息社会世界峰会第二阶段会议就"互联网治理"的定义达成了共识，认为其既包含技术方面（如关键互联网资源和标准）的管理，也包括与互联网相关的公共政策议题。

"主权新疆域"派认为，网络空间是主权国家的新疆域，国家主权在网络空间应该自然延伸，政府是互联网治理中的强有力的行为体。同时，围绕互联网治理展开的活动通常与国家安全和国家利益相关，因此应属于"国际治理"范畴。他们主张在联合国框架下进行关键互联网资源分配和开展互联网公共政策的制定工作，让政府在互联网治理中发挥更大作用。这种治理模式常被简称为"多边模式"。"多边模式"长期遭到美国政府及其企业的抵制，因而，"互联网国际治理"或"网络空间国际治理"近十年才逐渐流行起来。"互联网国际治理"概念逐渐获得认可主要有以下原因：一是"互联网全球治理"体制机制的构建困难重重、进展缓慢，无法满足当前互联网治理的现实需要；二是"斯诺登事件"爆发后，美国作为互联网治理的"良性霸权"形象坍塌，各主权国家对网络空间的主权意识

---

① Château de Bossey, "Report of the Working Group on Internet Governance," https：//www.wgig. org/docs/WGIGREPORT. pdf.

觉醒，纷纷推出保护自身利益的网络空间发展战略和法律法规，政府作为互联网治理中的行为体强势回归；三是特朗普政府改变对华策略后，地缘竞争因素成为互联网治理秩序演进中的重要影响因素之一。近年来，互联网治理格局朝"国际化"方向演进的趋势较为明显。

事实上，从互联网治理的历史演进和现实需求分析，"多边模式"与"多方模式"并不是一个简单、对立的孰是孰非问题。在实践中，二者出现了融合发展态势。未来，二者的共存互补将是常态，针对不同的情况采取与之相适应的治理方式，才能更好地解决问题。互联网是一个高度复杂的人造技术空间。在信息技术高速迭代的背景下，为确保互联网的稳定、安全、开放和可持续发展，在全球范围内开展政府、国际组织、技术社区、民间组织多方参与的合作与协调，仍然是解决技术协调问题最为高效的方式。然而，随着互联网应用程序的爆发式增长，互联网与现实社会全方位、深度融合，安全问题日益凸显，使得国家主权和互联网之间的关联被强化，国家间的协商、合作乃至冲突等显著增加。在世界百年未有之大变局背景下，关于互联网治理的博弈仍将持续。

互联网技术引发新浪潮与新问题，陆续出现了数字治理、人工智能治理、网络治理、数据治理、物联网治理等新术语，但它们本质上都是源于互联网的，并且是"互联网治理"的一部分。因此，本书更倾向于继续使用"互联网治理"这一更具历史意涵、技术覆盖更广泛的概念。本书第一至第三章为历史演进篇，着重阐述了从互联网全球治理到国际治理演进的历史过程；第四至第七章为分层解析篇，基于网络空间分层理论构建分析框架，描述了不同层面国际治理发展现状。

三　如何进行互联网治理研究

随着互联网和现实社会的融合演进，互联网治理活动的复杂程度快速提升，互联网治理议题也不断丰富，从互联网关键基础资源分配及技术标准协调到各国互联网发展战略和法律法规，再到个人言论和隐私保护等。与此同时，互联网治理的参与主体日益多元化，体系庞杂错综。

为此，一些学者提出了分层研究方法。美国互联网治理研究学者弥尔顿·穆勒（Milton Mueller）在《从根本上治理互联网：互联网治理与网络空间的驯化》一书中，针对协调全球互联网唯一标识符分配问题，提出了分配的三层结构：一是技术层，对互联网名称和地址分配进行协调，以确保唯一性和排他性；二是经济层，互联网标识符是有限资源，因此在分配过程中除了要保持排他性，还需要采取一些措施保证资源不被浪费，这是经济层的主要任务；三是政策层，在设计分配程序时，需要考虑的不仅仅是技术和经济问题，还要考虑政策问题，例如，如果标识符的语义是有意义的，那么分配机构就需要制定政策协调相同标识符分配的竞争性要求。穆勒提出的三层结构划分方法，在互联网商业化以及国际化的早期，对互联网治理活动尤其是根区资源的治理实践具有重要的指导意义，即在技术层确保标识符的唯一性和分配的排他性，在经济层防止地址资源以低效的方式被消耗掉，在政策层解决某些特殊资源的竞争和纠纷问题。

20世纪90年代中期，互联网商业化进程加快，互联网快速渗透至社会各个领域。在互联网功能拓展和认知深化的基础上，一些新的分层方法出现并对穆勒偏技术化的分层方法进行了修正。其中，美国纽约大学法学教授尤查·本科勒（Yochai Benkler）关注到互联网在信息传播中发挥的巨大作用，将其称为"内容层"，同时，根据互联网自身特征将技术因素分为"物理架构层"和"逻辑架构层（或代码层）"两方面。本科勒的分层方法，尤其是关于"物理"和"逻辑"两层的划分被很多学者所认同，如劳伦斯·莱斯格（Lawrence Lessig）、大卫·克拉克（David D. Clark），以及ICANN的分层方法都沿用了类似层面的划分方法。

美国学者罗伯特·多曼斯基（Robert J. Domanski）在《谁治理互联网》一书中进一步丰富和完善了本科勒的三层模型，并将其与互联网政策制定相关联。他将网络空间分为基础架构、技术协议、软件应用和内容四个层面，并提出了"互联网政治架构"，即分别阐述每一层"为什么重要"、由"谁治理"，以及针对这一层"如何制定政策"，如表0-1所示。相较于本科勒的三层模型，罗伯特·多曼斯基认为，"逻辑架构层（或代码层）"过于抽

象，并认为作为技术协议的代码和软件开发人员编写应用程序所使用的代码
存在差异，因此主张将其拆分为"协议层"和"应用程序层"。

表 0-1　互联网政治架构

层面	"为什么重要"	"谁治理"	"如何制定政策"
基础架构	使网络设备间能互联	各国政府和私营电信公司	有线：倡导联盟 无线：知识共同体
技术协议	设备在网络上通信所使用的程序语言	国际工程联合会	"大体一致（粗略共识）原则"
软件应用	让人们能使用网络的工具	私营商业软件公司	"代码就是法律"原则
内容	人们在线观看、听、下载、互动时使用的材料	私营互联网服务提供商、主机托管公司、网站运营商和国家及地方政府	TOS协议，议题网络

资料来源：罗伯特·多曼斯基：《谁治理互联网》，华信研究院信息化与信息安全研究所译，电子工业出版社，2018，第21页。

罗伯特·多曼斯基提出的"互联网政治架构"将互联网复杂的技术架构与错综的政治治理机制分析相结合，提供了一个简洁、实用的互联网治理解析工具。本书在第四至第七章的分层解析篇中参考了罗伯特·多曼斯基的"互联网政治架构"，从基础设施层、技术协议和标准层、应用程序层和信息层四个维度对当前互联网治理中的重要或热点议题展开了分析。

（一）基础设施层治理

基础设施层处于互联网的最底层，是由一系列物理设备构成的，包括计算机、服务器、传感器、传输介质（如有线线缆、无线基站、卫星设施）等。这些物理设备的存在与连通是互联网存在的前提条件。基础设施层治理的目的主要是确保互联网基础架构的物理连接、合理布局，以及弥合数字鸿沟。

在互联网治理中，基础设施层的议题主要与互联网的基础架构相关，如海缆、通信卫星、数据中心的部署与协调。2018年以来，随着美国对华策略的改变，ICT产品供应链问题也成为国际新焦点，尤以高端芯片和5G通

信设备为甚。

参与基础设施层治理的主体由那些能够制定基础架构政策的部门构成，主要有各国政府部门、大型国际电信公司、国际线缆公司、互联网设备生产企业，以及全球移动通信系统协会、电气电子工程师学会、互联网工程任务组、国际电信联盟等国际组织。其中，各国政府部门是制定电信政策与国际发展战略的主体；大型国际电信公司和国际线缆公司（通常是私营的）是互联网基础架构，尤其是国际骨干网的实际拥有者和运行者，通常是互联网物理安全维护的主体；互联网设备生产企业，无论是超级计算机设备生产商，还是个人电脑生产商都直接参与了非常多的技术标准研发和制定工作；国际组织则担负着技术标准协调的重要职责。

（二）技术协议和标准层治理

技术协议和标准是互联网物理设备之间进行数字通信的语言。众多技术协议和标准共同决定了信息在互联网中的传输方式，它们直接允许一些行为，同时也禁止一些行为。因而，技术协议和标准本身就是互联网中一种具有约束力的政策形式，并会产生某种政治后果，可以使互联网变得可控或不可控。以当前最重要的核心技术协议——传输控制协议/互联网协议（TCP/IP）为例，它因更关注网络效率，而有意忽略了传输的内容。该技术协议的最小化信息处理原则既是互联网成功拓展的关键，同时也是有害信息监管的障碍。除了传输控制协议/互联网协议外，重要的技术协议和标准还有超文本标记语言（HTML）、可扩展标记语言（XML）、层叠样式表（CSS）、同步多媒体集成语言（SMIL）、可扩展样式表转换语言（XSLT）、公共网关接口（CGI）、文档对象模型（DOM）、简单对象访问协议（SOAP）等。

参与技术协议和标准制定的主体是网络工程师群体及其所属的企业，以及 ICANN、互联网号码分配局、互联网工程任务组、国际标准化组织、电气电子工程师学会、万维网联盟等国际组织。但随着各国认识到互联网技术协议和标准在国际竞争中的重要作用，越来越多的政府部门也开始介入该领域的工作。

（三）应用程序层治理

应用程序使人们在互联网中进行活动成为可能。它既可以是人们接入互联网的通道，也可以是人们在互联网上进行各种操作和互动的工具。与技术协议和标准不同，应用程序为人们在互联网中的活动设置了规则，而技术协议和标准则决定了数据在网络中的传输方式。常见的应用程序可以分为两类：一类是安装在设备上的程序，如 Windows 操作系统、IE 浏览器等；另一类是为网页服务的应用程序，如新浪提供的微型博客服务、知乎提供的知识问答互动服务等。

应用程序是互联网治理中的难点，相较于其他层面治理活动和方式较为隐蔽。编写应用程序的代码是限制和允许互联网上不同行为的关键，因此，编写代码的程序员、开发应用程序的互联网企业或公共机构事实上直接参与了互联网治理，而开发编程语言的公司则间接对互联网规制产生了影响。应用程序对互联网国际规制产生的影响与其普及率和国际化程度成正比。例如，国际化程度极高的社交媒体应用脸书不仅颠覆了传统自上而下的信息流动方式，还改变了国际信息传播格局，并在某种程度上给部分国家的安全带来重大威胁。

（四）信息层治理

信息层是网络空间中可见度最高、争议最多、政治化程度最高的一层，是基础设施层、技术协议和标准层、应用程序层运行的最终结果，也是直接对用户产生影响的层面。

参与互联网信息层治理的主体有国家政府、提供信息传播和交互产品的互联网企业、互联网服务提供商。在 Web2.0 时代，用户借助于应用程序提供的帮助也可以成为信息治理的主体之一。美国一直试图在全球推广所谓的"互联网自由"理念，倡导"不干涉"原则，但是随着互联网信息的"武器化"，各国政府在信息治理中发挥着越来越积极的作用。然而，互联网无国界的特性，使得信息治理陷入了困境。互联网企业主要是通过应用程序编码参与信息层治理的，而互联网服务提供商通常是通过禁止网页解析的方式阻止有害信息传播。

历史演进篇

第一章 作为实验产品的互联网诞生及其早期治理

从 20 世纪 60 年代中期到 90 年代中期，互联网犹如实验室中的产品，基本处于设计和调试阶段。互联网的应用主要限于科研和教育领域，尚未在社会上普及。

第一节 互联网早期历史演进

互联网诞生的一个重要动力是实现数据和信息在不同计算机之间的传递。因此，互联网并不是凭空诞生的，数据通信、信息论、计算机和分组交换技术等信息通信理论为互联网的出现和发展提供了重要的理论支撑。

一 互联网史前史

（一）计算机与计算机网络

计算机是互联网的重要物理基础设施之一。互联网的诞生也正是源于将计算机相互连接的愿望、需求和探索。计算机和通信技术的结合对计算机系统的组织方式产生了深远的影响。[1] 20 世纪 40 年代，计算机仅有一个中央处理和用户终端。随着技术的发展，50 年代人们设计出了新系统，用于允

---

[1] 安德鲁·S. 特南鲍姆等：《计算机网络（第 6 版）》，潘爱民译，清华大学出版社，2022，第 1 页。

许终端间进行更远距离、更高速地通信。这些技术使得计算机远程交换数据（或文件）成为可能。但是点对点的信息传输能力是受限的，两个任意系统之间不能直接通信，必须通过物理连接。从战略和军事的角度衡量，这种连接方式十分脆弱且没有备用通信路径，一旦链接中断，通信就会中断。

计算机科学是 20 世纪 50 年代末兴起的一门新兴学科。为了更好地利用宝贵的计算资源，计算机科学家们开始研究如何允许多人共享计算资源，以及在广域网络上实现分时的可能。1959 年，牛津大学第一位计算领域的教授克里斯托弗·斯特雷奇（Christopher Strachey）申请了分时系统的专利。同年 6 月，他在联合国教科文组织在巴黎举行的信息处理会议上发表了《大型快速计算机的时间共享》。时任 BBN 公司①副总裁的约瑟夫·利克里德（R. Licklider）受"时间共享"概念的启发，于 1960 年 1 月发表论文《人机共生》，提出建立计算机网络（Computer Network）的设想。由大量相互独立但彼此连接的计算机共同完成计算任务的模式替代一台计算机服务于整个组织内所有计算需求的模式成为可能。利克里德在网络化计算发展中发挥了重要作用。

（二）"网络"思维——"星际网络"设想

20 世纪 60 年代，随着计算机的重要性提升，以及分时计算机的出现，计算机科学家们致力于实现将计算机连接成更广泛网络的想法。1962 年 8 月，利克里德率先提出了"星际计算机网络"（Intergalactic Computer Network）的设想。② "星际计算机网络"设想了一个全球互联的计算机网络，通过这个网络人们可以从任何站点快速访问数据和程序。这一网络理念和当今的互联网概念类似，分组交换技术（Packet Switching）的提出加速了

---

① BBN 公司（Bolt Beranek and Newman, Inc.）创建于 1948 年，是一家位于美国马萨诸塞州剑桥市的高科技公司，由麻省理工学院教授利奥·贝拉克（Leo Beranek）、理查德·博尔特（Richard Bolt）及其学生罗伯特·纽曼（Robert Newman）共同创建。BBN 公司曾参与阿帕网早期的研发工作，现为雷神公司的子公司。

② J. C. R. Licklider, Welden Clark, "On-Line Man-Computer Communication," AIEE-IRE'62 (Spring), pp. 113-128.

这一设想的实现。利克里德的愿景是建立一个在线的人类社区，计算机将促进人们相互交流。

这一愿景影响着互联网的早期发展。1962 年 10 月，利克里德成为美国国防部高级研究计划局（Advanced Research Projects Agency，ARPA）[①] 信息处理技术办公室（Information Processing Techniques Office，IPTO）的第一任负责人。信息处理技术办公室是美国高级研究计划局下属的核心机构之一，主要负责电脑图形、网络通信、超级计算机等研究课题。它在计算机网络的演进中发挥了关键作用。利克里德的一项重要任务是使美国国防部位于夏延山、五角大楼和战略空军司令部总部的主要计算机相互连接。虽然利克里德于 1964 年 7 月从信息处理技术办公室离职，但其全球联网的愿景启发了他的继任者罗伯特·泰勒（Robert Taylor）[②]。后来，泰勒促成了阿帕网的立项工作。

（三）分组交换技术

20 世纪 60 年代，电话网是世界上占主导地位的通信网络。电话网使用电路交换将信息从发送方传输到接收方，语音以恒定的速率在双方之间传输。然而，计算机联网所产生的流量可能具有突发性和间断性，而分组交换技术可以比电路交换技术更有效、更具韧性。[③]

分组交换技术的发明既是计算机网络发展史上一个非常重要的技术节点，也是通信技术发展的必由之路。所谓的分组交换技术，是一种传输计算机数据的方式，它将信息分成若干小部分的数据，每部分都有被称为"头"（Header）的地址信息，而带有地址信息的数据合在一起可称为"包"（Packets）。这些数据包在被路由传送的同时，其间也可能穿插了其他信息

---

① 1958 年刚设立时名称为 Advanced Research Projects Agency（ARPA），后来名称前面加了 Defense（简称 DARPA）。该机构在是否加"Defense"一词上出现了多次反复，但 ARPA 与 DARPA 实为同一机构。

② 罗伯特·泰勒（Robert Taylor）曾负责施乐公司的 PARC 研究实验室。据称该实验室发明了第一台真正意义上的个人计算机（Alto），以及一个局域网——以太网。

③ 詹姆斯·F. 库罗斯：《计算机网络：自顶向下的方法》，陈鸣译，机械工业出版社，2022，第 41 页。

的数据包。到达目的地后，数据包被重新组合还原成原来的信息。正如互联网先驱和历史学家约翰·戴（John Day）所述，虽然从传统的电话通信角度看，无连接分组交换是一个极其巨大的创新，但是从计算机通信角度看，数据在缓存里，无连接分组交换只是把数据从一个缓存转移到另一个缓存，因此，分组交换是一个非常自然的推论。[①] 60 年代中期，美国麻省理工学院、美国兰德公司、英国国家物理实验室三组来自不同机构的计算机科学家出于不同动机，各自提出了有关分组交换技术的构想。这在一定程度上也证明了分组交换技术诞生的必然性。

1961 年 7 月，美国麻省理工学院的伦纳德·克兰罗克（Leonard Kleinrock）发表了第一篇关于分组交换理论的论文《大型网络通信中的信息流》，并于 1964 年出版了第一部相关著作《通信网络：随机的信息流和延迟》。克兰罗克说服了拉里·罗伯茨（Lawrence Roberts），使用数据包而不是电路进行通信在理论上是可行的。然后，为了实现计算机间的通信，拉里·罗伯茨与托马斯·梅里尔（Thomas Merrill）合作，用低速电话线将位于马萨诸塞州麻省理工学院林肯实验室的 TX-2 计算机与位于加利福尼亚州系统开发公司的 Q-32 计算机相连接，创建了第一个广域计算机网，但使用的不是分组交换技术。这项实验证明了，通过运行必要的远程计算机程序，分时计算机可以一起工作，但电路交换电话系统完全不适用于这项工作。1965 年，美国国防部高级研究计划局资助了"分时计算机合作网络"研究项目。1966 年底，拉里·罗伯茨基于计算机网络概念，制定了"阿帕网计划"，并于 1967 年公布。

1962 年 3 月，美国兰德公司的保罗·巴兰（Paul Baran）开展了"如何避免因敌军打击而导致通信系统中断"课题研究，即建立一个有足够弹性的网络，确保即使在遭受核武器攻击后，该网络仍然具有实施第二次核打击的能力。这种确保相互摧毁的能力所带来的威慑效果有益于维持全球稳定。

---

① 李星、包丛笑：《大道至简　互联网技术的演进之路——纪念 ARPANET 诞生 50 周年》，《中国教育网络》2020 年第 1 期，第 34 页。

从 1962 年起，巴兰陆续向兰德公司递交了 11 份研究报告，其中描述了"分组交换技术"（Packet Switching）、"存储"（Store）和"转发"（Forward）等数据传输工作原理。其中，1964 年 8 月，他发表的《论分布式通信》的影响最为广泛。①

1965 年，英国国家物理实验室负责人唐纳德·戴维斯（Donald Davies）也提出了分组交换的概念，希望通过开发用户友好型的商业应用来振兴英国的计算机产业。他率先提出"数据包"（Packet）这个术语，并于 1966 年提出了构建一种基于"分组交换"的全国性数据网络。1967 年，英国国家物理实验室网络是第一个真正实现了分组交换的实验网络。②

1967 年 10 月，美国田纳西州召开国际计算机协会"操作原理研讨会"，会议期间拉里·罗伯茨发表了《多计算机网络和计算机之间的通信》，③这是第一篇讨论阿帕网设计的报告。英国国家物理实验室的唐纳德·戴维斯等人也发表了关于英国分组交换网络的报告《用于在远程终端提供快速响应的计算机的数字通信网络》。该报告直接启发了拉里·罗伯茨在阿帕网中应用分组交换技术；来自兰德公司的研究小组则分享了关于 1964 年在军队中使用保障通信语音安全的分组交换网络的报告《论分布式通信》。因此，麻省理工学院、兰德公司、英国国家物理实验室三家机构关于分组交换网络的探索被认为共同奠定了互联网发展的基础。

二　早期重要的计算机网络

20 世纪 50 年代，主要的计算方法是批处理。这种计算方法每次只允许一个人使用计算机系统，比较浪费资源。因此，大量研究开始探索如何共享计算资源和远距离精准传输数据。最初，租用电话线进行计算机连接的费用较高，计算机相互连接则较为鲜见。60 年代早期，为解决不同计算机和操

---

① 杨吉：《互联网：一部概念史》，清华大学出版社，2016，第 2~3 页。
② "RFC2235：Hobbes' Internet Timeline," https://www.rfc-editor.org/rfc/pdfrfc/rfc2235.txt.pdf.
③ Lawrence G. Roberts, "Multiple Computer Networks and Intercomputer Communication," https://dl.acm.org/doi/10.1145/800001.811680.

作系统之间的连接问题，将计算机连接成更为广泛的网络成为计算机科学家们关注的重点，[1] 并由此诞生了一些著名的网络。

（一）英国国家物理实验室网络

英国国家物理实验室网络亦称国家物理实验室数据通信网络，诞生于英国伦敦。1965 年，唐纳德·戴维斯在与利克里德交流后，对通过计算机网络进行数据通信产生了兴趣，并设计了一个基于分组交换的国家商业数据网络。起初他设计的计算机网络并没有被广泛采纳，只是用于满足英国国家物理实验室需要，设计了一个本地网络，并证明了使用高速数据传输的分组交换的可行性。挪威的互联网先驱鲍·斯匹林（Pål Spilling）认为唐纳德·戴维斯建立的英国国家物理实验室网络是第一个分组交换局域网络。[2] 唐纳德·戴维斯不仅提出了"端到端"原则，还率先在数据交换中使用"协议"（Protocol）这个术语。

英国国家物理实验室网络和阿帕网是世界上最早使用分组交换技术的网络。[3] 同时，英国国家物理实验室网络还是第一个使用高速链路的网络。1968 年，为满足多学科实验室的需要，唐纳德·戴维斯开始建造 Mark I 分组交换网络。70 年代，很多分组交换网络的设计原理都类似于英国国家物理实验室网络。唐纳德·戴维斯的团队还对网络互联以及计算机网络安全进行了研究。1973 年开始运行的 Mark II 版本使用了分层协议架构，1976 年连接了 12 台计算机和 75 台终端设备，后续逐渐增加了更多的设备，直到1986 年网络被替换。[4]

（二）美国国防部阿帕网

阿帕网是由美国国防部资助的一个研究性网络，它通过租用电话线的方

---

① Malte Ziewitz, Ian Brown, "A Prehistory of Internet Governance," *Global Internet Governance*: *Critical Concepts in Sociology*, edited by Laura DeNardis, Volume I, Routledge, p. 407.

② Ronda Hauben, "The Internet: On its International Origins and Collaborative Vision (a Work in progress)," *Amateur Computerist*, 2004 (2), pp. 5-28.

③ https://www.internethalloffame.org/inductee/donald-davies/.

④ "The National Physical Laboratory Data Communications Network," Retrieved September 5, 2017.

式将几百所大学和美国政府部门的计算机连接起来。① 1957 年 10 月，苏联在拜科努尔航天中心成功发射了世界上第一颗人造地球卫星——史伯尼克 1 号 （Sputnik 1）。它不仅标志着苏联拥有将卫星送入轨道的能力，还意味着苏联的洲际弹道导弹技术已被成功验证，可以进行长距离的打击。这被美国认为对其国家安全构成了严重的威胁，称为"史伯尼克危机"。"史伯尼克危机"成为冷战重要的转折点，不仅直接促成美国宇航局成立，引起了两个超级大国之间持续 20 余年的太空竞赛，还促使美国政府加大对研究、教育和国防的支持力度。其中，1958 年 2 月成立高级研究计划局②便是其重要举措之一。高级研究计划局资助了包括阿帕网在内的众多前沿科技项目。信息处理技术办公室是美国国防部高级研究计划局下属的核心机构之一，也称命令与控制研究室。1962 年，利克里德离开麻省理工学院加入高级研究计划局，成为信息处理技术办公室第一位主任（1962 年 10 月至 1964 年 7 月）。

1966 年，罗伯特·泰勒成为信息处理技术办公室主任。他提出新型计算机网络的想法，并促成阿帕网的立项。在罗伯特·泰勒的举荐下，日后成为阿帕网之父的拉里·罗伯茨成为继任主任，并于 1967 年开始筹建分布式网络，仅不到一年时间便提出了阿帕网的构想。1968 年，拉里·罗伯茨提交了研究报告《资源共享的计算机网络》，阐述了如何让高级研究计划局的计算机互联，并实现研究成果共享。根据这份研究报告组建的"高级研究计划网"就是著名的阿帕网。1969 年，阿帕网正式投入运行。后来，阿帕网辗转演变为全球网间网的前身。1969 年也因此被很多互联网史学者追溯为"互联网"的起点。

1969 年 10 月，阿帕网最早的连接在加州大学洛杉矶分校的克兰罗克实验室和斯坦福研究所之间得以实现。随后，加州大学圣芭芭拉分校和位于盐湖城的犹他大学也加入了该网络。阿帕网由 BBN 公司负责部署。最初，协议的

---

① 安德鲁·S. 特南鲍姆等：《计算机网络（第 6 版）》，潘爱民译，清华大学出版社，2022，第 48 页。
② 1972 年 3 月，ARPA 的核物理研究与能源发展职能划归美国能源部，另行组建能源高级研究计划局 （ARPA-E）。ARPA 的主体部分改称国防高级研究计划局。1993 年 2 月，新上任的比尔·克林顿政府将 DARPA 更名为 ARPA。1996 年 3 月，ARPA 再次改名为 DARPA。

设计、网络的构建和部署进展缓慢。1970 年，阿帕网开始使用"网络控制协议"。1971 年，最初计划的阿帕网大约有 15 个节点、23 台主机。1972 年 10 月华盛顿举办国际计算机通信会议，罗伯特·卡恩（Robert Kahn）在拉里·罗伯茨的授意下首次公开展示了阿帕网。他花了大约一年的时间让人们能足够了解阿帕网上的一系列应用程序。一些在网络历史上具有传奇色彩的人物也参与其中。此后，阿帕网迅速吸引到更多的用户。

1983 年 1 月，阿帕网彻底由"网络控制协议"转换到"传输控制协议/互联网协议"（TCP/IP）。随后，出于安全考虑，阿帕网内涉及军事的部分作为一个单独网络——MILNET（Military Network 或 Military Net）① 被断开。阿帕网主要仍然为学术研究服务，阿帕网不再与 MILNET 直接连接。网关在两个网络之间转发电子信件。MILNET 随后成为非机密但仅供军方使用的 NIPRNET（Non-classified Internet Protocol Router Network），与机密级 SIPRNET（Secure Internet Protocol Router Network）② 和绝密级及以上级别的 JWICS（Joint Worldwide Intelligence Communication System）③ 并行。NIPRNET 拥有通往公共互联网的安全网关。1990 年，阿帕网正式退出历史舞台。

（三）法国 Cyclades 网络

Cyclades 分组交换网络是法国互联网之父路易斯·普赞（Louis Pouzin）于 1971 年开始设计建造的，起步时间比美国的阿帕网略晚，但是技术较阿帕网更先进。1973 年 Cyclades 网络进行了首次展示，是第一个践行唐纳德·戴维斯构想的端到端网络原则的网络，采用数据报（Datagrams）传输模式让"主机"而不是"网络"本身负责传输数据。④ 按照普赞的设计理念，数据传输可摆脱对固定传输线路的依赖，实现同时连接百万级以上的节点，这也影响了后续传输控制协议/互联网协议（TCP/IP）架构的设计。

---

① "Defense Data Network Newsletter Ddn-news 26," https://www.rfc-editor.org/rfc/museum/ddn-news/ddn-news.n26.1, 1983, May 6.

② 美国国防部和美国国务院使用相互连接的计算机网络系统，用于传输机密信息。

③ 美国国防部的安全内联网系统储存绝密和敏感的隔层信息。

④ "RFC2235: Hobbes' Internet Timeline," https://www.rfc-editor.org/rfc/pdfrfc/rfc2235.txt.pdf.

20 世纪 70 年代早期，普赞建立了可以连接法国、意大利和英国的数据网络。遗憾的是，Cyclades 网络项目未能持续进行下去，一方面，是因为 1978 年法国政府大幅削减了对 Cyclades 网络的支持资金；另一方面，是因为 Cyclades 网络遭到了当时在电话行业中占主导地位的 PTT 公司和其他国营电信供应商的联合抵制。而后，直到互联网在全球开始普及，Cyclades 网络的价值和意义才被重新认识，普赞也被称为"被遗忘的互联网第五人"。2003 年，普赞被法国政府授予骑士荣誉军团勋章，这是法国的最高荣誉奖项之一。2012 年他入选了国际互联网名人堂，2013 年获得伊丽莎白女王工程奖。①

（四）美国 MERIT 网络②

1966 年，密歇根大学、密歇根州立大学和韦恩州立大学组成了非营利性的密歇根教育研究信息三合会公司（Michigan Educational Research Information Triad Inc.，MERIT），为实现大学间计算机通信筹措资金。在密歇根州和国家科学基金会的支持下，1971 年 12 月，位于安娜堡的密歇根大学的 IBM 大型计算机系统和位于底特律的韦恩州立大学之间建立了交互式的主机间连接；1972 年 10 月，与位于东兰辛的密歇根州立大学实现了三校连接。1976 年 MERIT 与阿帕网的早期衍生产品 Telenet 互联，为 MERIT 用户提供来自美国各地的拨入访问服务。而后，密歇根的其他公立大学也陆续加入了 MERIT 网络。MERIT 网络在国家科学基金会网络项目中发挥了重要作用。MERIT 最初使用的是 X. 25 协议，1983 年改用传输控制协议/互联网协议（TCP/IP）后，与阿帕网实现连接。1987 年，MERIT 与 IBM、世通公司（MCI）及密歇根战略基金会一起获得了 3900 万美元的资助，用于管理国家科学基金会网络。这笔资金被视为商业互联网发展的催化剂。

（五）美国 UUCPnet and Usenet 网络

1976 年，AT&T 的贝尔实验室开发了 UUCP（Unix-to-Unix Copy），并

---

① 方兴东主编《路易斯·普赞：真正的"互联网之父"》，中信出版集团，2021，第 XI ~ XII，第 60 页。

② https：//www.merit.edu/about/history/.

与 1977 年的 UNIX 操作系统一并发布。UUCP 是一款非常成功的拷贝程序套件，因可低成本地在计算机网络上传输 Usenet 新闻①而闻名。1979 年，杜克大学的汤姆·特鲁斯科特（Tom Truscott）和吉姆·埃利斯（Jim Ellis）等提出了使用 Bourne shell 脚本，通过 UUCP 串行线与附近北卡罗来纳大学教堂山分校连接，然后进行新闻传输的想法。该软件于 1980 年公开发布，而后被命名为 UUCPnet。与后来的计算机科学网（Computer Science Network，CSNET）和因时网（Because It's Time NETwork，BITNET）相比，UUCPnet 成本较低且使用条件宽松。它能够与现有的租用线路、X.25 链路甚至阿帕网连接。因此，UUCPnet 的用户增长较快。1981 年，UUCP 的主机数量增长到 550 个，1984 年达到 940 个。然而，UUCPnet 有一个明显缺陷，即所有连接都是本地的。

除了上述网络，早期还有一些分组交换网络。例如，国际卫星网络（SATnet）和移动扩频分组无线网络（PRnet）；ALOHAnet 是一个微波网络，②将夏威夷岛上国防部高级研究计划局的分组卫星和分组无线电网连接到一起；TELENET 由 BBN 于 1974 年开通，③是第一个公共分组数据网络（一个商业版的阿帕网）；THEORYNET 是威斯康星大学的拉里·兰德韦伯（Larry Landweber）于 1977 年创建的，为 100 多名计算机科学研究人员提供收发电子邮件服务（使用电子邮件系统和 TELENET 来访问服务器）；以及 Tymnet 和 GE 基于分时技术的信息服务网、IBM 的 SNA 网络④、施乐的 XNS 网络⑤等。

此外，20 世纪 70 年代，欧洲各种开发和建立网络的努力与美国的网络创新浪潮最终促成互联网的诞生。早期欧洲出现过的网络有 Viewdata、Videotext、SURFnet、Modanet、COMnet、Catharijne-net、Travel-net、Beanet、

---

① Usenet 不依赖中央服务器，Usenet 的新闻组与 BBS 形成的虚拟社区一样，是无政府主义的。

② 1970 年，夏威夷大学的 Norman Abrahamson 开发了 ALOHAnet，并于 1972 年连接到 ARPAnet。

③ "RFC2235：Hobbes'Internet Timeline," https://www.rfc-editor.org/rfc/pdfrfc/rfc2235.txt.pdf, p.3.

④ SNA 是系统网络工程（Systems Network Architecture）的缩写。

⑤ XNS 是施乐网络系统（Xerox Network Systems）的缩写，曾由罗伯特·泰勒负责运营。

Geis-net、Infonet、GBA-net、VeeNet、Euronet、European Informatics Network（EIN）、Cyclades、Minitel①、EUnet②、Socrate and Iperbole Projects 等。

表 1-1　早期计算机网络统计

时间	名称	区域	简介
1983	EARN	欧洲	欧洲学术研究网,与因时网相似,IBM 为其建立了网关。在整个生命周期中,EARN 在欧洲开设了荷兰阿姆斯特丹和法国巴黎两个办事处,于 1991 年关闭
1984	FidoNet	美国	由汤姆·詹宁斯(Tom Jennings)创立,解决了 BBS 各站之间无法往来的问题,促使 BBS 网络化,在 internet 尚未普及之前,FidoNet 是世界上最为著名、使用人数最多的网络系统
1984	JUNET	日本	日本 Unix 网络,使用 UUCP 建立
1986	Freenet	美国	1986 年 7 月在公共访问计算机协会(Society for Public Access Computing,SoPAC)主持下上线。1989 年由国家公共电信计算网络(National Public Telecomputing Network,NPTN)承接。
1986	BARRNET	美国	即 Bay Area Regional Research Network,湾区区域研究网络。1987 年投入使用,是美国国家科学基金会互联网的中级网络之一,连接了北加州地区的大学和研究机构
1988	Los Nettos	美国	在没有联邦资助的情况下由区域成员支持创建,创始成员包括加州理工学院、TIS、加州大学洛杉矶分校、南加州大学、信息科学研究所
1988	CERFnet	美国	加州教育和研究联合会网络,由苏珊·埃斯特拉达(Susan Estrada)创立
1989	AARNET	澳大利亚	澳大利亚学术研究网络,由 AVCC 和 CSIRO 建立

三　网络互联国际合作及互联网术语的诞生

20 世纪 70 年代,各种计算机网络在美国、英国、法国等地相继涌现。然而,由于采用的协议不同,这些网络并不能直接通信。为了实现不同网络之间的通信,美国、英国、法国、挪威、德国和意大利等国的计算机及通信科学家们积极合作。

---

① 1981 年由法国电信公司在法国部署。
② EUnet 为 European UNIX Network 的缩写,1982 年由 EUUG 创建,提供电子邮件和 USENET 服务。最初在荷兰、丹麦、瑞典和英国部署。

（一）美国与英国之间的合作

在美国，网络互联的先驱性研究得到了国防部高级研究计划局的支持，术语"网络互联"（internetting）就是用来描述这项工作的，其目标和本质就是建立一个"网络的网络"。[①]

早在 1970 年，美国和英国的研究小组就在讨论如何将两国的网络连接起来。最初的设想是调整华盛顿与挪威地震研究中心的地震波监测系列连接，直接添加一个包含英国国家物理实验室网络的节点。然而，这一方案无论是从关税还是政治角度都不可行。当时英国正在申请加入欧共体，会避免一切象征着与美国合作的重大行动。[②] 英国国家物理实验室隶属于英国技术部，唐纳德·戴维斯不便接受来自美国的网络连接请求。与此同时，唐纳德·戴维斯积极响应欧盟建立欧盟信息网络（European Informatics Network，EIN）[③] 的倡议。

于是，1971 年，罗伯特·卡恩和唐纳德·戴维斯邀请伦敦大学学院的计算机科学家彼特·柯尔斯顿（Peter Kirstein）参与计划。与英国国家物理实验室不同，伦敦大学学院与政府无直接关联。研究人员们同意美国高级研究计划局向伦敦大学学院的阿帕网节点提供硬件（终端接口信息处理器，TIP），并允许其使用昂贵的跨大西洋连接（如果英国和挪威之间建立了连接）服务。1972 年，彼特·柯尔斯顿试图向英国政府申请资金支持，但无论是英国科学研究委员会还是工业部都没有向其提供任何资金。[④] 幸运的是，英国邮局和国家物理实验室为其提供了一些资助。尽管面临一些政治阻力和资金困难，彼特·柯尔斯顿及其团队仍于 1973 年 7 月成功建立了从伦敦

① 詹姆斯·F.库罗斯：《计算机网络：自顶向下的方法》，陈鸣译，机械工业出版社，2022，第 42 页。

② Kirstein P. T., "Early Experiences with ARPANET and INTERNET in the UK," http://www.nrg.cs.ucl.ac.uk/mjh/kirstein-arpanet.pdf, accessed 28 July 2009.

③ Ronda Hauben, "The Internet: On its International Origins and Collaborative Vision (a Work in progress)," *Amateur Computerist*, 2004 (2), pp. 5-28.

④ Ronda Hauben, "The Internet: On its International Origins and Collaborative Vision (a Work in progress)," *Amateur Computerist*, 2004 (2), pp. 5-28.

大学学院阿帕网站点经由挪威到美国加州信息科学研究所的连接，并实现了数据传输。① 这些数据包由美国通过卫星传到瑞典的 Tanum 地面站，再通过陆地和水下线路传到挪威地震研究中心②，最后传到英国伦敦。③ 1975 年，在国际应用系统分析研究所和国际信息处理组织联合会联合主办的研讨会上，彼特·柯尔斯顿发表了《通过伦敦大学学院节点使用 ARPA 网络》，描述了英国和美国在网络方面的合作情况，包括一张美国的阿帕网和英国伦敦大学学院计算机之间的卫星和地面连接图。这张图还显示了挪威与美国、英国的网络连接情况。此外，参加这次研讨会的还有来自奥地利、比利时、法国、民主德国、联邦法国、匈牙利、意大利、荷兰、波兰、瑞士、苏联、英国和美国的研究人员。其中，唐纳德·戴维斯和彼特·柯尔斯顿来自英国，温顿·瑟夫（Vint Cerf）来自美国，拉扎里尼（Lazzori）来自意大利，科佩茨（Kopetz）来自奥地利，凡卡斯－库托沃斯基（K. Fuchs－Kittowski）来自德国。④

（二）美国与挪威之间的合作

在与伦敦大学学院开展合作商谈的同时，信息处理技术办公室也邀请挪威研究人员就资源共享网络研究展开合作。信息处理技术办公室先向挪威电信管理局发出邀请，但未能得到回应。信息处理技术办公室又向挪威国防研究所发起了邀约。挪威国防研究所视其为"进一步推动挪威数据通信研究的一个机会"。1972 年，拉里·罗伯茨和罗伯特·卡恩前往挪威，与挪威国防研究所的工程师伦德（Lundh）、负责人芬恩·利德（Finn Lied）、电子部

① Kirstein P. T., "Early Experiences with Arpanet and Internet in the UK," http：//nrg. cs. ucl. ac. uk/mjh/kirstein-arpanet. pdf, accessed 28 July 2009.

② 彼时，挪威地震研究中心以地震监控为名义，实质上主要职能是监控苏联的核试验情况。如今，它已成为国际公认的、独立的、非营利性的地球科学研究基金会，其核心业务是地震学和应用地球物理学研究以及相关软件开发。参见隗永刚《挪威地震台阵（NORSAR）的功能与布局》，《地震地磁观测与研究》2020 年第 6 期，第 137~143 页。

③ Ronda Hauben, "The Internet：On its International Origins and Collaborative Vision（a Work in progress）," *Amateur Computerist*, 2004（2）, pp. 5-28.

④ Ronda Hauben, "The Internet：On its International Origins and Collaborative Vision（a Work in progress）," *Amateur Computerist*, 2004（2）, pp. 5-28.

门主管卡尔·霍尔伯格（Karl Holberg）进行了会谈。拉里·罗伯茨和罗伯特·卡恩不仅邀请挪威国防研究所进行网络互联合作，还邀请他们参加了 1972 年在华盛顿举行的第一届国际计算机通信会议（ICCC）。这次会议期间将进行非常重要的分组交换网络——阿帕网演示，为此也被一些研究者称为"第一次互联网会议"。后来，由于挪威国防研究所位于军事区，访问受限，1973 年 6 月，终端接口信息处理器（TIP）被设置在与其仅有一栅之隔的挪威地震研究中心。

（三）互联网及其术语的诞生

1972 年国际研讨会 ICCC 期间阿帕网首次亮相。许多欧洲研究者也参加了该会议。例如，一直在与美国国防部高级研究计划局合作进行数据分组交换研究的唐纳德·戴维斯；曾参与过法国通信公司和后来的商业 X. 25 网络 Transpac 研究的瑞米·德普瑞斯（Remi Despres）；意大利网络研究员杰苏阿尔多·勒莫里（Gesualdo LeMoli）；瑞典皇家研究院的谢尔·萨缪尔森（Kjell Samuelson）；英国电信的约翰·韦德雷克（John Werdrek）；伦敦大学学院的彼得·克斯汀（Peter Kirstein）；法国信息与自动化研究所（IRIA，后改为 INRIA）领导 Cyclades/Cigale 分组网络研究项目的路易斯·普赞等人。

在网络互联的国际发展史中，1973 年是具有非凡意义的一年。这一年，计算机网络实现跨大西洋连接，被视为朝着真正意义上的"国际"互联网迈出的第一步。首先，阿帕网首次实现了跨国连接。1973 年 6 月，阿帕网联通了第一个国外站点——挪威地震研究中心。其次，罗伯特·卡恩提出了网络互联问题，并开启网络互联研究项目；1973 年 9 月，在英国布莱顿的萨塞克斯大学召开的一次互联网络工作组会议上，罗伯特·卡恩和温顿·瑟夫提出了互联网络概念。最后，1973 年的一份备忘录记载了早期不同网络之间互联的技术计划，即通过网关连接了美国的阿帕网、法国的 Cyclades 网络和英国的国家物理实验室网络。①

---

① Ronda Hauben，"The Internet：On its International Origins and Collaborative Vision（a Work in progress），"*Amateur Computerist*，2004（2），pp. 5~28.

1974 年，在奥地利拉克森堡的国际应用系统分析研究所①的会议上，唐纳德·戴维斯在《计算机网络的未来》中再次对这三个不同的网络连接方案进行了描述："为了实现……分组交换系统的互联，我们需要确定它们将在哪些层面相互协作，是字符流、数据包传输，还是虚拟电路。经过一番讨论，一个包括美国阿帕网、英国国家物理实验室网络和法国 Cyclades 网络在内的工作小组开始尝试一种使用信息传输协议的、基于数据包传输的互联方案"。② 1974 年，675 号 RFC 文档中记录了术语"互联网"（internet③）的诞生。

四　以美国为核心的国际互联网起源与发展

（一）从阿帕网到国家科学基金会网络

阿帕网是 20 世纪 60 年代由美国国防部高级研究计划局资助建立的网络。但高级研究计划局的工作重点是从事前沿研究与开发，而不是运营。因此在阿帕网建立并运行数年后，高级研究计划局开始寻找合适的机构以移交相关工作。1975 年 7 月，阿帕网被移交给同样隶属于美国国防部的国防通信局。

20 世纪 70 年代末，计算机网络在大学间蓬勃发展起来。1979 年，来自美国威斯康星大学、国防部高级研究计划局、国家科学基金会以及其他大学的计算机科学家召开会议，计划建立一个连接各学校计算机系统的网络；汤姆·特鲁斯科特、吉姆·埃利斯和斯蒂夫·巴勒温（Steve Bellovin）在杜克大学和北卡罗来纳大学之间使用 UUCP 建立了 Usenet 网络；埃塞克斯大学的理查德·巴特尔（Richard Bartle）和罗伊·特鲁布肖（Roy Trubshaw）建立了 MUD 网络。④

---

① International Institute for Applied Systems Analysis，是一个研究机构，支持来自苏联和东欧国家以及美国、西欧和日本的研究人员之间的合作。

② Ronda Hauben，"The Internet: On its International Origins and Collaborative Vision（a Work in progress），" *Amateur Computerist*，2004（2），pp. 5-28.

③ internet 是 internetwork（互联网络）的缩写。

④ "RFC2235：Hobbes' Internet Timeline," https://www.rfc-editor.org/rfc/pdfrfc/rfc2235.txt.pdf.

20 世纪 80 年代，网络连接扩展到更多的教育机构，并开始建造光纤网络。越来越多的公司，如数字设备公司和惠普公司参与教育机构的研究项目或为其提供服务。1980～1981 年，因时网和计算机科学网两个网络项目启动。

因时网成立于 1981 年，是美国纽约市立大学建立的合作网络，采用了 IBM RSCS 协议套件。它连接的第一个节点是耶鲁大学。全球很多大学计算机中心最早的联网都是从因时网开始的。1991 年，因时网连接了 500 多家机构和 3000 多个节点。但是由于传输控制协议/互联网协议（TCP/IP）的快速拓展，IBM 大型机平台逐渐退出学术机构，因时网也迅速退出了历史舞台。①

1981 年，美国国家科学基金会资助了计算机科学网，该网络由计算机科学家和特拉华大学、普渡大学、威斯康星大学、兰德公司、BBN 公司合作创建，为无法接入阿帕网的大学、工业部门和政府部门的计算机科学研究团体提供网络支持。计算机科学网使用 Phonenet MMDF 协议进行基于电话的电子邮件中继。此外，计算机科学网率先在 X. 25 上使用传输控制协议/互联网协议（TCP/IP），使用商业公共数据网络。计算机科学网名称服务器提供了一个早期的白名单服务示例，该软件仍被许多站点使用。在鼎盛时期，计算机科学网有大约 200 个参与站点并与 15 个国家连接。

在资助计算机科学网的基础上，美国国家科学基金会于 1984 年开始实施"超级计算机项目"②，并于 1986 年推出了"国家科学基金会网络"。国家科学基金会网络本质上是一个连接学术用户和阿帕网的网络，并成为推动 80 年代美国和其他国家的大学之间联网的主导力量。国家科学基金会网络为因特网提供了主要的骨干通信服务。除此之外，美国国家航空航天局和美国能源部分别以航空航天局科学网（NSINET）和能源科学网（ESNet）的形式提供了额外的骨干设施。在欧洲，NORDUnet③ 等主要国际骨干网为数

---

① Grier D. A. , Campbell M. , "A Social History of Bitnet and Listserv, 1985-1991," IEEE Annals of the History of Computing, 22 (2), p. 32-41.

② 1986 年，美国国家科学基金会建立了 5 个超级计算中心：JVNC@ Princeton、PSC@ Pittsburgh、SDSC@ UCSD、NCSA@ UIUC、Theory Center@ Cornell，连接数量激增，特别是来自大学的连接。

③ NORDUnet 于 1989 年开始正式运行，是连接瑞典、挪威、芬兰、丹麦等北欧国家研究和教育网络的骨干网络。

十万台计算机提供了链接服务。美国和欧洲的商业性网络服务提供商围绕互联网骨干网络和接入服务展开竞争。

国家科学基金会网络最初的构想是将超级计算机连接在一起，但很快就被激增的需求所驱动而彻底改造为 T1。1986 年，国家科学基金会网络主干网建成，网络规模开始呈指数级增长。1983 年"网络控制协议"向"传输控制协议"（TCP）转换时，网络上只有数百台计算机。1988 年，国家科学基金会网络主干网升级为 T1，网速为 1.54Mbps。1989 年，因时网和计算机科学网合并成立了研究和教育网络公司。1991 年秋，计算机科学网服务中断，完成了它在提供学术网络服务方面的早期重要作用。研究和教育网络公司的一个主要特点是，其业务费用完全来自组织成员支付的会费。

随着国家科学基金会网络的普及，国家科学基金会不断升级骨干网络，1986~1995 年共投入 2 亿美元。1990 年，国家科学基金会网络代替了原来慢速的阿帕网，成为互联网的骨干网络。美国积极发展国家科学基金会网络的同时，其他国家、大学和科研机构也在建设自己的广域网络，最终共同构成全球性网络基础。

（二）国际网络形成

20 世纪 80 年代末，一个真正意义上的全球计算机网络，或者说"国际"互联网时代正式开启。[1] 接下来几年，全球主要国家围绕巩固和拓展现有网络及其骨干网，以及向更多的应用和用户开放网络基础设施展开了很多活动。互联网的"区域"支持通常由各种联盟网络提供，而"本地"支持则由研究和教育机构提供。在美国，大部分支持来自联邦和州政府，但工业界也作出了相当大的贡献。在欧洲和其他地区，网络支持主要依靠国际合作和国家研究机构。在北美，1990 年，由 10 区域网络组成的 CA * net 作为加拿大国家骨干网直接连接到美国国家科学基金会网络。[2]

---

[1]　Malte Ziewitz, Ian Brown, "A Prehistory of Internet Governance, Global Internet Governance：Critical Concepts in Sociology," edited by Laura DeNardis, Volume I, Routledge, p. 412.

[2]　"RFC2235：Hobbes' Internet Timeline," https：//www. rfc-editor. org/rfc/pdfrfc/rfc2235. txt. pdf.

1991 年，美国国家科学基金会网络主干网升级为 T3，网速为 44.736Mbps。
1992 年，联网的主机数超过 100 万台。[①] 1993 年，美国国家科学基金会创建
了互联网络信息中心，负责提供具体的互联网服务，通过招标竞价方式，将
目录和数据库服务授予美国电话电报公司（AT&T）、注册服务合约授予网
络解决公司（Network Solutions Inc.）、信息服务合约授予通用原子公司
（General Atomics/CERFnet）。在 1998 年 9 月 ICANN 成立以前，由互联网络
信息中心负责登记域名和网络协议地址。[②]

表 1-2　早期主要国家或地区网络互联时间

年份	网络	国家/地区
1973	阿帕网	美国、挪威、英国
1984	计算机科学网	德国 *（CSNET）
1985	因时网	加拿大最后一所大学接入因时网（RFC2235 P6）
1988		加拿大 **、丹麦、芬兰、法国、冰岛、挪威、瑞典（RFC2235 P8）
1989		澳大利亚、德国、以色列、意大利、日本、墨西哥、荷兰、新西兰、波多黎各、英国（RFC2235 P9）
1990		阿根廷、奥地利、比利时、巴西、智利、希腊、印度、爱尔兰、韩国、西班牙、瑞士（RFC2235 P9）
1991		克罗地亚、捷克、中国香港、匈牙利、波兰、葡萄牙、新加坡、南非、中国台湾、突尼斯（RFC2235 P10）
1992	接入美国国家科学基金会网络	南极洲、喀麦隆、塞浦路斯、厄瓜多尔、爱沙尼亚、科威特、拉脱维亚、卢森堡、马来西亚、斯洛伐克、斯洛文尼亚、泰国、委内瑞拉（RFC2235 P11）
1993		保加利亚、哥斯达黎加、埃及、斐济、加纳、关岛、印度尼西亚、哈萨克斯坦、肯尼亚、列支敦士登、秘鲁、罗马尼亚、俄罗斯联邦、土耳其、乌克兰、阿联酋、美属维尔京群岛（RFC2235 P12）
1994		阿尔及利亚、亚美尼亚、百慕大、布基纳法索、中国内地、哥伦比亚、牙买加、黎巴嫩、立陶宛、中国澳门、摩洛哥、新喀里多尼亚、尼加拉瓜、尼日尔、巴拿马、菲律宾、塞内加尔、斯里兰卡、斯威士兰、乌拉圭、乌兹别克斯坦（RFC2235 P12）

---

①　"RFC2235：Hobbes' Internet Timeline," https：//www.rfc-editor.org/rfc/pdfrfc/rfc2235.txt.pdf.

②　"RFC2235：Hobbes' Internet Timeline," https：//www.rfc-editor.org/rfc/pdfrfc/rfc2235.txt.pdf.

续表

年份	网络	国家/地区
1995	国家或地区域名注册	埃塞俄比亚、科特迪瓦、库克群岛、开曼群岛、安圭拉、直布罗陀、梵蒂冈、基里巴斯、吉尔吉斯斯坦、马达加斯加、毛里求斯、密克罗尼西亚、摩纳哥、蒙古国、尼泊尔、尼日利亚、西萨摩亚、圣马力诺、坦桑尼亚、汤加、乌干达、瓦努阿图（RFC2235 P14）
1996		卡塔尔、万象、吉布提、尼日尔、中非共和国、毛里塔尼亚、阿曼、诺福克岛、图瓦卢、法属波利尼西亚、叙利亚、阿鲁巴、柬埔寨、法属圭亚那、厄立特里亚、佛得角、布隆迪、贝宁、波斯尼亚和黑塞哥维那、安道尔、瓜德罗普、根西岛、马恩岛、泽西岛、老挝、马尔代夫、马绍尔群岛、毛里塔尼亚、北马里亚纳群岛、卢旺达、多哥、也门、扎伊尔（RFC2235 P16）
1997		马尔维纳斯群岛、东帝汶、刚果、圣诞岛、冈比亚、几内亚比绍、海地、伊拉克、利比亚、马拉维、马提尼克、蒙特塞拉特、缅甸、法属留尼汪岛、塞舌尔、塞拉利昂、苏丹、土库曼斯坦、特克斯和凯科斯群岛、英属维尔京群岛（RFC2235 P16）

注："*"德国是第四个接入国际互联网的国家。"**"RFC2235，第一批加拿大地区性机构加入 NSFNET：ONet 通过康奈尔大学，RISQ 通过普林斯顿大学，BCnet 通过华盛顿大学。

第二节　早期互联网治理活动

关于互联网治理有两个比较普遍的误解：一是认为只有政府采取的管理行动才是治理；二是受美国倡导的所谓"互联网自由"理念的影响，认为互联网发展早期不存在治理活动或美国政府较少参与互联网治理。然而，事实上，互联网治理的有关活动可追溯到其规划设计阶段，参与主体也是多元的。美国政府不仅深度参与互联网治理，而且深刻影响着互联网国际治理格局、秩序及其发展趋势。

一　政府的资助与管理

阿帕网最初是美国联邦政府资助的研究计划的一部分，因此，美国政府在互联网早期阶段的成长及其治理中扮演了非常重要的角色，既是资助者，也是管理者，更是使用者。最初，美国政府对互联网社区给予了大量支持。

首先，美国政府在人力和物力方面提供支持，加速了互联网的诞生和发展。1963~1986年国防部信息处理技术办公室资助了约5亿美元，国家科学基金会管理期间（1985~1995年）投入了约2亿美元，用于建设和管理互联网。① 美国国防部不仅提供了巨额资助，还积极营造比较宽松的研究氛围，旨在激励创新。例如，像阿帕网这类高度实验性项目，监管委员会从未透彻理解其真正的含义。② 当然，政府资助的本色，在早期也限制了阿帕网的商用发展。直到1995年，美国国家科学基金会都坚持着这一原则——商用接入不能使用骨干网，只能授权区域网络提供商用接入。

相比之下，与美国几乎同步提出分组交换数据的英国，或多或少因缺少规划和资助而错失了发展良机。英国国家物理实验室仅能依靠邮政总局的支持来实施网络计划。然而，唐纳德·戴维斯所描述的数据传输具有的巨大商业潜力的愿景没能被邮政总局接受。他只建立了Mark I和Mark II小型实验网络。直到1977年阿帕网已经成功运行了很久后，邮政总局才决定建立一个数据传输网络——国际分组交换网络，并且用的是阿帕网的远程网络技术而不是唐纳德·戴维斯研发的。③ 此外，挪威、法国等国家在互联网早期的发展中也遭遇了类似的资金匮乏窘境。

其次，美国国防部高级研究计划局信息处理技术办公室负责人罗伯特·泰勒和项目负责人拉里·罗伯茨不仅负责选定参与网络构建的人员和选址等事项，还明确了三个机构独特的定位。BBN公司是系统管理者，提供将主机连接到网络的特殊信息处理接口（Interface Message Processors，IMPs）；斯坦福研究所是网络信息中心，直到1991年，除了负责中央程序库追踪网

---

① Shane Greenstein, *How the Internet Became Commercial. Innovation*, *Privatization*, *and the Birth of a New Network*, Princeton University Press, pp. 126-127.

② Castells M., *The Internet Galaxy*：*Reflections on the Internet*, *Business*, *and Society*, Oxford：Oxford University Press, 2001, p. 19.

③ Castells M., *The Internet Galaxy*：*Reflections on the Internet*, *Business*, *and Society*, Oxford：Oxford University Press, 2001, p. 23.

络上连接的所有计算机，还负责运行域名系统；加州大学洛杉矶分校是网络测量中心（The Network Measurement Center），负责研究数据在网络中的传输工作。

再次，政府资助方式直接影响了网络的应用方向。尽管 20 世纪 80 年代，非学术类用户和私人企业的用网需求大量增加，但是根据政策规定，美国国家科学基金会禁止其骨干网用于"非研究和教育目的"。只允许区域网络有商业的、非学术研究类用途。为此，UUNET、PSI 或 ANS CO+RE 等公司建立了具有竞争力的私营长途网络。直到 1995 年，美国国家科学基金会才取消了对主干网的资助，并将收回的资金重新分配给区域网络。① 此外，美国国家科学基金会在互联网从"政府资助"向"私人管理"过渡的过程中也发挥了重要的引导作用。

最后，政府部门在将互联网发展纳入法治化轨道方面发挥了不可替代的主导作用。在互联网发展早期，用户基本是具有相同文化背景的研究人员和科学家，他们拥有共同的价值观和信仰，因而安全问题并不突出，如何发展才是开发者们重点关注的问题。但是随着互联网用户群体扩大，网络行为日渐复杂，各种安全隐患逐渐暴露。政府对不法行为进行规制的合理性也变得显而易见。历经 7 年的探讨，1986 年 10 月，时任美国总统罗纳德·里根（Ronald W. Reagan）签署了《计算机欺诈和滥用法》。1988 年，"莫里斯蠕虫"的发明者——罗伯特·莫里斯（Robert Morris）成为第一个因违反该法案而被定罪的人。此外，1986 年美国国会还通过了《电子通信隐私法》。该法案明确大部分关于传统邮件的保护条例同样适用于电子邮件。正如邮局不得阅读私人信件一样，私人公告板、在线服务或互联网接入的提供者也不得阅读私人电子邮件。

政府在互联网的诞生以及早期发展中发挥了重要的作用，但其作为互联网治理主体的身份却一度被质疑。在 20 世纪 90 年代关于互联网治理的争论

---

① Leiner B. M. , et al. , "The Past and Future History of the Lnternet," *Communications of the ACM*, 40（2）, 1997, p. 105.

中存在以下共识：一是在互联网功能管理中没有预设主体；二是这项任务不应该留给政府或政府相关组织，如国际电信联盟。[1] 政府的工作方式被等同于"迟钝的官僚主义""基于领土的国家思维"，被视为不受约束的、创新的互联网的对立面。[2] 来自科学界、商界和技术界的代表曾否定政府治理互联网的权力。

二　互联网精英治理的体制化演进

在互联网的发展历史中，各合作方的协作非常重要。一些关键功能决定着互联网系统能否成功运行或怎样运行，因此，需要对互联网各组成部分运作所依据的协议进行必要的协调和规范。20 世纪 60 年代到 90 年代中期，互联网底层技术的演进已基本完成，因此这段时间的治理特征突出表现为一个技术制度化的过程。我们现在所熟知的重要互联网治理国际组织在 90 年代中期前后基本已成立。互联先驱们不仅在技术上摒弃了"电话"模式，在组织上也是如此。大部分互联网组织是自下而上成长起来的，是非正式的，虽然是跨国参与的，但又不是传统意义上的"国际组织"，大部分是非政府间组织，有些甚至没有赋予政府代表特殊的位置或权力。

（一）"网络工作组"及其沟通方式发展

1968 年夏天，美国国防部高级研究计划局在此前连接各站点计算机系统试验的基础上，开始探索将分组交换技术用于通信的网络。最初参与试验的四个站点的机器不仅使用不同的操作系统，甚至连字符集和字节大小都不一样。为了加快推进试验进程，1968 年 8 月，来自斯坦福研究所的埃尔默·夏皮罗（Elmer Shapiro）召集四个站点的相关研究人员开了一次会议。在接下来的几个月中，他们在每个站点都组织了技术讨论会议。来自四个站点的一小

---

① Jeanette Hofmann, "Internet Governance: A Regulative Idea in Flux," *Global Internet Governance: Critical Concepts in Sociology*, edited by Laura DeNardis, Volume I, Routledge, p. 512.

② Lessig Larry, "Governance," Keynote Speech at CPSR Conference on Internet Governance, http://cyber.harvard.edu/works/lessig/cpsr.pdf, 1998.

批稳定的研究生和工作人员建立了定期会面机制，并以"网络工作组"自称，据来自加州大学洛杉矶分校的斯蒂芬·克罗克（Stephen Crocker）回忆，埃尔默·夏皮罗在召集第一次会议的时候使用了这个称谓。此前，"网络工作组"一直用来指主要的研究人员和高级研究计划局的人员——那些在筹建网络的高级人员。相比之下，斯蒂芬·克罗克所参与的是初级"网络工作组"，是为高级研究人员工作的。1969 年 3 月，在犹他州的小型"网络工作组"会议结束后，与会者认识到应该把讨论内容记录下来，斯蒂芬·克罗克被分配了此项任务，并负责整理。根据比尔·杜瓦尔（Bill Duvall）的建议，这些内容被标记为"征求意见"（Requests for Comment，RFC）。第一份 RFC 文件是斯蒂芬·克罗克撰写的关于主机协议征求意见文件。[①] 为促进协议商讨，1972 年成立了"互联网络工作组"，由温顿·瑟夫任主席。[②]

（二）数据通信特殊兴趣小组（SIGCOMM）

1969 年，美国计算机协会成立了"数据通信特殊兴趣委员会"（Special Interest Committee on Data Communications，SICCOM），1970 年更名为"数据通信特殊兴趣小组"（Special Interest Group on Data Communication，SIGCOMM）。同名论坛已成为美国计算机协会旗下通信和计算机网络领域的专业论坛，议题涉及技术设计与工程、操作规范，以及计算网络的社会应用等。

（三）国际网络工作组

20 世纪 60 年代围绕分组交换研究的国际化项目，以美国阿帕网、英国国家物理实验室网络和法国 Cyclades 网络项目成员为主。1972 年 10 月，在华盛顿国际计算机通信大会上成立了"国际网络工作组"，隶属于国际信息处理联合会。亚历克斯·库兰（Alex Curran）是国际信息处理联合会第六技术委员会的美方代表。在他的领导下，国际网络工作组转型为第六技术委员会的一个工作组，即"IFIP 6.1 工作组"，主要成员包括来自美国斯坦福大学的温顿·瑟夫、美国 BBN 公司的亚历克斯·麦肯齐（Alex McKenzie）、英国

---

① "RFC8700：Fifty Years of RFCs，" https：//www. rfc-editor. org/rfc/rfc8700. html，2023-4-4.

② "RFC2235：Hobbes' Internet Timeline，" https：//www. rfc - editor. org/rfc/pdfrfc/rfc2235. txt. pdf.

国家物理实验室的唐纳德·戴维斯和罗杰·斯坎特伯里（Roger Scantlebury），以及法国信息与自动化研究所的路易斯·普赞和休伯特·齐默尔曼（Hubert Zimmermann）。1974 年，国际网络工作组形成了两个主要提案，一个是以美国阿帕网为主的 INWG39，另一个是以法国 Cyclades 网络和英国国家物理实验室网络为主的 INWG61。两者都是基于无连接的分组交换技术。1975 年，国际网络工作组形成了统一美国方案和欧洲方案的 INWG96，并正式提交给国际电报电话咨询委员会（Consultative Committee on International Telegraph and Telephone，CCITT），① 但遭到拒绝。CCITT 的主要观点是分组交换是可以接受的，但必须采用虚拟电路。1976 年，CCITT 发布了自己的虚拟电路分组交换标准建议 X.25。此外，国际计算机工业巨头 IBM 推出的系统网络架构分组交换网络也采用了虚拟电路。②

（四）ICCB、IAB、IETF 和 ISOC

为了协助国防部高级研究计划局规划和推动传输控制协议/互联网协议（TCP/IP）套件的发展，1979 年，高级研究计划局项目经理温顿·瑟夫创建了互联网配置控制委员会（Internet Configuration Control Board，ICCB）③，由麻省理工学院的大卫·克拉克（Dave Clark）担任主席。1984 年 9 月，互联网配置控制委员会解散后，依次出现了互联网咨询委员会（Internet Advisory Board，1984 年 9 月至 1986 年 5 月）、互联网活动委员会（Internet Activities Board，1986 年 5 月至 1992 年 12 月）和互联网架构委员会（Internet Architecture Board，1992 年至今）。由于它们的首字母缩写都是 IAB，有时容易被混淆。

互联网咨询委员会（IAB）成员有新成立的研究任务组的主席和 RFC 编辑、"套接字号码沙皇"乔恩·波斯特尔（Jon Postel）等。第一批研究任

---

① CCITT 是国际电信联盟的常设机构，由国际电话咨询委员会（成立于 1924 年）和国际电报咨询委员会（成立于 1925 年）于 1956 年合并组建而成。

② 李星、包丛笑：《大道至简　互联网技术的演进之路——纪念 ARPANET 诞生 50 周年》，《中国教育网络》2020 年第 1 期，第 35 页。

③ "RFC2235：Hobbes' Internet Timeline，" https：//www.rfc-editor.org/rfc/pdfrfc/rfc2235.txt.pdf.

务组主席由互联网配置控制委员会的成员担任。1984 年，共有十个研究任务组，如表 1-3 所示。

表 1-3　互联网咨询委员会研究任务组（1984 年）

任务组类别	主席及所在机构
网关算法（Gateway Algorithms）	Dave Mills，Linkabit
新端到端服务（New-to-End Service）	Bob Braden，加州大学洛杉矶分校
应用架构和要求（Applications Arch. and Requirements）	Bob Thomas，BBN
隐私（Privacy）	Steve Kent，BBN
安全性（Security）	Ray McFarland，国防部
互操作性（Interoperability）	Rob Cole，伦敦大学学院
鲁棒性和生存性（Robustness and Survivability）	Jim Mathis，SRI
自主系统（Autonomous Systems）	Dave Clark，麻省理工学院
战术互联网（Tactical Internetting）	Dave Hartman，MITRE
测试和评估（Testing and Evaluation）	Ed Cain，DCEC

1986 年，国防部高级研究计划局的项目经理丹尼斯·佩里（Dennis Perry）决定将工作内容分为互联网相关活动和分布式系统两个板块。1986 年 5 月，互联网咨询委员会改名为互联网活动委员会（RFC985）。互联网相关活动通过互联网活动委员会进行协调，分布式系统则通过由道格·康莫（Doug Comer）担任主席的分布式系统架构委员会（Distributed System Architecture Board，DSAB）进行协调。后来，隐私任务组改名为隐私与安全任务组，网关算法工作组改名为网关算法与数据结构任务组，而网关算法与数据结构任务组又分为互联网架构任务组和互联网工程任务组。第一次互联网工程任务组会议于 1986 年召开。互联网活动委员会及其任务组得到了美国政府机构间委员会——联邦研究互联网协调委员会（Federal Research Internet Coordinating Committee，FRICC）的支持。

随着国防部高级研究计划局的调整和互联网的发展，互联网活动委员会及其任务组也经历了一个不断演变的过程。1989 年 1 月，任务组还剩下 7 个，如表 1-4 所示。与 1984 年相比，仅自主系统和新端到端服务任务组被延续下来了。接下来，互联网活动委员会及其任务组于 1989 年进行了较大幅度的调整。1989 年夏季，按照马里兰州安那波利斯会议上提出的重组计划，分布式系统架构委员会和互联网活动委员会进行了重组。应用和分布式计算被纳入互联网活动委员会内容；成立互联网工程指导小组和互联网研究指导小组。随后，一些工作任务组改名为工作小组，另一些则调整为互联网工程指导小组下的研究组。1989 年 7 月美国斯坦福大学举行的第 14 次互联网工程任务组会议是互联网活动委员会组织结构变革中的里程碑事件。在此之前，互联网活动委员会负责管理多个任务组。在此之后，只保留了两个，即互联网工程任务组和互联网研究任务组。其他任务组被重组为互联网研究任务组下的工作小组。

表 1-4　互联网活动委员会任务组（1989 年）

任务组类别	主席及所在机构
互联网工程（Internet Engineering）	Phill Gross，CNRI
互联网架构（Internet Architecture）	Dave Mills，UDel
自主系统（Autonomous Networks）	Deborah Estrin，南加州大学
新端到端服务（New End-to-End Service）	Bob Braden，加州大学洛杉矶分校
用户界面（User Interface）	Keith Lantz，Olivetti Research
隐私与安全（Privacy and Security）	Steve Kent，BBN
科学需求（Scientific Requirements）	Barry Leiner，RIACS

1992 年 1 月，互联网协会成立，按照相关的建议，互联网活动委员会的活动应在互联网协会的支持下进行。重组后，互联网活动委员会更名为我们现在所熟知的互联网架构委员会，成为互联网协会的组成部分。互联网工程指导小组和互联网工程任务组在批准互联网标准方面扮演了更独立的角色。

（五）互联网号码分配局

1988 年 12 月，RFC1083 中正式使用了"互联网号码分配局"一词。互联网号码分配局是在南加州大学信息科学研究所支持下建立的，有时美国国家科学基金会也为其提供公共资金支持。它主要负责管理互联网名称和地址空间，有时也负责编制互联网标准。早期，互联网号码分配局的核心成员只有乔恩·波斯特尔①一人。按今天的标准评判，非正式组织互联网号码分配局是管理互联网的中央机构，虽然是非正式的，但是权力非常大。②

三　互联网治理机制与文化的萌芽

在整个互联网的发展过程中，协议和操作被记录在名为"互联网实验笔记"（Internet Experiment Notes）的文档中，而后被记录在一系列名为"征求意见"（RFCs）的文档中。此外，互联网活动委员会的网络工作小组在《互联网的架构原则》中记录了互联网在架构设计方面的共同理念。③

（一）征求意见④

在计算机网络研发的早期，所谓治理，其本质是解决技术上的协调问题。早期参与网络互联的工程师和学者在互动中将其描述为"临时性治理"。⑤ 起初由于参与人数不多，且他们之间关系密切，解决问题主要是基于人际关系。RFCs 机制便是在这一背景下发展起来的。在 1969 年美国国防部高级研究计划局签发了第一份建立通信网络的合同后不久，RFCs 就开始记录我们现在所说的"互联网决策"。因此，RFCs 被认为是研究计算机网络技术发展史的重要史料之一。

在阿帕网正式启用前，便诞生了一种影响至今的互联网治理机制——RFC。1969 年 4 月，加州大学洛杉矶分校的斯蒂芬·克罗克撰写了第一份 RFC 文档——"主机协议"（Host Protocol）。斯蒂芬·克罗克当时还是一名

---

① 乔恩·波斯特尔也是互联网工程任务组的创始人之一。

② Jeanette Hofmann, "Internet Governance: A Regulative Idea in Flux," *Global Internet Governance: Critical Concepts in Sociology*, edited by Laura DeNardis, Volume I, Routledge, p. 507.

③ Malte Ziewitz, Ian Brown, *A Prehistory of Internet Governance*, *Global Internet Governance: Critical Concepts in Sociology*, edited by Laura DeNardis, Volume I, Routledge, p. 417.

④ RFC 官方网址，https://www.ietf.org/standards/rfcs/。

⑤ Castells M., *The Internet Galaxy: Reflections on the Internet, Business, and Society*, Oxford: Oxford University Press, 2001, p. 31.

研究生，认为自己及一些参与项目的同伴都没有权威，并且也不便将他们的想法强加于人，所以提出了"征求意见"的方式，即"请对此发表评论，并告诉我们您的想法"。① 这种方式顺利被工程师们所接受，并成为他们交流互联网结构设计想法的重要方式。RFCs 是开放文档，② 包括一个作者或一个团队发表一份与学术论文非常相似的文件，用以描述一个标准或规范的新想法，或者分享自己觉得对他人有价值的观点，并寻求其他人的评论或反馈，然后根据需要进行改进或舍弃。最初，RFCs 并没有被设计成一个正式的治理工具，当时使用者主要是斯蒂芬·克罗克和温顿·瑟夫等一群斯坦福大学研究生，是一种新想法获得反馈的方式。这些初级研究人员不确定他们开发的一些新网络元素的潜力和影响，其不涉及会员资格、程序或正式的投票，但在参与者看来是行之有效的方法，因而成为早期互联网治理机制。任何人都可以张贴或评论"征求意见"帖，无须具有特殊的会员资格。③

直到第一份 RFCs 发布几年后才出现"RFC 编辑"角色。"RFC 编辑"首次使用的日期不详，但在 1984 年 7 月的 RFC0902 中被正式确定，乔恩·波斯特尔是首位正式编辑。设立"RFC 编辑"角色的目的是确保发布的文档具有逻辑清晰、一致、合规的格式。RFC 一开始是不能以电子方式分发的，④ 同时，分发方式也是几年后才得以确定下来的。早期的 RFC 文档并非都是以电子方式创建的，有些是手写或通过打字机。RFC 的创建流程逐渐格式化。编辑工作也经历了从创建者斯蒂芬·克罗克到正式编辑乔恩·波斯特尔再到后来 5~7 人的团队。⑤

这种进行技术协调的方式被证明切实有效，为此 1986 年被互联网工程任务组采纳为标准流程。互联网工程任务组官网上的 RFC 文件区

---

① Vinton Cerf, "Please Comment on This, and Tell Us what You Think".
② Hauben M., Hauben R., "Behind the Net: The Untold Story of the Arpanet and Computer Science," *First Monday*, 3 (8), https://firstmonday.org/ojs/index.php/fm/article/view/612/533#31.
③ Malte Ziewitz, Ian Brown, *A Prehistory of Internet Governance*, *Global Internet Governance: Critical Concepts in Sociology*, edited by Laura DeNardis, Volume I, Routledge, p.421.
④ "RFC8700: Fifty Years of RFCs," https://www.rfc-editor.org/rfc/rfc8700.html.
⑤ "RFC8700: Fifty Years of RFCs," https://www.rfc-editor.org/rfc/rfc8700.html.

（https：//www.ietf.org/standards/rfcs/），与 RFC Editor 网站上的内容
（https：//www.rfc-editor.org/）保持同步更新。RFC 机制创建的初衷是促
进对话和交流，并不是建立一个标准或最佳实践的档案记录。然而，随着时
间的推移，这一目标逐渐发生了变化，由于流程的正式性不断提升，使用相
关材料的社群不断增加。[①] 如今，RFCs 已累计发布超过 9000 个单独编号的
文件，已成为有关互联网的主要信息档案。最新的 RFC 文件是 2023 年 3 月
上传的编号为 RFC9384 的文档。[②] 只有一些 RFC 文档是标准的。为方便检
索，工作小组根据成熟度和涵盖的内容，将 RFCs 标记为不同的类别：互联
网标准、拟议标准、当前最佳实践、实验性文档、信息性文档和历史性文档
等。在互联网工程任务组中，虽然 RFC 文档仍然是个人或研究团队提交的
互联网草案，但关于 RFC 文档的发布有一套明确的审议和推进流程（也记
录在 RFC 的系列文档中），并非每一个草案都会成为 RFC 文档并被发布，
有一个工作小组专门负责草案的筛选、改进和修订。[③]

表 1-5 1969~2017 年 RFC 发展中的重要历史事件

文档标号	日期	事项
RFC0001	1969 年 4 月	发布第一份 RFC 文档
RFC0114	1971 年 4 月	第一次通过网络分发 RFC 文档
RFC0433	1972 年 4 月	首次提出"套接字号码沙皇"*和正式注册的建议
RFC0690	1975 年 6 月	信息科学研究所和 RFC 编辑之间建立关系（依据乔恩·波斯特尔的隶属关系变化判断）
RFC0748	1977 年 4 月	RFC 首次出版
IETF1	1986 年 1 月	第一次互联网工程任务组会议
IAB-19880712	1988 年 7 月	IAB 批准设置"因特网草案"文档
RFC1122 RFC1123	1988 年 12 月	做出第一次重大努力，回顾关键规范要求和编写适用性声明
RFC1083	1989 年 10 月	三个阶段标准流程第一次得到确认

---

① "RFC8700：Fifty Years of RFCs," https：//www.rfc-editor.org/rfc/rfc8700.html.

② https：//www.rfc-editor.org/info/rfc9384.

③ 互联网工程任务组官网关于 RFCs 的介绍详见 https：//www.ietf.org/standards/rfcs/。

续表

文档标号	日期	事项
RFC1150	1990 年 3 月	FYI 子系列启动
RFC1311	1992 年 3 月	STD 子系列启动
RFC1818	1995 年 8 月	BCP 子系列启动
RFC-ONLINE	约 1998 年	RFC 在线项目启动，以恢复"遗失"的早期文档
RFC2441	1998 年 10 月	乔恩·波斯特尔去世
RFC4844	2007 年 7 月	RFC 系列文档的行政架构被记录在案
RFC4846	2007 年 7 月	独立提交文件流程正式化
RFC5620	2009 年 8 月	RFC 编辑组织正式成立，包括 RFC 系列编辑、独立提交编辑、RFC 制作中心、RFC 出版者
ISI-to-AMS	2009 年 10 月	RFC 生产中心和 RFC 出版者开始从信息科学研究所向协会管理解决方案过渡
RFC5743	2009 年 12 月	互联网研究任务组文件流程正式化
RFC5540	2010 年 1 月	鲍勃·布雷登（Bob Braden）从编辑职位退休
RFC-ONLINE	约 2010 年	RFC 在线项目完成对早期"遗失"RFC 文档的恢复工作
RFC6360	2011 年 8 月	FYI 子系列结束
RFC6635	2012 年 6 月	更新 RFC 系列编辑、RFC 制作中心和 RFC 出版者的职责
RFC6949	2013 年 5 月	RFC 格式变更项目启动
RFC8153	2017 年 4 月	RFC 文档发表后不再发行纸质版本

注："＊"套接字号码英文为 Socket Numbers，套接字（Socket）是指在操作系统中传输协议（如 TCP）给应用提供的接口。1972 年 3 月，加州大学洛杉矶分校的温顿·瑟夫和乔恩·波斯特尔呼吁在 RFC 322 中建立一个套接字编号目录。乔恩·波斯特尔提出了一个将端口号分配给网络服务的注册表，并称自己为"套接字号码沙皇"。

（二）开源合作

"开源合作"机制既是一种网络开发工作的组织方式，也是一种塑造网络运行模式和网络功能的途径，最终将影响网络及网络空间存在形态，以及用户的行为方式。因此，"开源合作"机制与 RFC 机制一样，本身也可以被看作一种独特的治理方式。它是一种在早期互联网技术社群中自发产生且被广泛采用的规范方式。在开源项目中，研究人员之间是一种松散的合作关系。合作的主要特点是完全公开参与者为项目特定模块所生产的代码，以便让其他人可以发现错误，并编写出更好的版本。一些大规模的开源项目有更为复杂的管理安排，参与者通常被划分为核心和外围两类。核心圈层由少数负责项目某些部分的领导者组成，外围则由大量的用户组成，他们可以参与软件局部测试并发现错误。[1] Mozilla 社区开发了一个复杂的正式和非正式的角色和责任系统，包括模块所有者、同行、超级评审员、工作人员等。[2] Apache 社区为其成员开发了一个正式的电子邮件投票系统。[3]

（三）网络礼仪

"网络礼仪"是指在互联网发展早期，在以文本为基础的在线社区中，形成的良好的讨论行为规范。随着计算机网络应用的普及，大量虚拟社区发展起来，在用户的互动中，出现了越来越多的敌对性或侮辱性的互动。这一现象会扼杀讨论。因此，许多邮件列表应用和 Usenet 讨论组便制定了相应的规范来约束一些反社会行为。在这种早期的管理机制中，社区的主持人或版主发挥了重要的作用，他们拥有权力或技术能力禁止或批准邮件列表或虚拟社区中用户的行为。虽然"网络礼仪"是一种相对简单的治理机制，具有很强的自治性质，但是在一定程度上增强了网络自由主义者的信心，并且这种简单的治理形式至今仍在很多互联网应用中发挥着基层治理的作用。[4]

---

① Crowston K., Howison J., "The Social Structure of Free and Open Source Software Development," *First Monday*, 10（2），2005.

② http：//www. mozilla. org/（Last Visited 23 April 2011）.

③ Weber S., *The Success of Open Source*, Cambridge, MA：Harvard University Press, p. 187.

④ Malte Ziewitz, Ian Brown, *A Prehistory of Internet Governance*, *Global Internet Governance*：*Critical Concepts in Sociology*, edited by Laura DeNardis, Volume I, Routledge, p. 422.

第二章　作为传播媒介的互联网的
兴起与全球治理

20 世纪 80 年代末 90 年代初，世界终于迎来了冷战结束的曙光。与此同时，美国政府对于互联网的资助政策也发生了转变，开始积极促使互联网私有化、商业化发展。互联网开始加速在全球范围内普及，并快速成为一种新兴的、具有颠覆性力量的大众传播媒介。互联网也因此在 21 世纪的第一个 10 年成为全球治理的重要议题之一。

第一节　互联网的商业化进程及媒介形态演进

理解美国互联网私有化有两条关键线索：一是开始较早、演进较快的互联网关键基础设施，即骨干网私有化运营的转变过程；二是开始较晚、进展较慢的互联网关键资源——互联网名称和地址系统私有化管理的变迁过程。

一　互联网商业化萌芽

尽管 20 世纪 80 年代非学术用途的网络需求不断增加，但根据美国政府规定，禁止国家科学基金会将主干网用于非研究和教育目的，只鼓励区域性网络为商业和个人提供非学术网络服务。UUNET、PSI 或 ANS CO+RE 等公司因此得以开展竞争性私营长途网络服务。直到 1995 年，国家科学基金会才停止对其主干网的资助，并将收回的资金重新分配给区域性网络，同时这些网络也从新的私人供应商那里购买链接。[①]

一方面，为了满足企业和个人用户的网络应用需求，一些商业公司开发了在阿帕网主干网之外的网络运营业务，如早期，CompuServe、Source、Prodigy 等公司提供的服务器访问业务。早在 1978 年 CompuServe 就开始向用户提供收发电子邮件服务和技术支持。1983 年，CompuServe 通过 CB Simulator 率先开发了实时聊天系统。1984 年 4 月，CompuServe 的消费者信息服务部开始提供网上购物服务——电子购物商城，用户可在线上购买美国运通、西尔斯等 60 多家零售商的商品。这些企业通常认为自己是提供优质（图形界面）在线体验服务的供应商，因此，大部分都是依托专有协议运行，并限制用户随意访问。以 CompuServe 提供的服务为例，在工作日上午 8 时到下午 6 时之间，收费标准为 12.5 美元/小时，其他时间段收费标准为 6 美元/小时。类似的服务尽管收费较高，但非常受用户欢迎，毕竟其提供的是一种新的、便捷的、参与式在线服务。截至 1987 年，CompuServe 拥有 38 万名用户。其他公司，如道琼斯新闻/检索公司拥有 32 万名用户，Source 公司拥有 8 万名用户。[②]

另一方面，为适应日益扩大的网络规模，美国政府持续推动自上而下的管理变革。1985 年，国家科学基金会从国防部接手网络管理权之后，采用了私人/公共合作伙伴关系的形式来吸纳更多的企业参与国家科学基金会网络建设。20 世纪 80 年代，国家科学基金会网络已经形成了三个结构层次，不同层面的网络资金来源不尽相同，如表 2-1 所示。

表 2-1　国家科学基金会网络的三个结构层次

结构层次	简介
骨干网	骨干网被设计成单一的高速网络,完全由国家科学基金会资助,最初为国家科学基金会的超级计算中心及相互连接的研究和教育机构服务

[①] Leiner B. M., et al., "The Past and Future History of the Internet," Communications of the ACM, 40 (2), pp. 102-108.

[②] Malte Ziewitz, Ian Brown, A Prehistory of Internet Governance, Global Internet Governance: Critical Concepts in Sociology, edited by Laura DeNardis, Volume I, Routledge, p. 416.

续表

结构层次	简介
中级或区域网	对于这些网络国家科学基金会提供部分资金支持，用于将地理区域内的研究型大学与骨干网相连。它们在组织结构、运营、融资和技术方面有很大差异但通常都是基于每秒 56KB(T1)的速度租用线路的
校园网	这些局域网将一个站点的多台计算机相互连接起来，并通过该站点与区域网、骨干网连接。通常基于以太网技术，以每秒 10MB 的速度运行

资料来源：Allan H. Weis, "Commercialization of the Internet," *Internet Research*, Vol. 20, No. 4, 2010, p. 422。

1986 年，每秒 56KB 的国家科学基金会网络临时骨干网一经部署就变得"拥挤不堪"。因此，国家科学基金会从中吸取教训，开始加大资源投入和管理力度。1987 年，经过竞标流程，国家科学基金会与 MERIT 网络公司签署了一个为期五年（1987~1992 年）的合作协议，由 MERIT 网络公司向国家科学基金会网络提供新的骨干网。IBM 和 MCI 公司①基于各自与 MERIT 的协议参与建设。MERIT 提出了建立 T1（每秒 15MB）网络计划，并计划在 90 年代初将服务升级到 T3（每秒 45MB）。1989 年，国家科学基金会网络开始以 T1 带宽运行。国家科学基金会网络的成功升级，不仅促进了路由和网络管理等方面的发展，也明显提升了网络效用，并为美国国家"信息高速公路"建设奠定了基础。

1987 年，在 Usenix 基金支持下建立的 UUNET，可提供商业化的 UUCP 服务和 Usenet 服务，其最初是瑞克·亚当斯（Rick Adams）和迈克·欧戴尔（Mike O'Dell）的一项实验成果。② 1988 年，国家科学基金会网络实现了第一次商业化应用。互联网先驱温顿·瑟夫说服政府允许 MCI 邮件与联邦网络进行"实验性使用"的连接。不久后，CompuServe 和 Sprint 等公司也获得了商业电子邮件的"实验性使用"许可。1990 年，国家研究计划公司（Corporation for National Research Initiatives, CNRI）运行了一个实验性的邮

---

① IBM 提供计算机设备（主要是路由器）、工作人员和软件支持，以保障网络运行；MCI 是一家电话公司，负责提供长途线路服务。

② "RFC2235：Hobbes' Internet Timeline," https://www.rfc-editor.org/rfc/pdfrfc/rfc2235.txt.pdf.

件中继，将 MCI 邮件与互联网连接起来。而后，美国大多数商业电子邮件运营商都接入了互联网，其他国家也纷纷效仿。

在同一时期，在中层网络商业互联网服务提供商大量涌现，这些网络是国家科学基金会网络倡议的一部分，受到了国家科学基金会的资助。国际性能系统（Performance Systems International，PSI）是第一个从纽约州教育和研究网络（New York State Educational and Research Network，NYSERNet）中分离出来的。基于 UUNET 技术形成了 Alternet；而"高级网络和系统"（Advanced Network and Systems，ANS）由 IBM、MERIT 和 MCI（及其 ANS CO+RE 商业子公司）组成；CERFNet 是由通用原子公司（General Atomics）发起的，公司同时还运营着圣地亚哥超级计算中心；JVNCNet 更名为 GES Inc.，并提供商业化服务；Sprint 建立了 Sprintlink 网络；Infonet 提供 inffolan 服务；瑞典 PTT 提供 SWIPNET，英国和芬兰也提供类似的服务。

在美国商业网络及服务出现的早期，受国家科学基金会"可接受的使用"政策条款限制，商业网络无法利用国家科学基金会网络作为骨干网交换流量。为解决这一问题，1991 年一些商业网络及服务提供商（如 PSINET、UUNET 和 CerfNET）在加利福尼亚州圣克拉拉建立了第一个商业互联网交换点。

1992 年 10 月，美国国家科学基金会取消了对商业通信的禁令。互联网很快成为一个重要的商业通信网络。1995 年 9 月，国家科学基金会允许网络解决公司（Network Solutions）收取域名注册服务费。在此之前，顶级域名.com，.net，.org，.edu，.gov 注册服务都是免费的。[①]

二 互联网商业化加速

从 20 世纪 90 年代开始，互联网私有化、商业化、市场化、大众化的步伐加快，主要推动因素有：一是政策调整促使互联网行业快速发展；二是技

---

① Joel Snyder, Konstantinos Komaitis, Andrei Robachevsky, "The History of IANA: An Extended Timeline with Citations and Commentary," https://www. internetsociety. org/wp - content/ uploads/2016/05/ IANA_ Timeline_ 20170117. pdf.

术创新降低了互联网使用难度，极大地提升了互联网普及率；三是资本涌入
为互联网产业爆发式增长提供了重要支撑。

（一）外部环境：政策转变

20 世纪 90 年代美国与互联网相关的政策调整，不仅改变了互联网在美
国的运作模式，也深刻影响了全球互联网演进，并带来具有划时代意义的传
媒业变革，即互联网作为媒介拓展到大众传播、组织传播、人际传播及自我
传播等各种形式的传播活动中，继而颠覆了人类既有的信息传播格局、模式
和秩序。

在互联网私有化和商业化的进程中，美国国家科学基金会发挥了较大作
用。在国家科学基金会的骨干网升级过程中，私营企业就已经参与网络建设
了。1986~1991 年，并入国家科学基金会网络的子网从 100 多个增加到
3000 多个。[①] 随着网络规模扩大，其升级要求日益强烈，国家科学基金会无
论是在资金支持还是管理方面都显得越来越力不从心。因而，关于私有化和
商业化运营互联网的讨论自然而然地成为变革的新方向和焦点。

1991 年 12 月，美国国会通过由阿尔·戈尔（Al Gore）起草的《高性
能计算机法案》，即史上闻名的《戈尔法案》。该法案提出建立国家研究和
教育网络（National Research and Education Network，NREN），并拨款 6 亿美
元推动美国互联网发展。其中，包括建立第一条长距离高速线路。此外，还
间接资助国家超级计算中心的 Mosaic 浏览器和网络服务器的研发，而正是
这些研发促进了电子商务发展。1991 年底，国家科学基金会发布了网络私
有化改革计划的征求意见草案，广泛征询意见。

1992 年，美国修订了《国家科学基金会法案（1950）》（National Science
Foundation Act of 1950）中的第 3 条，并调整了国家科学基金会章程。《国家
科学基金会法案（1950）》的修改使基金会有权支持计算机网络的发展，
如果额外用途有助于提高网络支持此类研究和教育活动的总体能力，则可将
其大量用于科学和工程领域除研究和教育活动之外的目的。根据修订后的条

---

① 杨吉：《互联网：一部概念史》，清华大学出版社，2016，第 60 页。

款，商业互联网交换点运作模式的合法性得到了有力保障，也为国家科学基金会网络私有化后建立"对等"交换模式奠定了基础。商业互联网交换点运作模式有利于避免在商业化过程中互联网骨干网市场出现垄断现象，对互联网发展产生着深刻而长远的影响。

1992 年 11 月，比尔·克林顿当选为美国总统，戈尔成为副总统，戈尔对于互联网的设想显然打动了年轻的克林顿。1992~2002 年，联邦通信委员会极力促进互联网发展。1993 年 7 月，美国国会通过了《美国国家信息基础设施法案》。该法案修订了 1991 年的《高性能计算机法案》，并新增了要求国家科学基金会允许公众访问计算机网络的条款。1993 年 9 月，克林顿政府提出"国家信息基础设施行动计划"，号召加快国家信息高速路建设。1994 年 1 月，戈尔为《互联网指导大纲》撰写序言，并成为美国历史上第一位通过互联网举办互动式新闻发布会的副总统。

1993 年 5 月，国家科学基金会根据各方意见反馈，修订了国家科学基金会网络改革方案，并于 1994 年公布了改革方案和中标者。改革方案明确了以下内容：一是提出了国家科学基金会网络关闭时间表，并将相关资产转交给 IBM 和 MCI；二是建议建立一个高速的主干网服务（vBNS）联邦网络；三是建立了一个类似于商业互联网交换点的机构，建立国家网络接入点，将主干网服务（vBNS）、联邦网络和商业骨干网络连接起来。1994 年 2 月，国家科学基金会宣布将国家网络接入点（NAP）的运营授权给纽约的 Sprint、华盛顿特区的 MFS、芝加哥的 Ameritech 和加利福尼亚的 Pacific Bell 四家公司。同时，国家科学基金会将主干网服务（vBNS）的运营和维护授权给 MCI 公司。

确保商业互联网在国家科学基金会网络关闭后作为一个竞争市场主体运作，无疑是国家科学基金会网络私有化后一项重要的资产。国家科学基金会网络私有化从根本上重塑了互联网基础设施。新的网络不再只有一个骨干网——国家科学基金会网络，而是依赖于多个骨干网供应商。国家科学基金会创建了国家网络接入点来连接这些网络，以防止互联网被"巴尔干化"。特别需要注意的是，其他国家并未效仿美国该模式。在很多国家，运营商服

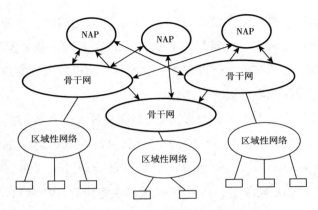

图 2-1　国家科学基金会网络的设计

资料来源：Rajiv C. Shah, Jay P. Kesan, "The Privatization of the Internet's Backbone Network," https：//www. researchgate. net/publication/240932934 _ The _ Privatization _ of_ the_ Internet's_ Backbone_ Network, p. 10。

务通常由电话公司提供，由此也出现了互联网服务市场的垄断现象。[①]

1996 年，美国颁布了《电信法案（1996）》，这是自 1934 年以来的首次电信政策重大调整。该法案的主要目的是促进电信服务业的发展，其在至少两个方面促进了互联网商业化：一是该法案没有新增互联网服务供应商承担的财务负担，即互联网服务供应商不必像电话公司那样支付服务费；二是该法案包含一个 "E-rate 计划"，将下一代信息通信技术作为一项特殊利益项目，每年从长途电话费用项下筹集了 20 多亿美元作为该计划的支持资金。[②]

1998 年，美国颁布的《互联网税收自由法》使互联网基础设施得到了额外的隐性和显性补贴。与蜂窝电话或固定电话等其他通信技术不同，该法案规定，联邦政府暂停向提供互联网接入服务的企业征税。该法案促使电子商务的快速发展。

互联网商业化更广阔的发展前景是基于各国市场共同成长的。美国明确

① Shane Greenstein, *How the Internet Became Commercial*, *Innovation*, *Privatization*, *and the Birth of a New Network*, Princeton University Press, p. 83.

② Shane Greenstein, *How the Internet Became Commercial*, *Innovation*, *Privatization*, *and the Birth of a New Network*, Princeton University Press, p. 83.

了互联网商业化目标，突出表现就是互联网监督权由美国政府转交商务部。为了建立一个符合美国利益的国际互联网治理体系，1998年初，美国商务部发布了一份关于国际互联网治理的《绿皮书》草案《改善互联网名称和地址技术管理的建议》，描述了互联网治理体系，在这个体系中美国政府逐步退出对互联网日常运作的直接参与。

　　互联网在美国的私有化、商业化、市场化不是偶然的，而是在美国政府主导下有计划地进行的。从上述政策可以看出，互联网在美国商业化的过程中形成了一些共识性原则。一是在技术上端到端的设计原则。不仅确保了网络传输效率，也尽可能确保了网络的兼容性。二是竞争性原则，在私有化的过程中没有将网络交给单一或少数大公司运营，而是保持了市场开放，以及建立了对等互联机制。

表 2-2　大事年表 I ——美国互联网管理政策的商业化演进

时间	事件
1986	参议员戈尔提议支持计算机网络的基础研究，提出建设"信息高速公路"
1988	著名计算机科学家克兰罗克代表"国家网络研究委员会"向国会报告，任何政府运营的网络最终都会归入电信业
1989	举行关于升级互联网骨干网的听证会
1989	白宫科技政策办公室编制了一份报告，明确了国家网络实施计划的三阶段目标
1990	国家科学基金会开展关于私有化的讨论
1991	通过《高性能计算法案》
1991	商业互联网交流中心成立
1992	国家科学基金会章程修改提案
1992	互联网协会成立
1993	国家科学基金会与网络方案公司签订了5年合同，网络方案公司获准提供包括域名注册和号码分配在内的服务。1995年国家科学基金会允许网络方案公司收取域名注册服务费
1993	国家科学基金会提出私有化计划方案，并进行招标活动
1993	美国国会通过了《美国国家信息基础设施法案》
1995	国家科学基金会网络关闭，互联网骨干网私有化
1996	国会通过《电信法案（1996）》
1998	《改善互联网名称和地址技术管理的建议》（即《绿皮书》）

资料来源：https://www.icann.org/zh/history/early-days。

（二）自身变革：信息与网络技术创新

计算机与网络通信技术快速发展为互联网商业化提供了必要的技术支撑。

首先，计算机快速迭代，不仅促使网络规模快速扩大，也使得用户市场快速扩大。20 世纪 90 年代中后期，互联网在美国家庭和企业中的应用呈现爆发式增长态势。

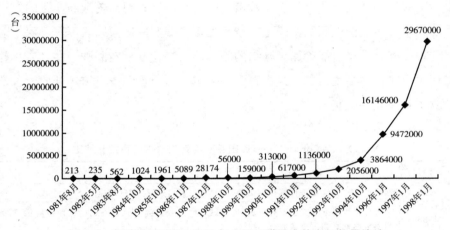

图 2-2　1981 年 8 月至 1998 年 1 月互联网上的主机数量统计

其次，信息传输带宽增加，既提升了传输效率，也增强了网络功能的丰富性。接入互联网，除了可以连接国家科学基金会网络上的巨型计算机外，还可以进行信息传输、资料检索等。虽然这些功能现在看来稀松平常，但是在当时对用户而言极具吸引力。互联网成为一种新潮的事物，1992 年，让·阿莫·波利（Jean Armour Polly）提出了"上网冲浪"的概念。

最后，用户友好型软件程序，如万维网、搜索引擎、浏览器等，大大降低了计算机与互联网的使用门槛。1989 年夏，英国科学家蒂姆·伯纳斯-李（Tim Berners-Lee）成功研发出世界上第一个网络服务器和第一台网络客户机。万维网是一个多媒体界面，可以将文字、图片、音频和视频一起上传，称为网页，类似于杂志的页面。这些不同的元素结合在一起，使互联网成为沟通和检索几乎任何主题信息的媒介。因而，万维网的出现极大地推动了互联网应用的普及，引领互联网进入了一个全新的时代。1994 年，以伯纳斯-李为代表的麻省理工学院计算机科学实验室创建了万维网联盟（W3C），成为一个制定网页标准的重要组织。

在搜索引擎领域，1990 年，加拿大麦吉尔大学的彼得·德特奇（Peter Deutsch）、艾伦·艾玛奇（Alan Emtage）和比尔·希兰（Bill Heelan）发布了第一款搜索引擎 Archie。Archie 是一款主要提供互联网上文件传输协议（FTP）文件名列表的应用程序，为检索互联网上的信息提供了便利。1991年，美国明尼苏达大学的保罗·林德纳（Paul Lindner）和马克·麦克卡希尔（Mark McCahill）开发了一款名为 Gopher 的搜索引擎。与之前的 Archie相比，它不仅可以检索文件名称，还可以就网页内容进行搜索，也可以在互联网上编辑和分享文件。此后几年，大量搜索工具涌现，功能也日渐强大。1994 年底，雅虎（Yahoo）成为当时搜索引擎领域的引领者，并领先了数年之久，直到 1998 年搜索引擎集大成者——谷歌诞生。谷歌公司创立之初，网站能够提供的唯一服务就是搜索，而日后在搜索引擎领域的巨大成功更是一度使其直接成为"搜索引擎"的代名词。

在浏览器领域，1993 年，图形浏览器 Mosaic 带来了一场互联网风暴，万维网的服务流量年增长率达 341634%；Gopher 的年增长率达 997%。[1] 在 Mosaic 之后诞生的网景浏览器，在速度和性能上均有较大提升。网景公司给互联网世界带来的影响不只是用户体验的改变，它使商业计算和通信市场的几乎所有参与者改变了投资计划和战略重点，从而对互联网商业化起到了巨大的催化作用。[2]

（三）催化剂：商业资本涌入

20 世纪 80 年代，网络发展的资金来源已经从国防部扩展到国家科学基金会以及联邦政府其他部门、实验室和大学，以及少量私营企业。到 90 年代，企业需求激增刺激网络规模快速扩大。1990 年 9 月，MERIT、MCI 和

---

[1]　"RFC2235：Hobbes' Internet Timeline," https：//www.rfc-editor.org/rfc/pdfrfc/rfc2235.txt.pdf.

[2]　Shane Greenstein, *How the Internet Became Commercial*, *Innovation*, *Privatization*, *and the Birth of a New Network*, Princeton University Press, p. 100.

表 2-3　大事年表 II——与互联网商业化演进相关的重要企业与产品事件

时间	事件
1990	PSINET 和 UUNET 开始了作为私营公司的第一个完整年度
1992	网络解决方案公司控制了域名系统
1993	针对 Unix 和 Windows 操作系统推出 Mosaic 浏览器
1993	最早的 ISP 广告出现在 Boardwatch 杂志上
1994	MCC 通信公司成立，后更名为 Netscape，并发布测试版浏览器
1994	万维网联盟成立
1995	网景公司上市
	Windows95 面世
	HoTmail 成立，出现"病毒式营销"方式
	比尔·盖茨撰写《互联网浪潮》
1996	超过 2000 家 ISP 在 Boardwatch 杂志上做广告
	微软以零售价格提供 IE 浏览器支持服务
	格林斯潘发表关于"非理性繁荣"的主题演讲
1997	首次推出 56K 调制解调器
1997	基于互联网数据运营商形成了分层结构
1998	世通与 MCI 合并，分拆骨干资产
1999	网络公司热潮达到顶点
2000	Boardwatch 杂志记录过超过 7000 个 ISPs

IBM 联合成立了一家非营利性公司——高级网络与服务公司（Advanced Network & Services Inc.，ANS）。该公司的主要宗旨是推动网络教育和研究，并促进互联网发展。它所采取的一项重要措施就是扩大网络资助来源，包括来自私营企业的投资和捐赠。在 1987～1992 年国家科学基金会网络升级计划实施过程中，MERIT 没有直接升级专用骨干网服务，而是通过一个共享的、私有化的骨干网提供 T3。该骨干网正式交由高级网络与服务公司运营，吸纳了大量私人资本。

正如前文所述，互联网商业化是一个渐进的过程，并不是互联网史上突然出现的转向。但即便如此，人们仍然会将 1995 年视为"互联网商业化元年"。因为这一年集中发生了多件具有里程碑意义的大事。一是 1995 年 4 月国家科学基金会网络正式停止运行，互联网骨干网私有化。美国主要的骨干网流量开始通过互联网络供应商进行路由。国家科学基金会提供了连接超级计算中心的极高速骨干网络服务（vBNS），[①] 如 NCAR、NCSA、SDSC、CTC、PSC。二是 1995 年 9 月开始，域名的注册不再免费，收取 50 美元的年费，而此前是由国家科学基金会补贴资助的。但国家科学基金会继续支付 .edu 的注册费，并暂时支付 .gov 的注册费。[②] 三是 1995 年 Compuserve、America Online 和 Prodigy 开始提供拨号互联网访问服务。一些与网络有关的公司开始上市，其中，网景公司以纳斯达克有史以来第三大 IPO 股票价值领先，引起了人们对互联网商业浪潮到来的关注，互联网市场出现了类似"淘金热"现象。

IBM、思科、MCI 等老牌信息技术公司拥有为研究型互联网提供服务的经验和优势，因而，较早地感知到即将到来的互联网商业化浪潮。

IBM 公司不仅在国家科学基金会网络的骨干网中拥有独特的地位，在企业设备市场上同样具有战略优势。虽然 IBM 先前成立的高级网络与服务公司在国家科学基金会网络的骨干网私有化过程中并未能占据主导地位，但是在接下来的几年中，IBM 确实运营着当时全球最大的 ISP 之一。尽管后来高级网络与服务公司被出售给了 AOL 公司，但 IBM 为商业客户提供的互联网接入服务被认为是最大和最可靠的接入业务之一。相较于思科而言，IBM 未能在互联网商业化浪潮中抓住设备市场的发展机遇，但依托供应商中立战略，IBM 为企业提供咨询服务的业务蓬勃发展。

1994 年，思科公司重新调整了发展战略，致力于成为领先的互联网设备供应商，并优先实行"收购"策略，降低创新风险。从 1994 年 7 月到 2000 年 12 月，思科共进行了 72 次收购。1999 年，思科市值超过 5000 亿美元，短时间内即成为世界上最具商业价值的公司，成为互联网商业化浪潮中的大赢家之一。在思科的引领下，北电、Novell、阿尔卡特和 3Com、AT&T

① 1996 年，vBNS（the very high speed Backbone Network Service）增加了贝勒医学院、佐治亚理工学院、艾奥瓦州立大学、俄亥俄州立大学、加州多明尼克大学、加利福尼亚州立大学、科罗拉多州立大学、芝加哥大学、伊利诺伊州立大学、明尼苏达大学、宾夕法尼亚州立大学、得克萨斯州大学、莱斯大学。"RFC2235：Hobbes' Internet Timeline，" https：//www.rfc-editor.org/rfc/pdfrfc/rfc2235.txt.pdf。

② "RFC2235：Hobbes' Internet Timeline，" https：//www.rfc-editor.org/rfc/pdfrfc/rfc2235.txt.pdf。

（设备部门）等公司也调整了产品策略。

面对国家科学基金会网络私有化转型，MCI 公司也快速做出了业务调整。一是 MCI 通过自建的光纤网络为政府提供数据传输服务，并通过收购相关企业提升了其在这方面的竞争力；二是在商业数据市场，为家庭和企业提供 ISP 服务。与 MCI 公司类似，Sprint 和 BBNnet 也有为国家科学基金会网络传输国际数据的经验，其采取了适应私有化趋势的策略。相比之下，AT&T 稍晚些才进入互联网服务领域。

除了老牌信息技术企业在互联网商业化浪潮中获益外，更多的初创企业也涌入了新兴的互联网行业。首先，国家科学基金会网络私有化促使大量互联网服务供应商进入市场并尝试提供接入服务，如 PSINET 和 UUNET 等。其次，浏览器（基于万维网的部署）的发展促使一些程序员和企业家创办新的公司，并进一步开发新的应用。

国家科学基金会网络在私有化转型过程中并没有对国家网络接入点（NAP）的性能进行合理的规划，很快便出现了拥挤不堪的现象，私有交换点服务和内容分发网络（CDN）随之兴起。

美国的互联网私有化和商业化对于促进全球互联网的蓬勃发展而言有积极的影响。但是，国家科学基金会在重新设计互联网的技术基础设施时没能把握住解决网络安全问题的良机。早在 1987 年国家科学基金会网络就意识到相关安全问题，但是并没有予以认真对待。在私有化转型中，国家科学基金会没有采取措施建立安全机制或在设计中强调安全性，进而错失了一次解决安全问题的良机。[①]

三　作为传播媒介的互联网演进

最初计算机网络的诞生源于科学工作者们分享和传输科研信息的需要。到了 80 年代末，计算机网络被应用于科研和高等教育领域。90 年代互联网

---

① Rajiv C. Shah, Jay P. Kesan, "The Privatization of the Internet's Backbone Network," https://www.researchgate.net/publication/240932934_The_Privatization_of_the_Internet's_Backbone_Network.

商业化以后，更是在巨大的社会信息传播和分享需求下在全球范围内急速发展。2003 年 9 月，太平洋岛国——托克劳群岛是最后一个接入起源于美国的互联网的国家，全球共有 209 个国家和地区与互联网建立起连接，互联网也因此成为一个覆盖全球的通信网络。① 随着互联网的普及及信息传播形式的增多，其快速成长为一种新兴的大众传播媒介。

（一）早期传播应用形态

1. 电子邮件列表

电子邮件列表（Mailing List）是一种电子邮件服务应用，可以收集用户名和电子邮件地址等信息并同时发给多位用户。电子邮件列表主要分为公告型和讨论型两类。公告型邮件列表可以用来单向发送报纸、杂志、广告等，类似于通过邮局投递出版物；讨论型邮件列表允许列表中的用户自行向列表发送信息，且所发信息对列表所有成员公开。互联网研发早期，讨论型邮件列表常被用于问题的沟通与协调。

2. 电子公告服务

电子公告服务（Bulletin Board Service）是一种互联网上的电子信息服务应用，常见的形式有电子公告牌、论坛、网络聊天室或留言板等，为用户提供交互式信息发布服务。根据信息内容，电子公告服务通常分为综合类和专业类两大类别，综合类电子公告服务的栏目类别较多，包含新闻、影视、体育、交友等；专业类电子公告服务聚焦某个类目内容，如体育类的虎扑。

（二）门户网站

门户网站（Web Portal）是指那些将信息按照统一的格式整理、存储和呈现的网站。门户网站通常由首页、频道页、专题页、列表页以及搜索栏等构成。按照创办主体和目标用户的不同，门户网站大致可以分为综合门户网

---

① 孙中伟等：《世界互联网城市网络的可达性与等级体系》，《经济地理》2010 年第 9 期，第 149 页。

站、政府门户网站、企业门户网站、专业门户网站、分类信息门户网站、个人门户网站等。门户网站的诞生使互联网成为一种真正意义上的大众传播媒介。早期的门户网站以文字为主，编辑方式及其功能类似于报纸。随着图片、音频、视频等信息传输方式的使用，互联网成为"多媒体"融合的媒介。

（三）博客

博客（blog）是一种在线日记型个人网站。用户可以通过文字、照片或视频等方式记录生活，分享信息或观点。博客的诞生和普及极大地提升了个人参与大众传播的能力。博客在改变信息传播生态和秩序方面的影响是深远的。在政治方面，博客为普通人提供了一个参与政治讨论的平台，推动了民主化进程。在新闻报道方面，博客成为一个重要的信息来源，尤其是在突发事件和非主流观点的传播中发挥了重要作用。在教育和知识共享方面，博客为专家和学者提供了一个分享研究成果的渠道，促进了知识的普及和共享。在社会生活中，博客为地域相近，尤其是拥有共同兴趣爱好的用户提供了一个交流和互动的场域。

第二节　全球互联网治理体系形成与演进

如前文所述，在互联网发展早期就开展了互联网有关治理实践。但从作为实验产品的互联网到作为信息传播媒介的互联网，在相当长的一段时期互联网发展是第一要务。相对于在下一阶段出现的安全问题，如何实现全球计算机网络互联，以及使其运行得更好、覆盖得更广，是研究者和管理者关注的重点。与此同时，20世纪90年代，人们开始意识到"互联网是一个非常关键的国际基础设施，而不只是为研究和教育团体所用"。因此，技术协调与关键互联网资源分配一直是推动全球互联网治理体系发展与变革的重要动力。

一　国际特别委员会

随着互联网国际化的发展，20 世纪 90 年代以来，对互联网地址和域名的控制成为全球互联网治理的重中之重。互联网工程任务组率先提出建立域名系统协调机构的倡议。当时，这个倡议在国际层面得到了各方的认可。[①] 1996 年 11 月，互联网协会和互联网号码分配局联合组建了国际特别委员会，旨在解决顶级域名治理问题，以适应互联网的商业化发展趋势。[②] 该机构试图设计一个治理模式将可能与互联网治理相关的不同利益者汇聚起来，如互联网工程任务组、国际电信联盟、世界知识产权组织、美国国家科学基金会、商标持有者，以及知识产权所有者等不同类型的利益相关者。国际特别委员会编制了《通用顶级域谅解备忘录》，但遭到了包括美国政府在内的多方反对。

然而，国际特别委员会被认为在处理互联网与美国关系时表现不佳。它试图将互联网名称空间的管理权交给标准制定组织，但被美国政府拒绝了。反对派人士主要将互联网视为美国的发明（1997 年超过一半的用户在美国）。"以国际电信联盟为支撑在美国外建立一个新的治理体系"的方案更是遭到美国互联网企业和政府的强烈反对。1997 年 5 月，国际特别委员会退出了历史舞台。此后，认为互联网治理应该涵盖不同利益群体和认为应将其置入联合国架构以提升合法性的争论始终难分伯仲。

二　互联网名称与数字地址分配机构 I——诞生

在 ICANN 成立以前，互联网的域名和地址分配协调工作主要由美国的两家承包商负责，一个是互联网号码分配局，该机构由南加利福尼亚大学计算机科学家、互联网先驱乔恩·波斯特尔于 1988 年创建；另一个是网络方

---

① Jeanette Hofmann, "Internet Governance: A Regulative Idea in Flux," *Global Internet Governance: Critical Concepts in Sociology*, edited by Laura DeNardis, Volume I, Routledge, p. 514.

② ICANN 官网，https://www.icann.org/zh/history/early-days。

案公司（现为威瑞信公司，VeriSign）。① 随着其他国家的互联网发展，如何在全球范围内分配关键互联网基础资源，并确保标识符的唯一性，成为各国关注的焦点。

面对来自国际社会的压力，为保障美国利益，美国政府致力于改革域名系统管理。1997 年，克林顿政府在《全球电子商务框架》中承诺实现域名系统的私有化管理，以增强竞争，并促进全球参与管理。1997 年夏，美国商务部启动了协商程序。在征求全球利益相关方意见后，1998 年初，美国商务部起草了《改善互联网名称和地址技术管理的建议》（即《绿皮书》），宣布将域名系统和 IP 地址的监督权交由一个私人组织。该组织应包括国际参与，但需在加州法律基础上运作，在此之后，美国起草了《互联网名称和地址的管理》（又称《白皮书》）。互联网社群中的多利益相关方共同制定了《白皮书》实施计划，并创办了国际白皮书论坛。

1998 年 9 月，互联网名称与数字地址分配机构（Internet Corporation for Assigned Names and Numbers，ICANN）成立，是一家位于美国加利福尼亚州的非营利性组织。互联网号码分配局提出了一套与美国商务部不同的方案。1998 年 10 月，乔恩·波斯特尔向商务部提交了一份关于负责互联网域名系统管理的新机构的章程草案。经过公开征求意见后，这份草案为 ICANN 章程的起草奠定了基础。按照章程要求，ICANN 成立三个支持组织：地址支持组织（ASO）、域名支持组织（DNSO）和协议支持组织（PSO）。1998 年11 月，ICANN 与商务部签署了一份谅解备忘录，由 ICANN 负责管理域名系统的技术功能、互联网地址号码分配、端口分配与协调，以及协助维护互联网唯一标识符的稳定性。1998 年 12 月，南加州大学与 ICANN 签署了移交协议，明确了 ICANN 接手互联网号码分配局的职能和此前南加州大学的相关职责。1999 年 3 月 ICANN 举行了首届会议，董事会通过了关于".com"".net"".org"的《注册服务机构认证政策声明》，旨在促进域名注册服务

---

① 弥尔顿·穆勒等：《互联网与全球治理：一种新型体制的原则与规范》，《汕头大学学报》（人文社会科学版）2017 年第 3 期。

机构之间的竞争。政府咨询委员会和 DNS 根服务系统咨询委员会也举行了首次会议。超过 25 名政府代表参加了政府咨询委员会的会议。地区互联网注册管理机构、根服务器运营商、互联网工程任务组和互联网号码分配局的代表参加了 DNS 根服务系统咨询委员会举行的会议。①

表 2-4　与 ICANN 早期发展相关的大事年表

时间	事件
1972 年	乔恩·波斯特尔自愿为美国国防部高级研究计划局创建的阿帕网分发官方套接字编号
1976 年	乔恩·波斯特尔被调至南加州大学信息科学学院任职。他继续扮演协调角色,但工作内容演变为维护互联网运行所需的唯一标识符的稳定性
1988 年	乔恩·波斯特尔注册的管理机构最终发展为互联网号码分配局,负责管理互联网名称、数字和地址的分配。"互联网号码分配局"一词正式出现在 1988 年 12 月发布的 RFC1083 中,其中乔伊斯·雷诺兹为联络人,乔恩·波斯特尔为副互联网架构师
1993 年 1 月至 1998 年 9 月	网络方案公司提议由其提供包括域名注册和互联网号码分配在内的服务,并获得批准,与美国国家科学基金会签订了为期五年的协议。1995 年,国家科学基金会允许网络方案公司收取域名注册服务费
1996 年 11 月至 1997 年 5 月	互联网协会和互联网号码分配局联合组建了国际特别委员会,并发布《通用顶级域谅解备忘录》
1997 年 7 月至 1998 年 6 月	美国政府做出域名系统管理私有化发展承诺。商务部起草了《改善互联网名称和地址技术管理的建议》(即《绿皮书》)和《互联网名称和地址的管理》(即《白皮书》)
1998 年 9 月	ICANN 成立
1998 年 10 月	Network Solutions 与美国政府修订了协议,允许注册服务机构之间展开竞争
1998 年 10 月	互联网号码分配局创始人乔恩·波斯特尔去世,享年 55 岁
1998 年 10 月	ICANN 首届董事会会议在纽约召开。埃丝特·戴森(Esther Dyson)被任命为主席,迈克尔·罗伯茨(Mike Roberts)被任命为总裁
1998 年 11 月	ICANN 与商务部签署了一份谅解备忘录
1998 年 12 月	南加州大学与 ICANN 签署了移交协议
1999 年 3 月	ICANN、政府咨询委员会和 DNS 根服务系统咨询委员会均举办首次会议

① ICANN 官网，https：//www.icann.org/zh/history/early-days。

时间	事件
1999 年 3 月	ICANN 董事会制定了关于 DNSO 基本结构的章程。DNSO 由代表域名系统相关利益的各个选区团体组成①
1999 年 4 月	ICANN 选择了 5 家注册服务机构参加共享注册资源的"试验"阶段②
1999 年 7 月	签署了提出成立协议支持组织（PSO）的《谅解备忘录》（MoU）。PSO 成为负责互联网协议参数分配的政策制定机构③
1999 年 10 月	地址支持组织成立。亚太互联网信息中心、美洲互联网号码注册管理机构和欧洲互联网协议资源网络协调中心三家地区互联网注册管理机构与 ICANN 签署了 MoU，为解决全球地址空间问题成立政策制定机构④
1999 年 10 月	ICANN 董事会通过统一域名争议解决方案，用于保护域名领域的商标，并解决与互联网域名注册有关的争议
2000 年 2 月	签署首份互联网号码分配局职能合同。ICANN 与美国商务部国家电信和信息管理局签署了一份协议，要求 ICANN 在不给美国政府增加任何成本的情况下，执行 IANA 的职能⑤
2000 ~ 2002 年	新通用顶级域（gTLD）第一轮扩张。为了进一步促进域名系统空间的竞争，ICANN 于 2000 年启动了新通用顶级域的第一轮扩张工作，授权了七个新 gTLD：".biz"".info"".name"".pro"".aero"".coop"".museum"⑥
2000 年 10 月	"一般会员"开展全球选举。ICANN"一般会员"选举了 5 位 ICANN 董事会成员。每个 ICANN 地理区域分别选拔一名董事⑦
2000 年 11 月	ICANN 领导层变动。2000 ~ 2007 年 ICANN 主席一职由温顿·瑟夫担任

注：①根据 2002 年 ICANN 发展和改革流程，DNSO 被通用名称支持组织（GNSO）所取代。②在ICANN 设立之前，1993 ~ 1998 年 Network Solutions 公司是美国政府批准的".com"".net"".org"的唯一域名注册服务机构。③根据 2002 年 ICANN 发展和改革流程，解散 PSO，成立技术联络组（TLG）。④拉丁美洲和加勒比互联网信息中心和非洲互联网信息中心分别于 2002 年和 2005 年获得认可。⑤互联网号码分配局职能合同先后于 2001 年、2003 年、2006 年和 2012 年续签，并最终于 2016 年 9 月 30 日到期。⑥20 世纪 80 年代七大 gTLD：".com"".edu"".gov"".int"".mil"".net"".org"。⑦"一般会员"成立的目的是为互联网用户提供在 ICANN 治理结构方面的发言权。根据 2002 年 ICANN 发展和改革流程，一般会员项目被一般会员咨询委员会取代。

　　ICANN 的成立被视为互联网全球治理演进中的标志性事件。它具有两个积极意义：一是解决因试图占有新的全球技术资源（主要是域名）而产生的产权冲突问题；二是解决以保持全球兼容性的方式管理互联网资源所带来的协调问题。ICANN 的成立还具有颠覆性价值，改变了国家在全球治理中的作用。① ICANN 这种独特治理体制的形成源于两股力量的共同驱动。首先，各国试图建立"全球"而非"区域"的域名系统管理机制。其次，美国试图避开现有国际机制，受 20 世纪 80 年代控制全球数据网络标准之战的影响，美国的业界和政界对 ITU 较为排斥。

　　然而，ICANN 的诞生并未解决此前关于互联网治理的争议焦点——合法性和正当性问题。首先，在创建 ICANN 的过程中，"美国成功地建立一个由美国自己和非国家行为体控制的治理体制"。② 当时 ICANN 所吸纳的不同利益者，仅包含少量的个人和组织，且大部分来自美国政府，而发展中国家则被排除在外。同时，ICANN 与美国商务部之间的关系也一直为外界所诟病。ICANN 保留了与美国政府之间的契约关系，美国政府则借此保持着对 ICANN 的单边监管。其次，处于传统组织机制之外的私营部门主导的治理体系的透明性和问责制问题日益突出。最后，政府咨询委员会的引入也颇具争议。政府咨询委员会由国家政府和政府间组织代表组成，商务部的初衷是仅在 ICANN 管理委员会发出请求时予以回应，企图抑制国家政府在网络管理中的作用。然而，美国政府则试图通过该机制积极扩大自身的影响力。政府，尤其是发展中国家政府表示支持政府咨询委员会，并积极推动 ICANN 深层改革。然而，从后续互联网号码分配局管理权移交结果看，这一努力并未成功，政府的作用被进一步弱化。政府咨询委员在董事会中的代表并未能获得最终表决权。

　　在首届信息社会世界峰会期间，ICANN 成为国际冲突的焦点，并引起了两方面的争议：一是美国在互联网管理中的霸权问题；二是国家与非国家行为体在互联网治理中的各自地位与作用问题。ICANN 成立后，各方一直试图推动 ICANN 进行改革，以改变美国单边垄断互联网基础资源管理权的

---

① Milton L. Mueller, Farzaneh Badiei, "Inventing Internet Governance: The Historical Trajectory of the Phenomenon and the Field," https://direct.mit.edu/books/oa-monograph/4936/chapter/625907/Inventing-Internet-Governance-The-Historical.

② 弥尔顿·穆勒等：《互联网与全球治理：一种新型体制的原则与规范》，《汕头大学学报》（人文社会科学版）2017 年第 3 期。

问题。这一斗争持续了 10 余年，直到"斯诺登事件"爆发，美国政府才不得不推进 ICANN 私有化。

三　联合国框架下的互联网治理进程

尽管在联合国框架下进行互联网治理一直遭到美国政府的强烈反对和抵制，但是随着信息通信技术发展所引起的国际冲突日益增多，有关如何进行互联网治理的探讨在 20 世纪 90 年代末逐渐被纳入了议程。

（一）国际电信联盟

国际电信联盟成立于 1865 年，旨在促进国际通信网络的互联互通，主要职责是进行全球无线电频谱和卫星轨道的划分，制定技术标准以确保实现网络和技术的无缝互联。成员来自 193 个成员国以及公司、大学、国际组织和区域性组织，共计约 900 个成员。

由于遭到美国政府和产业界的强烈排斥，原本有专业技术优势的 ITU 在互联网国际治理中并未能发挥核心作用。它需要通过 ICANN 的政府咨询委员会才能间接地参与互联网基础资源管理工作。相较而言，世界知识产权组织却被获准制定管理域名商标的相关规则。

1998 年，国际电信联盟"第 73 号决议"提出，国际电信联盟秘书长向联合国协调管理委员会建议举行信息社会世界峰会。1999 年，国际电信联盟秘书长在联合国咨询委员会会议报告中阐述了这一意向，各界反响强烈。2001年 12 月，联合国大会通过的"第 56/183 号决议"建议成立一个政府间筹备委员会，主要任务包括：起草会议议程、确定宣言和行动计划草案，以及负责其他利益相关方的参会安排。随后，信息社会世界峰会、互联网治理工作组、互联网治理论坛相继举办，并成为日后全球互联网治理机制的重要组成部分。

2010 年，ITU 起草了旨在减小网络风险的条约草案，但由于各国分歧较大，该条约草案工作被搁浅。[1] 2012 年 12 月，国际电信世界大会在迪拜召

---

① 王明国：《全球互联网治理的模式变迁、制度逻辑与重构路径》，《世界经济与政治》2015 年第 3 期，第 86 页。

开，会上对国际电信规则进行了修订。这是自 1988 年以来的首次修订。ITU
想借修改国际电信规则之机，进一步增强自身在互联网治理事务中的合法性。
144 个成员国中的 89 个国家代表签署了新规则，美国、英国、加拿大、澳大
利亚等 55 个国家拒绝签署或保留签署权。超过半数成员国支持新规，极大地
提升了 ITU 在互联网领域的影响力。2014 年 10 月，在韩国釜山召开的 ITU 全
权大会上，美国对 ITU 施加了较大的压力，大会没有延续 2012 年迪拜大会的
议题，未进一步深入探讨互联网治理问题。据《华盛顿邮报》报道，在釜山
大会上，美国代表团宣称其任务就是说服 ITU 各成员国将 ITU 视作技术机构，
ITU 并不是探讨国际互联网治理问题的合适的平台。2018 年，国际电信联盟
全权代表大会发布了 "第 102 号决议"《国际电信联盟在有关互联网和互联网
资源（包括域名和地址）管理的国际公共政策问题方面的作用》。

（二）信息社会世界峰会①

信息社会世界峰会的召开是互联网全球治理演进过程中又一具有里程碑
意义的重大事件。2002～2005 年该峰会是多边的、以国家为中心的外交会
议，详见表 2-5。原议题范围远超互联网治理这一狭小领域。但由于 ICANN
治理体系冲突日益加剧，以及网络之于信息社会的重要性日渐凸显，出乎意
料却意义深远的是，信息社会世界峰会日后演变成互联网治理世界峰会。

首届峰会由日内瓦峰会和突尼斯峰会两个阶段构成。

来自 175 个国家的近 50 位国家元首/政府首脑和副总统、82 位部长和
26 位副部长，以及国际组织、私营部门和民间社会的高级代表，共计 1.1
万余名代表出席了信息社会世界峰会日内瓦峰会阶段会议。本阶段会议的目
标是 "拟定和促成一项明确的政治意愿声明，并采取具体步骤为实现'人
人享有'的信息社会奠定基础"。2003 年 12 月，日内瓦峰会通过了《原则
宣言》和《行动计划》。日内瓦峰会并未就互联网治理含义以及如何资助落
后国家消弭数字鸿沟等内容达成共识，因而，会上建议成立 "互联网治理
工作组" 继续研究如何推动互联网治理变革。

---

① 信息社会世界峰会官网，https://www.itu.int/net/wsis/basic/about.html。

表 2-5　信息社会世界峰会系列会议

会议		时间	地点	名称
日内瓦峰会阶段	筹委会会议	2002 年 7 月 1~5 日	日内瓦	筹委会第一届会议
		2003 年 2 月 17~28 日	日内瓦	筹委会第二届会议
		2003 年 7 月 15~18 日	巴黎	闭会期间会议
		2003 年 9 月 15~26 日	日内瓦	筹委会第三届一次会议
		2003 年 11 月 10~14 日	日内瓦	筹委会第三届二次会议
		2003 年 12 月 5~6 日		筹委会第三届三次会议
		2003 年 12 月 9 日		筹委会第三届四次会议
	区域会议	2002 年 5 月 28~30 日	巴马科	区域会议（非洲）
		2002 年 11 月 7~9 日	布加勒斯特	区域会议（欧洲）
		2003 年 1 月 13~15 日	东京	区域会议（亚太）
		2003 年 1 月 29~31 日	巴瓦罗	区域会议（拉丁美洲和加勒比）
		2003 年 2 月 4~6 日	贝鲁特	区域会议（西亚）
	正式会议	2003 年 12 月 10~12 日	日内瓦	日内瓦峰会
突尼斯峰会阶段	筹委会会议	2004 年 6 月 24~26 日	哈马马特	筹委会第一届会议
		2005 年 2 月 17~25 日	日内瓦	筹委会第二届会议
		2005 年 9 月 19~30 日	日内瓦	筹委会第三届会议
	区域会议	2004 年 11 月 22~23 日	大马士革	区域会议（西亚）
		2005 年 2 月 2~4 日	阿克拉	区域会议（非洲）
		2005 年 5 月 31 日至 6 月 2 日	德黑兰	区域会议（亚太地区）
		2005 年 6 月 8~10 日	里约热内卢	区域会议（拉丁美洲和加勒比）
	正式会议	2005 年 11 月 16~18 日		突尼斯峰会

在突尼斯峰会期间，来自 174 个国家的近 50 位国家元首/政府首脑和副总统，197 位部长、副部长，以及来自国际组织、私营部门和民间社会的高级别代表，共计 1.9 万余人出席了会议。突尼斯峰会的目标是落实日内瓦《行动计划》，并在互联网治理、融资机制、日内瓦文件和突尼斯文件后续落实等领域寻求解决方案并达成协议。2005 年 11 月，峰会通过了《突尼斯承诺》和《突尼斯信息社会议程》。此外，大会针对互联网治理给出了定

义，即"政府、私营企业和社会组织发挥各自的作用，制定和实施旨在规范互联网发展和使用的共同原则、准则、规则、决策程序和方案"，该定义后来被互联网治理工作组所采纳。

在此次峰会上，对于由谁监管 ICANN 的问题各方分歧严重。美国希望继续保持对 ICANN 的监管权；欧盟反对由美国单方监管 ICANN，并提议建立"互联网治理论坛"（IGF）；中国及一些国家希望建立一个隶属于联合国的机构来负责监管 ICANN；ITU 则希望由其监管 ICANN。突尼斯峰会并未就互联网治理机制达成共识，最后形成的方案是由联合国秘书长设立互联网治理论坛。

信息社会世界峰会重要的历史遗产主要体现在以下三个方面：一是确立了国家政府在网络空间治理中的地位；二是确立了政府、企业和社会等多方参与治理的原则；三是从 2006 年开始信息社会世界峰会转变为在日内瓦举行的年度论坛，发展成为一个全球性的最大的多利益相关方平台，为信息交流、知识创新和最佳实践等提供了分享平台，并对日内瓦行动计划的执行情况进行追踪和讨论。

日内瓦和突尼斯峰会后，相关行动计划和承诺主要由联合国下属几大机构负责协调和执行，主要包括国际电信联盟、联合国教科文组织、联合国资本发展基金和联合国经社理事会。

（三）互联网治理论坛——诞生与发展

互联网治理论坛（Internet Governance Forum，IGF）诞生于 2006 年，是联合国框架下一个开放的多利益相关方交流平台，在全球互联网治理领域具有重要而独特的地位。互联网治理论坛是首届联合国信息社会世界峰会的重要成果之一。在 2004~2005 年进行了一系列公开磋商后，日内瓦峰会期间成立的互联网治理工作组就成立互联网治理论坛达成共识，并在突尼斯峰会期间呼吁联合国秘书长设立互联网治理论坛。2006 年 8 月，联合国公布了对互联网治理论坛五年任务授权的认可。

1. 互联网治理论坛组织架构

互联网治理论坛的组织架构主要是由多利益相关方咨询小组、领导小组和秘书处三个部分组成。

多利益相关方咨询小组由联合国秘书长于 2006 年建立，旨在协助秘书长举办每年的互联网治理论坛，具体职责包括：确定年度会议主题、议题；确定年度会议的组织计划和安排；组织各类主要会议、研讨会；在年会上协调小组讨论，并向参与的相关利益者提供支持和指导；支持闭会期间的工作；在所有利益相关者中促进互联网治理论坛的工作；促进多利益相关方在年度会议和闭会期间的参与和协作。多利益相关方咨询小组每年分别于 2 月、5 月和 9 月在日内瓦举行为期两天的会议。成员主要来自政府、私营部门和公共民间组织（包括学术界和技术界），通过公开征集各利益相关方提名的方式进行选拔，最后由秘书长来决定，任期一年。每年大约轮换 1/3 的成员，以增强组织的多样性并带来新的观点。

领导小组是一个战略性多利益相关方组织。它的设立旨在落实 2020 年联合国秘书长发布的《数字合作路线》中提出的：借鉴现有多利益相关方咨询小组的经验，设立一个获得授权的战略性多利益相关方高级别机构，负责处理紧迫性问题。领导小组由 10 人组成，每个成员的任期为两年，其成员产生的程序和多利益相关方咨询小组相似。此外，遴选过程将充分考虑地域和性别的平衡，但也会参考秘书处和技术事务特使办公室的建议。领导小组的主要职能包括：为互联网治理论坛提供战略意见和建议；推广互联网治理论坛及其成果；为高级别和一般层面利益相关方参与论坛、募集资金等提供支持；与其他利益相关方交流互联网治理论坛取得的成果，并使这些成果体现到论坛的议程设置中。每年分别在第一季度、第二季度和第四季度举行三次会议。

根据工作章程，领导小组与多利益相关方咨询小组之间是相互独立的，但一直会有密切合作。多利益相关方咨询小组负责 IGF 年会事务；领导小组则将重点从战略层面提出建议并提升 IGF 的影响力；秘书处设在联合国日内瓦办事处，协助多利益相关方咨询小组和领导小组的日常工作。

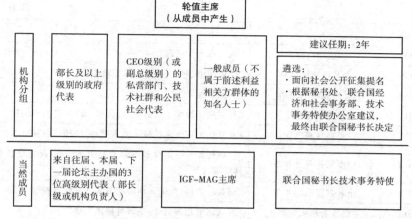

图 2-3 领导小组内部架构

2. IGF 构筑的互联网治理生态体系

IGF 以多种形式的活动参与全球互联网治理实践，包括年度会议，研讨会，开放论坛，动态联盟，IGF 最佳实践，国家、区域和青年 IGF 倡议组织，IGF 村等。这些活动共同构成了 IGF 庞大的互联网治理生态系统。来自世界各地的参与者在其中就互联网政策问题进行交流和讨论，从而影响互联网及其治理政策的演进。

年度会议是 IGF 论坛最重要的互联网参与形式。每年论坛的主题和核心议题由多利益相关方咨询小组负责确定，并由不同的国家来承办。在会议结束后，通常以报告的形式反映本年度 IGF 贡献和成果。该成果成为 IGF 和其他国家、机构、组织开展互联网治理的重要参考。①

表 2-6 2006~2023 年 IGF 论坛主题

年份	地点	主题
2006	希腊雅典	"促进互联网治理的发展"
2007	巴西里约热内卢	"促进互联网治理的发展"

---

① 方兴东、陈帅、徐济函：《中国参与互联网治理论坛（IGF）的历程、问题与对策》，《新闻与写作》2017 年第 7 期，第 23~31 页。

续表

年份	地点	主题
2008	印度海得拉巴	"人人享有互联网"
2009	埃及沙姆沙伊赫	"互联网治理——为所有人创造机会"
2010	立陶宛维尔纽斯	"共同发展未来"
2011	肯尼亚内罗毕	"互联网作为变革的催化剂：获取、发展、自由和创新"
2012	阿塞拜疆巴库	"互联网治理促进可持续的人类、经济和社会发展"
2013	印度尼西亚巴厘岛	"搭建桥梁——加强多方利益相关者合作 促进增长和可持续发展"
2014	土耳其伊斯坦布尔	"连接各大洲，加强多利益相关方互联网治理"
2015	巴西若昂佩索阿	"互联网治理的演变：赋能可持续发展"
2016	墨西哥瓜达拉哈拉	"实现包容性和可持续增长"
2017	瑞士日内瓦	"塑造您的数字未来！"
2018	法国巴黎	"规范互联网 反击网络攻击、仇恨言论和其他网络威胁"
2019	德国柏林	"互联网促进人类团结"
2020	一（线上参会）	"拥抱互联网 提升人类的韧性"
2021	波兰卡托维兹	"互联网大联合"
2022	埃塞俄比亚的斯亚贝巴	"弹性互联网,共享、可持续和共同未来"
2023	日本京都	"我们想要的互联网——赋予所有人权利"

　　研讨会是除 IGF 年度论坛之外，非常重要的多方交流平台。相较于年度论坛，研讨会主要有两个特征：一是议题通常聚焦某一主题，是当前需要解决的紧迫性问题；二是参与规模小，但专业性更强。

　　开放论坛是将政府、政府间组织和有关国际组织集合起来解释说明网络空间治理活动以及讨论问题的会议。该论坛每次时间为 90 分钟，主要是介绍和讨论过去一年间的互联网治理相关活动。

　　动态联盟建立于 2006 年，是雅典 IGF 的成果之一。该联盟是由特定互联网治理问题的个人和团体等多利益相关者组成，是相对非正式组织，旨在为解决特定网络治理问题做出贡献。近年来，动态联盟一直在开展一系列活动，对 IGF 年度论坛做出了重要的贡献。

表 2-7　对近年部分动态联盟的统计

较为活跃的动态联盟	不活跃的动态联盟
·无障碍和残疾	
·儿童在线安全	·偏远、农村和分散社区的接入与连接
·核心互联网价值观	·知识访问（A2K@ IGF）
·互联网上的言论自由和媒体自由	·互联网原则框架
·性别与互联网治理	·全球本地化平台
·互联网与气候变化	·语言多样性
·物联网	·在线协作
·互联网权利和原则/互联网权利法案	·在线教育
·网络中立性	·开放标准
·平台责任	·隐私
·图书馆中的公共访问	·社交媒体和法律问题
·互联网治理青年联盟	·阻止垃圾邮件联盟

　　IGF 最佳实践是在 2014 年展开的一个项目，旨在补充"IGF 闭会期间的社区活动"和"增强 IGF 对全球互联网治理和政策的影响"。IGF 最佳实践持续收集来自不同团体、组织、专家和个人的知识，将有价值的互联网资源提供给更广泛的社区，通过这样实质性的外联工作，提升参与的多元化和多样化，特别是更广泛的贫困地区和利益相关群体的参与，整体来看，IGF 最佳实践为扩大 IGF 的全球足迹做出了重大贡献。

　　国家、区域和青年 IGF 倡议组织于 2006 年开始在全球范围内自发成立、独立运营，并且按照 IGF 开放、包容、非商业、多重利益相关、自下而上的核心原则来组织各项活动。前期相关倡议组织较少，但自 2015 年起，国家、区域和青年 IGF 倡议组织的数量大幅增长，从 37 个增加到 72 个。国家、区域和青年 IGF 倡议组织是 IGF 论坛闭会期间非常活跃的贡献者，很大程度上增进了全球 IGF 倡议组织之间的联系，其每年的成果也为全球 IGF 提供了有价值的有形投入，同时为应对政策挑战提供了更加多样的视角。

　　IGF 村是在 IGF 年度会议期间年度网络空间成果的展览会场，以及 IGF 参与者之间建立合作网络伙伴关系的交流场所。

（四）联合国信息安全政府专家组——诞生与发展①

联合国信息安全政府专家组（UN Group of Governmental Experts，UN GGE）是在联合国框架下进行网络安全规范探讨的重要机制之一，也是全球网络安全规范最重要的多边进程。2004 年，联合国正式授权组建了第一届专家组。在"斯诺登事件"爆发前，联合国已授权组建了三届 UN GGE，大致可以分为两个阶段。

1. 第一阶段（1998~2008 年）：艰难萌芽，缓慢起步

虽然直到 2004 年，UN GGE 才首次正式获得联合国的组建授权，但相关的决议草案早在 1998 年就已由俄罗斯提出。自那时起，信息通信技术领域的安全问题就已被提上了联合国的议程，且随后每年都有一份相关决议在第一委员会通过，②故此处将其起源追溯至 1998 年。由于美国的极力抵制，UN GGE 的诞生极为艰难，初期发展较为缓慢。尽管在 2004 年组建了第一届专家组，但最终未能形成共识性成果报告。

UN GGE 诞生的一个重要时代背景，是全球互联网用户数量自 20 世纪 90 年代中期以来呈指数级增长，并且开始出现信息通信技术被用于不符合维护国际稳定与安全宗旨的领域的迹象。自 1996 年起，美国参谋长联席会议③就着手制定代号为"JointPub3-13"的《联合信息作战指令》，④并于 1998 年正式颁布。该指令的主要目标是将信息技术用于军事行动。在与美国就国际信息安全问题的双边总统声明谈判失败后，俄罗斯于 1998 年向负责裁军和国际安全事务的联合国大会第一委员会提交了一项关于"从国际安全的角度看待信息和电信领域的发展"的决议草案，试图限制信息技术用于军事行动，并呼吁推动审议信息安全领域的现存威胁和潜在威胁，防止信息资源或技术被滥用以达到犯罪或恐怖主义目的。虽然遭到了美国政府的

---

① 本部分内容曾发表于《国外社会科学前沿》2020 年第 10 期。

② 参见联合国大会第 53/70、54/49、55/28、56/19、57/53 号决议。

③ 美国参谋长联席会议（United States Joint Chiefs of Staff）是由美国海陆空各军种指挥官组成的机构，主要职能是协调各军种之间的合作。

④ Joint Doctrine for Information Operations，http://www.c4i.org/jp3_13.pdf.

反对，但该决议未经表决即获联合国大会通过。① 此后，信息安全问题一直被列为联合国大会议程之一，并涉及信息通信技术的不当使用及其可能带来的国际安全风险等相关问题。但是，由于美国、澳大利亚以及欧盟国家对于"在信息通信技术背景下"进行信息安全问题的讨论并不热衷，1999~2004年此项决议只是停留在各国政府的书面意见中，并没有在联合国大会第一委员会上进行更深入的讨论，也未取得任何实质性的进展。②

2003 年 12 月，联合国大会通过第 58/32 号决议，③ 要求按照公平地域分配原则于 2004 年设立信息安全政府专家组（即 UN GGE），由俄罗斯、中国、美国、英国等 15 个成员国组成，负责研究信息安全领域现存和潜在的威胁，以及可能的合作，并就研究结果向联合国大会第 60 届会议提交报告。但是，在如何界定国家出于军事目的利用信息技术而造成的威胁，以及在信息内容（而非信息通信基础设施）上是否应该进行安全性审查的问题上，第一届 UN GGE 因存在分歧而并未能形成最终报告。④

2005 年 12 月，联合国大会通过第 60/45 号决议，⑤ 决定于 2009 年成立第二届 UN GGE。但是，2005~2008 年美国一直对"从国际安全角度看待信息和电信领域的发展"的决议草案投反对票，⑥ 认为俄罗斯欲以加强信息安全为由达到限制信息自由的目的。因此，俄罗斯早期的决议草案只得到少数

① United Nations General Assembly, "Developments in the Field of Information and Telecommunications in the Context of International Security," A/RES/53/70, 1998; Department for Disarmament Affairs, The United Nations Disarmament Yearbook, https://unoda-web.s3-accelerate.amazonaws.com/wp-content/uploads/assets/publications/yearbook/en/EN-YB-VOL-23-1998.pdf, Volume 23: 1998, pp. 140-141.

② ICT for Peace, Developments in the Field of Information and Telecommunication in the Context of International Security: Work of the UN first Committee 1998-2012, 2012.

③ United Nations General Assembly, Developments in the Field of Information and Telecommunications in the Context of International Security, A/RES /58/32, 2003.

④ United Nations Institute for Disarmament Research, Report of the International Security Cyber Issues Workshop Series, 2016.

⑤ United Nations General Assembly, Developments in the Field of Information and Telecommunications in the Context of International Security, A/RES /60/45, 1998.

⑥ ICT for Peace, Developments in the Field of Information and Telecommunication in the Context of International Security: Work of the UN First Committee 1998-2012, 2012.

国家支持而并未获得广泛认同。

综上，1998~2008 年，虽然关于信息安全问题的讨论一直在联合国第一委员会持续着，但只组建了一届 UN GGE 且未形成协商一致的报告，进程十分缓慢。与此同时，全球互联网迅速发展，美国巨大的互联网优势得以形成和巩固。在此过程中，美俄博弈加剧，而规范和规则的缺失则导致网络空间的安全态势加速恶化。

2. 第二阶段（2009~2013 年）：共识初成，争议未决

相比第一阶段，UN GGE 关于网络空间规则的谈判进程加快，并在第二届和第三届形成了两份共识性成果报告，就和平利用网络空间、国际法适用、网络空间主权等核心问题达成了原则性共识。

继 2007 年爱沙尼亚遭遇大规模网络袭击事件之后，2008 年格鲁吉亚也发生了类似的网络攻击事件，引发了国际社会对信息安全问题的强烈担忧，各国逐渐意识到因网络空间国际规则缺失而面临的严重威胁。2009 年，美国政府在国际安全问题上采取合作态度，并分别与俄罗斯和中国就网络安全问题进行了双边讨论，形势自此发生明显变化。①

从 2009 年 11 月到 2010 年 7 月，第二届 UN GGE 共举行了四次会议，并形成了第一份共识性成果报告。② 该报告认为，信息安全领域现有和潜在的威胁是 21 世纪最严峻的挑战之一，越来越多的国家将使用信息技术作为战略情报工具，给经济发展以及全球造成了很大损害；这也表明，信息技术具有独特属性，既不专属于民用，也不专属于军用。第二届 UN GGE 的显著成果是呼吁各国之间加强对话与合作，讨论并制定信息通信技术相关规则，为网络空间安全规则的不断完善奠定了基础。同时，该报告还建议各国持续展开对话，采取互信措施，帮助发展中国家加强能力建设，减少网络安全风险。此后，

---

① ICT for Peace, Developments in the Field of Information and Telecommunication in the Context of International Security: Work of the UN first Committee 1998-2012, 2012.

② United Nations General Assembly, Report of the Group of Governmental Experts on Developments in the Field of Information and Telecommunications in the Context of International Security, A/RES/ 65/201, 2010.

俄罗斯、美国和中国等国也开展了一系列关于信息技术安全问题的双边对话。

2013 年 6 月，尽管各个国家的立场有所不同，合作也很艰难，第三届 UN GGE 在 2010 年报告的基础上，还是形成了一份具有里程碑意义的报告。[①] 该报告确认了国际法，特别是《联合国宪章》适用于信息通信技术的使用情景；并承认"国家主权和源自主权的国际规范和原则适用于国家进行的通信技术活动"，以及国家在其领土内对信息通信技术基础设施的管辖权；强调"必须尊重《世界人权宣言》和其他国际文书所载的人权和基本自由"。同时，该报告还列举了建立信任的几项具体措施（CBMs），并提出了加强能力建设的具体建议。第三届 UN GGE 报告不仅首次提出了"负责任国家行为的规范、规则和原则"对于应对网络空间威胁的重要性，还列出了十条建议。同时，"和平网络空间"的目标也第一次出现在了联合国的议程中。第三届 UN GGE 报告中"国际法适用于信息通信技术的使用"的原则主要迎合了西方国家的外交目标，借此推动《武装冲突法》等适用于网络空间；而报告中的"主权原则"则是中国、俄罗斯等国的外交目标。不过，对于"国际法如何适用于信息通信技术的使用情景"，各方仍存在很大分歧。[②]

表 2-8　2004~2013 年 UN GGE 参与情况统计

届期	第一届	第二届	第三届
	2004/2005	2009/2010	2012/2013
参与国家数量(个)	15	15	15
主席国	俄罗斯	俄罗斯	澳大利亚
参与国家	白俄罗斯、巴西、中国、法国、德国、印度、约旦、马来西亚、马里、墨西哥、韩国、俄罗斯、南非、英国、美国	白俄罗斯、巴西、中国、爱沙尼亚、法国、德国、印度、以色列、意大利、卡塔尔、韩国、俄罗斯、南非、英国、美国	阿根廷、澳大利亚、白俄罗斯、加拿大、中国、埃及、爱沙尼亚、法国、德国、印度、印度尼西亚、日本、俄罗斯、英国、美国

---

① United Nations General Assembly, Report of the Group of Governmental Experts on Developments in the Field of Information and Telecommunications in the Context of International Security, A/RES / 68 / 98, 2013.

② ICT for Peace Foundation, Baseline Review ICT‐Related Processes and Events Implications for International and Regional Security（2011‐2013）, 2014.

四　其他国际组织的互联网治理实践

（一）世界贸易组织

克林顿政府呼吁世界贸易组织宣布因特网为免税环境，并要求针对电子商务制定统一的商业法典。他们要求世界贸易组织做出努力，使各国的知识产权制度更加一致和可执行。并在今后三年里发布了一系列报告，为这些政策建议和其他政策建议提供支撑。①

（二）七国集团（G7）

七国集团前身为 1973 年美国财政部在白宫图书馆举行非正式会议时创立的"图书馆小组"，当时参会的还有联邦德国、法国、英国的财经首脑。在当年国际货币基金组织和世界银行春季会议后，日本加入，从而形成了五国集团。1975 年，五国集团和意大利领导人在法国召开了首脑会议，集中讨论了应对经济危机问题，并确定了今后每年定期举行峰会的计划。加拿大加入后，1976 年在波多黎各举行的首脑峰会成为七国集团第一次会议。1998 年，俄罗斯加入，形成了八国集团（G8）。2014 年，俄罗斯因占领克里米亚，其成员国资格被冻结。此后，该机制一直以七国集团名义继续运作。

从 20 世纪 80 年代起，七国集团议题由经济领域延伸至国际政治形势、全球气候问题、打击跨国犯罪等领域。90 年代初，七国集团代表开始讨论互联网治理方面的政策协调问题，主要议题涉及电子商务的监管和税收、个人隐私保护、数字身份验证、知识产权保护、宽带基础设施的推广，以及网络互联的规范、原则或规则等。

90 年代中期，随着以互联网为核心的信息通信技术在全球的普及率快速上升，七国集团开始高度关注全球信息基础设施发展议题。1995 年，在比利时布鲁塞尔举行的关于全球信息社会七国集团部长级会议就如何建设全

---

① Marcia S. Smith, John D. Moteff, Lennard G. Kruger, Glenn J. McLoughlin, Jeffrey W. Seifert, "Internet: An Overview of Key Technology Policy Areas Affecting Its Use and Growth," Washington, D. C.: Congressional Research Service, updated January 21, 2001, p. 12.

球信息基础设施形成了八项原则：①促进动态竞争；②鼓励私人投资；③确定适应性强的监管框架；④提供开放的网络接入；⑤确保普遍提供及获得服务；⑥促进公民机会平等；⑦促进内容的多样性，包括文化和语言的多样性；⑧认识到全世界合作的必然性，特别是欠发达国家。

90 年代末期，一方面出于回应反全球化势力批评的需要，另一方面则是受经合组织和亚太经合组织影响，七国集团开始转而关注一个重要的互联网治理议题——"数字鸿沟"。2000 年 7 月，处于八国集团时期，日本冲绳峰会发布《全球信息社会冲绳宪章》。① 该宪章指出信息通信技术是 21 世纪社会发展中的"最强有力"的动力之一，并倡导建设全球信息社会，弥合数字鸿沟。为履行弥合全球数字鸿沟的承诺，八国集团根据宪章成立了"数字机遇工作组"。这个工作组的主要职责是探讨如何以最佳的方式确保利益相关方参与治理。数字机遇工作组在 2001 年发布《人人享有数字机遇：迎接挑战》，提出了九个弥合数字鸿沟的行动步骤②：①制定有利于竞争的国家电子战略；②提升连通性、增加接入并降低成本；③加强人的能力培养，强化知识创新和分享；④培养企业和创业精神，促进可持续发展；⑤参与互联网等信息通信技术引起的新的国际政策的讨论与制定工作；⑥支持专门针对最不发达国家的信息和传播技术倡议；⑦促进信息与传播技术在医疗保健和疾病防治中的应用；⑧支持本地内容和应用程序的创建；⑨在八国集团和其他捐助计划中优先考虑信息和通信技术领域。

2001 年 7 月，在意大利热那亚八国集团峰会上，上述行动要点获得了八国集团领导人的一致认同，因此，后来也被称为"热那亚行动计划"。报告还强调，各国政府需要与非营利组织、私营企业和国际组织合作，即多利益相关方的参与。2002 年 6 月，数字机遇工作组又发布了《人人享有数字机遇：成绩单》，并在当年在加拿大卡纳纳斯基斯召开的八国集团峰会期间

---

① Okinawa Charter on Global Information Society，https：//www.mofa.go.jp/policy/economy/summit/2000/pdfs/charter.pdf.

② Digital Opportunities for All：Meeting the Challenge，https：//www.itu.int/net/wsis/docs/background/general/reports/26092001_ dotforce.htm.

予以讨论。报告称，数字机会工作组的多利益相关方已成为其他全球信息和传播技术促进发展倡议的典范。[1]

后来，数字机遇工作组在信息社会世界峰会两个阶段的会议——日内瓦峰会和突尼斯峰会筹备中也发挥了重要作用。

（三）经济合作与发展组织（OECD）

经济合作与发展组织（Organization for Economic Cooperation and Development, OECD，简称"经合组织"），是较早参与互联网治理的国际组织之一。经合组织的科学、技术与创新局从 1985 年开始发布数字经济系列报告，迄今，已累计发布 361 份。这些系列报告涵盖了与信息通信技术领域相关的问题。[2]

1. 跨境数据流动

1985 年 4 月，经合组织发布了第一份数字经济文件《经合组织跨境数据流动宣言》，描述了跨境数据和信息流动现象的普遍性，同时强调了数据流动的重要性、可获益性、参与主体的多样性及可规制性，并尊重各国政府采取不同手段来实现政策目标。总体而言，宣言表达了促进数据流动的明确意向，并为此倡导各成员国政府避免设置不合理障碍、提升政策透明度和寻求共同解决方案，以及考虑方案对其他国家可能产生的影响。这些倡议对于处理当前的跨境数据流动问题仍然适用。

2. 全球信息基础设施建设

在促进全球信息基础设施建设方面，经合组织也发挥了重要作用。1995 年 2 月，经合组织与亚太经济合作组织、太平洋经济合作理事会在加拿大温哥华举行了联合研讨会，主题为"信息基础设施：为 21 世纪奠定基础"。这场研讨会为制定以市场为主导的基础设施和服务政策奠定了基础。1996 年 1 月，经合组织发布了数字经济系列第 18 号文件《全球信息基础设施和

---

[1] Jeffrey A. Hart, "The Digital Opportunities Task Force: The G8's Effort to Bridge the Global Digital Divide," Conference Paper, March 2004, https://www. researchgate. net/publication/279516571_The_Digital_Opportunities_Task_Force_Results_of_an_Email_Survey_of_Participants.

[2] OECD Digital Economy Papers, https://www. oecd-ilibrary. org/science-and-technology/oecd-digital-economy-papers_20716826? page=1.

全球信息社会》。[①] 该文件是信息、电脑、传播政策委员撰写的关于全球信息基础设施和全球信息社会的政策建议声明，对 1995 年七国集团部长级会议形成的八项原则表示赞同，并针对全球信息社会的政策框架、监管框架、政府作用、基础设施等问题提出了建议。

3. 电子商务

1997 年，经合组织在芬兰图尔库举行了主题为"消除全球电子商务的障碍"的政府和企业联合研讨会。1998 年，经合组织在加拿大渥太华举行了主题为"一个无国界的世界：实现电子商务的潜力"的部长级会议。在这次会议上，经合组织成员商定了渥太华税收框架条件。

---

① Global Information Infrastructure and Global Information Society（GII - GIS），https：//www. oecd - ilibrary. org/docserver/237382063227. pdf？expires = 1706253422&id = id&accname = guest&checksum = 897DA47F06A7C81014EF3DE7815FEEC4.

第三章　作为活动空间的互联网进化
与国际治理

从互联网到网络空间是一个渐进的发展过程，并没有明确的时间节点。网络空间的形成主要取决于以下因素。一是日臻完善的网络空间基础设施、信息通信和网络技术的进步，为网络空间的形成提供了基本的技术保障和物质支撑。宽带网络、无线网络、卫星网络等构筑了泛在的网络空间，个人电脑、手机、可穿戴设备、智能家电、智能汽车等则为人们进入网络空间提供了丰富的入口。二是不断增长的互联网用户为网络空间注入了源源不断的活力，截至 2024 年 1 月，全球网络空间人口数量已经达到 53.6 亿，占全球总人口的 66.2%。三是网络空间的活动种类日渐丰富，正如我国《国家网络空间安全战略》（2016）中所描述的那样，网络空间已成为信息传播的新渠道、生产生活的新空间、文化繁荣的新载体、社会治理的新平台、交流合作的新纽带。

然而，网络空间高速发展的同时，安全问题也日益严峻，包括网络渗透危害政治安全、网络攻击威胁经济安全、网络有害信息侵蚀文化安全、网络恐怖和违法犯罪破坏社会安全、网络空间的国际竞争等。尤其是 2013 年"斯诺登事件"爆发后，网络空间治理格局出现了明显变化，由"全球治理"明显转向"国际治理"。网络空间的国际治理呈现出以下显著特征：一是主要大国围绕网络空间发展与治理展开的战略竞争加剧；二是联合国框架下的治理机制在治理体系中的地位得以显著提升；三是政府间国际组织加大网络空间治理参与力度。

第一节　网络空间安全及其国际博弈

一　从互联网到网络空间演变

（一）网络空间人口增长与分布情况

信息社会世界峰会召开预示着互联网发展即将进入快车道。2003 年首届信息社会世界峰会（WSIS）召开时，全球互联网用户规模为 7.61 亿，约占全球总人口的 1/10，到 2005 年峰会结束时恰好超过 10 亿。至峰会召开第一个 10 年——2013 年，全球互联网用户数量已经超过 25 亿，而第二个 10 年——2023 年，则又增长了 1 倍，超过 50 亿，2/3 的全球人口已进入网络空间。另据国际电信联盟的《2022 年全球连通性报告》，移动宽带网络已覆盖 95%的世界人口。这是一个相当了不起的成就。

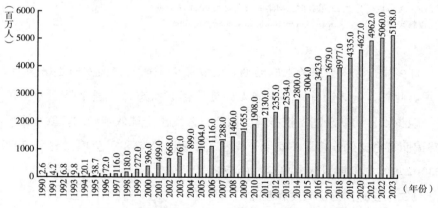

图 3-1　1990~2023 年网络空间人口增长情况

资料来源：DataReportal，"Digital 2023：Global Overview Report，" https：//datareportal.com/reports/digital-2023-global-overview-report，January 26，2023。

然而，互联网世界统计网（Internet World Stats）的数据显示，目前全球各地区间的数字鸿沟依然较为明显。仅以互联网普及率为例，北美和欧洲地区互联网普及率最高，分别达到了 93.4%和 89.2%，而非洲的最低，仅为 43.2%（见表 3-1）。其中，经济发展水平仍是影响各地区网络空间完善程度的重要因素。

表 3-1　全球网络空间人口分布情况（2023 年预估值）

地区	人口数量（亿人）	人口数量世界占比（%）	网络人口数量（亿人）	互联网普及率（%）	2000~2023 年增长率（%）	网络人口数量的世界占比（%）
非洲	13.95	17.6	6.02	43.2	13233	11.2
亚洲	43.52	54.9	29.17	67.0	2452	54.2
欧洲	8.37	10.6	7.47	89.2	611	13.9
拉丁美洲和加勒比	6.64	8.4	5.34	80.5	2858	9.9
北美	3.73	4.7	3.47	93.4	222	6.5
中东	2.68	3.4	2.06	77.1	6194	3.8
大洋洲/澳大利亚	0.43	0.5	0.31	70.1	301	0.6
全球	79.32	100.0	53.84	67.9	1392	100.0

注：人口数量为 2022 年数据，网络人口数量为 2021 年数据。
资料来源：https://www.internetworldstats.com/stats.htm。

许多用户也仅享有基本的连通，在发展中国家的很多农村地区只有 3G 可用。此外，全球仍有约 1/3 的人口处于离线状态，其通常是因为费用过高、缺少设备和缺乏基本技能等。因此，为缩小全球数字鸿沟，联合国已将"普遍而有意义的连接"（安全、满意、丰富、高效和可负担）作为 2020~ 2030 年可持续发展目标（SDG）的新要求。

（二）全球网络空间发展概况

为了评估各经济体利用信息和通信技术推动经济发展的成效，世界经济论坛（World Economic Forum）于 2002 年设计了一套评估指标体系——网络就绪指数（Networked Readiness Index）。2022 年 11 月，美国波图兰研究所和牛津大学赛德商学院联合发布《网络就绪度指数 2022》。研究人员使用了新修订的第四版指标体系对 131 个经济体进行了评估。评估体系包括技术（接入、内容、未来技术）、人（个体、商业、政府）、治理（信任、规则、包容）和影响（经济、生活质量、可持续发展贡献）四个维度指标。评分结果显示，网络空间发展较为成熟的居前 10 位的国家依次是美国（80.3）、新加坡（79.35）、瑞典（78.91）、荷兰（78.82）、瑞士（78.45）、丹麦（78.26）、芬兰（77.9）、德国（76.11）、韩国（75.95）和挪威（75.68），网络就绪指数得分全部在 75 分以上；排名后 10 位的国家全部位于非洲地区，网络就绪指数得分全部在 30 分以下，包括布隆迪（20.11）、乍得（20.12）、刚果（23.34）、安哥拉（27.40）、莱索托（27.9）、埃斯瓦蒂尼（27.95）、莫桑比克（28.18）、几内亚（28.92）、埃塞俄比亚（29.68）、布基纳法索（29.76）。

美国是全球网络空间发展成熟度最高的国家，在技术投资、设备价格、软件消费、电子参与、网络安全、新技术和电信服务采用等领域的排名均居世界第一位。然而，美国在"隐私保护的法律"方面表现并不突出，排名世界第 61 位。

在 2022 年度评估中中国综合排名世界第 23 位，在技术、人、治理和影响四个一级指标上的排名分别为第 25 名、第 8 名、第 35 名和第 21 名，是中上收入经济体中的佼佼者，也是唯一进入前 25 名的非高收入经济体。中国在"接入""国内市场规模""零工经济""数字技术获取""移动宽带流量""电子商务立法""政府促进对新技术的投资"等次级指标上均排名世界第 1 位。此外，中国"高科技出口水平"排名第 4 位、"人工智能科学出版物"排名第 2 位、"人工智能人才聚集度"排名第 8 位、"教育体系中的 ICT 技能"排名第 16 位。

二　网络空间安全挑战及认知转变①

20 世纪 90 年代中期互联网开始市场化和全球化，网络空间安全问题也逐渐显露。在俄罗斯等的推动下，早在 1998 年关于信息通信技术领域的安全问题就被提上了联合国议程。另外，为更好地迎接信息社会的到来，联合国还推动建立了信息社会世界峰会（WSIS）和互联网治理论坛（IGF）两

---

① 本部分内容曾发表于《中国信息安全》2023 年第 6 期。

个机制。然而，在 21 世纪的第一个 10 年，全球网络安全治理在建章立制方面进展缓慢，并且网络空间安全生态还出现了持续恶化的态势，其原因是各国对网络安全危险性及其治理体系变革的迫切性的认知并不到位。"斯诺登事件"的爆发促使各国对网络安全问题的认知发生了重大的转变。

2013 年，美国国家安全局承包商前雇员爱德华·斯诺登向媒体曝光了美国国家安全局对全球实施大规模、系统性网络监控的丑行，主要包括"棱镜计划"（PRISM）、"上游收集计划"（Upstream Collection）、"XKeyscore 计划"等。世界舆论为之哗然，并引发了各国对网络安全、网络主权、全球网络治理体系改革等问题的深刻反思。在此之后，网络空间治理的国际格局日渐形成。"斯诺登事件"也因此成为全球网络治理进程中重要的分水岭。

"斯诺登事件"爆发后，主权国家政府对互联网及其治理问题的认知发生了重大转变，主要表现如下。一是对于网络安全及其重要性问题的认知发生了转变。"斯诺登事件"使先前更多地被视为潜在风险存在的安全问题转变为现实安全威胁，网络安全问题也因此迅速成为各国政府关注的焦点，进而上升到关乎国家安全的高度。二是对于全球网络治理体系改革的必要性问题认知发生根本转变。"斯诺登事件"使此前美国作为互联网治理"良性霸权"存在的合理性彻底丧失。各国对美国政府及其数字科技巨头失去信任，并坚定了推进互联网治理改革进程的决心。

"斯诺登事件"爆发之际正值全球互联网应用和移动互联网发展进入快车道之时，此后，"虚拟空间"与"现实空间"加速且深度融合，网络空间规制取代互联网基础资源分配成为新的治理焦点。加之，前述认知变化促使全球网络治理体系在过去 10 年间产生了系列涟漪反应，其中，政府及政府间国际组织在治理体系中迅速崛起。因而，"斯诺登事件"后，全球网络治理体系演进呈现两个极为显著的特征："空间化"和"国际化"。其中，"国际化"的演变态势主要表现在以下四个方面。

首先表现为治理主体变化，各国政府在网络空间治理中强势崛起。受美国推崇的网络自由主义思潮影响，政府作为网络治理主体的合法性曾长期受到质疑和排斥。"斯诺登事件"所披露的美国对全球开展的不分敌友无差别网络监控，使各国政府产生了网络安全与国家安全恐慌，并采取回应行动（见表 3-2）。以欧盟为例，"斯诺登事件"披露了美国监控欧盟理事会总部、驻美国代表处办公室，以及欧洲政要的细节，震惊欧洲政界，欧盟对美国出现了信任危机。德法两国领导人达成加强欧盟网络独立性的重要共识，并提出扶持本土互联网企业和数据本地留存等建议。随后，从欧盟法院裁定存续了 15 年的欧美《安全港协议》无效（2015 年 10 月），到欧盟推出引领全球个人数据保护立法浪潮的《一般数据保护条例》，再到欧盟颁布《数字单一市场战略》，"斯诺登事件"后，欧盟从被动参与网络空间治理向积极主动作为转变，力度之大、范围之广、影响之远，使欧盟因此成为政府参与互联网治理的典型代表和重要引领者。除此之外，近 10 年，中国、俄罗斯、巴西、印度、英国、法国、德国等国家的政府也逐渐成为互联网治理中具有国际影响力的重要参与者。

表 3-2 "斯诺登事件"引起的连锁反应

时间	组织/机构/国家/地区	事件
2013 年 10 月	国际组织	ICANN、IETF、互联网协会、万维网联盟等联合发表"蒙得维的亚"声明，共同谴责美国国家安全局
2013 年 12 月	爱沙尼亚	举办"全球互联网合作与治理机制高层论坛"
2014 年 1 月	瑞典	成立"全球互联网治理委员会"
2014 年 2 月	中国	成立中央网络安全和信息化领导小组（2018 年更名为中央网络安全和信息化委员会）
2014 年 3 月	美国	美国政府拟将互联网号码分配局（IANA）管理权移交给全球互联网多利益相关方社群
2014 年 4 月	巴西	巴西政府与 ICANN 共同举办"互联网治理未来之全球多利益相关方大会"，发表《多利益相关方声明》；6 月双方发起成立"全球治理联盟"（NMI）
2014 年 11 月	中国	举办第一届世界互联网大会
2014 年	俄罗斯	进行首次"断网"演习
2014 年	德国、法国	两国领导人达成加强欧盟网络独立性的重要共识，并提出扶持本土互联网企业发展和数据本地留存等建议
2014 年	联合国	联合国大会通过《数字时代隐私权》决议
2015 年 10 月	欧盟	欧盟法院裁定欧美《安全港协议》无效

其次表现为治理议题变化，关于国家间合作与竞争议题明显增多。"斯诺登事件"严重破坏了网络治理中国家间的信任，尤其是对主导既有治理体系的美国政府及其企业的信任，因而，在国际层面，议题由超国家的"全球"层面转向以主权国家为单位的"国际"层面。一方面，互联网互联互通的本质特征要求各国政府在治理活动中需要开展国际合作，由此产生的相关议题有打击网络犯罪、跨境数据协调、ICT 产业供应链布局、网络空间稳定、网络空间命运共同体等。另一方面，国家安全、国家利益、国家战略等相关意识的觉醒，使得网络空间竞争性议题呈增长态势，催生了网络战、网络认知对抗、技术联盟、出口管制、安全审查等议题。

再次是治理体系结构变化，政府间国际组织积极将与网络空间治理相关的议题纳入议程。"斯诺登事件"不仅使美国作为网络空间治理的"良性霸权"的认同失去合法性根基，同时，各国也深刻认识到"多利益相关方"治理路径所掩盖的网络霸权本质，普遍主张建立网络空间治理新秩序。在此背景下，政府间国际组织在网络治理体系中的影响力快速提升，而此前，以多利益相关方为基础建立的技术性国际组织则占据着主导地位。"斯诺登事件"后，美国政府不得不做出让步，一直备受争议的最重要互联网治理机构——ICANN 改革终于迈出关键一步，将互联网号码分配局（IANA）管理权由美国政府转交给全球互联网社群。在政府间国际组织发展方面，七国集团、二十国集团、上海合作组织等均开始关注互联网治理议题，并采取了相应行动。此外，联合国框架下的互联网治理进程亦缓中有进。

最后是治理路径变化，"多方"与"多边"的对立明显减弱并呈融合发展态势。"斯诺登事件"前，"多利益相关方"治理路径在互联网治理组织中占有显著优势，而以政府为参与主体的"多边"路径曾遭到强烈的反对和排斥。在美国的强烈反对下，联合国框架下的治理进程也因此进展缓慢并且长期被边缘化。然而，随着"自由主义""无政府主义""技术主义""霸权主义"等治理理念陆续幻灭，"多利益相关方"治理路径的缺陷也逐渐暴露，而"多边"参与网络空间治理的认可程度则有所提高。鉴于两种路径各有利弊，二者融合发展便成了大势所趋。一方面表现为技术组织中政府咨询委员会的出现及其影响力提升，以及参与多利益相关方组织或论坛的政府代表增加。另一方面则表现为多边框架下的国际组织在开展网络治理时对非政府力量的吸纳。典型的例证便是联合国信息安全政府专家组（UN GGE）向开放式工作组（Open－Ended Working Group，OEWG）的转变。

三　大国竞争视域下的网络空间国际治理

（一）美欧博弈：分歧加剧与联盟重塑

"斯诺登事件"后，欧盟全面加速了网络安全治理进程，欧美之间的分歧和冲突也逐步加剧。首先，欧盟开始评估欧美之间既有网络合作的安全性。欧盟法院先是于 2015 年裁定欧美《安全港协议》无效，而后于 2020 年再次裁定欧美"隐私盾协议"（2016 年签订）无效，直到 2022 年 10 月拜登签署《关于加强美国信号情报活动保障措施的行政命令》后，欧盟委员会才于当年 12 月正式发布了《关于欧盟—美国数据隐私框架的充分性决定草案》，以重启美国与欧盟间的数据安全流动。2023 年 7 月，欧盟委员会批准了《欧盟—美国数据隐私框架》。其次，欧盟还通过立法限制美国互联网企业获取数据并予以垄断，并试图通过征收数字税的方式在欧美之间重新分配数字利润，如《数字服务法案》《数字市场法案》《数据法案》《数据治理法案》等。再次，在战略博弈过程中，欧盟坚持在数字领域"独立自主"的理念，提出了"技术主权""数据主权""数字主权"等具体诉求，并推出了《塑造欧洲的数字未来》《欧洲数据战略》《人工智能白皮书》《2030 数字指南针》等战略规划。最后，欧盟主动开始设置跨大西洋合作议程，试图重塑欧美在数字领域的合作关系。2020 年，借美国大选之际，欧盟主动提出了贸易和技术协调委员会（TTC）合作议题和框架。

表 3-3 美欧贸易和技术协调委员会（TTC）进展情况

时间	进程内容
2021 年 9 月	在美国匹兹堡举行的 TTC 成立大会上，美国和欧盟发表了一份联合声明，同意深化跨大西洋合作，加强半导体供应链合作，遏制非市场贸易行为，并采取更统一的方法来监管全球技术公司，尊重双方的监管自主权。会后成立了十个工作组，涉及标准、人工智能、半导体、出口管制、投资审查和全球贸易挑战等主题
2022 年 5 月	第二次部长级会议在巴黎举行。双方达成四大共识：支持乌克兰、确保供应链安全、建立战略标准化信息机制、促进绿色产品生产。会议还对十个工作组的工作进展进行了总结
2022 年 12 月	第三次部长级会议在马里兰大学帕克分校举行，讨论推进跨大西洋合作的具体行动。会后发布的联合声明表示，美欧将深化双方或与第三方国家在以下领域的合作：数字基础设施建设，新兴技术合作，半导体产业链维护，美欧价值观推广，推进跨大西洋贸易，数字化转型与经济发展人才培养，贸易、安全与经济繁荣，环境、劳工与健康倡议
2023 年 5 月	第四次部长级会议在瑞典吕勒奥举行，由欧盟理事会轮值主席国瑞典主持。双方表示将加强在新兴技术、安全互联互通以及数字环境中的人权等领域的合作。具体包括：提高清洁能源技术供应链安全水平；推动关键新兴技术标准共享；完善并推进实施联合人工智能路线图（加入了生成式人工智能的相关内容）；发布"6G 展望"（6G Outlook）并制定 6G 无线通信行业路线图；推动量子技术研发与后量子密码学（PQC）标准化方面的合作；加强半导体供应链合作；支持哥斯达黎加和菲律宾的互联互通项目；应对敏感技术对外投资风险；推动对敏感物品的出口管制合作；遏制第三国的非市场经济政策；打击外国信息操纵与干扰等
2024 年 1~2 月	第五次部长级会议在华盛顿举行，会议聚焦经济安全与科技合作。承诺共同维护在数字领域的利益，加强在投资审查、出口管制、海外投资等领域的协调
2024 年 4 月	第六次部长级会议在比利时召开。会议回顾了三年来 TTC 的工作进展，并就下次会议的关键议题作出指导：①巩固在人工智能、量子、6G、半导体等关键和新兴技术等方面的领导地位；②促进可持续发展和贸易投资；③推动贸易、安全与经济繁荣；④在地缘政治数字环境变化中捍卫人权和价值观。此外，在进出口管制方面，双方将在传统芯片领域共同打击市场垄断行为

　　欧盟除了在数字领域加强成员国的内部协调、与美国重塑联盟关系外，还加强与亚非拉国家的网络安全合作，如在东欧地区，资助乌克兰、格鲁吉亚等国的网络安全基础设施建设；在非洲和印太地区，加强与北非诸国、印度、日本、韩国，以及东南亚等国的国际合作，推进数据传输、数字基础设施部署等。过去十几年，欧盟加快构建网络安全体系，如表 3-4 所示。

表 3-4 欧盟采取的有国际影响力的网络治理行动或举措

时间	行动或举措
2014 年 6 月	发布《欧盟机器人研发计划》
2015 年 5 月	欧盟通过了单一数字市场战略,计划于 2018 年实现
2018 年 2 月	欧盟委员会发布了《更有力的保护、新机遇——欧盟委员会关于〈一般数据保护条例〉适用指南》,总结了过渡期的经验,为条例的正式实施提供有效指引
2018 年 5 月	开始执行《一般数据保护条例》
2018 年 5 月	《网络与信息系统(NIS)指令》生效
2018 年 7 月	25 个欧洲国家签署了《人工智能合作宣言》
2018 年 9 月	欧盟通过《版权法指令》
2018 年 10 月	欧盟议会通过《非个人数据自由流动框架条例》
2018 年 12 月	欧洲议会、欧洲理事会和欧盟委员会于 2019 年 3 月通过《网络安全法案》
2019 年 4 月	欧盟委员会发布《可信的人工智能道德准则》
2019 年 11 月	欧盟首次组织 CyLEEx19 演习,测试《欧盟执法紧急响应协议》
2020 年 1 月	欧盟委员会发布《欧洲数据战略》
	欧盟委员会发布《5G 网络安全工具箱》
2020 年 4 月	欧盟委员会发布 COVID-19 追踪应用程序的通用工具箱和数据保护指南
	欧盟数据保护委员会通过《COVID-19 背景下为科学研究目的使用健康数据指南》
2020 年 6 月	欧盟电信监管机构发布《2021—2025 年战略和工作计划》
2020 年 7 月	欧洲议会研究服务中心发布了研究报告《欧洲数字主权》
	欧盟法院做出判决,判定"隐私盾"(Privacy Shield)无效
	欧盟委员会发布《欧盟安全联盟战略 2020—2025》
2020 年 9 月	欧盟委员会发布《战略前瞻报告》
2020 年 11 月	欧盟委员会发布《数据治理法案》(欧盟理事会于 2022 年 5 月批准)
2020 年 12 月	欧盟宣布将成立"数字化发展中心",并增进与非洲的数字伙伴关系
	欧盟发布《欧盟数字十年的网络安全战略》
	欧盟委员会提出"在线安全和媒体监管法案计划"
	欧盟委员会提出《数字服务法案》和《数字市场法案》(2022 年 7 月欧洲议会表决通过)
	欧盟通信法规《欧洲电子通信规范》在欧盟成员国全面生效
2021 年 3 月	欧盟委员会发布《2030 数字指南针:数字十年的欧洲之路》
2021 年 4 月	欧盟与韩国正式完成数据跨境"充分性认定"谈判
	欧盟发布《适应数字时代:人工智能监管框架》《2021 年人工智能协调计划》提案

时间	行动或举措
2021 年 5 月	欧盟委员会成立联盟研究未来欧洲量子通信网络
2021 年 7 月	欧盟启动"连接全球"基础设施计划
2021 年 9 月	欧盟委员会发布《网络弹性法案》
	欧盟委员会发布《欧洲芯片法案》提案（2023 年 9 月生效）
	欧盟发布《欧盟印太合作战略》
2022 年 2 月	欧盟发布卫星互联网系统计划
	欧盟委员会发布《数据法案》（2024 年 1 月生效）
2022 年 11 月	欧盟发布《2023—2027 年欧盟安全连接计划》
	欧盟委员会发布《欧洲互操作法案》（2024 年 4 月生效）
2022 年 12 月	欧盟发布《欧洲数字权利和原则宣言》
	欧盟发布《关于欧盟—美国数据隐私框架的充分性决定草案》
2023 年 1 月	《关于在欧盟全境实现高度统一网络安全措施的指令》生效
2023 年 2 月	欧盟与印度成立贸易和技术委员会
2023 年 4 月	欧盟委员会通过《欧盟网络团结法案》（2024 年 3 月达成协议）
	欧盟议员发布《欧洲媒体自由法案》草案报告
2023 年 5 月	欧盟批准全球第一个全面加密规则。按照规则将加密资产、加密资产发行人和加密资产服务提供商纳入监管框架，并补充了加密资产市场监管和资金转移监管等内容
	欧盟与韩国举行"欧盟—韩国峰会"，双方承诺在网信领域展开深度合作
2023 年 7 月	发布《欧盟芯片法案》，旨在增强欧盟的芯片制造能力，建立欧盟的半导体供应链，以降低对其他地区芯片供应链的依赖
	欧盟推进《人工智能法案》的立法，试图引领全球对人工智能的监管
	发布"地平线欧洲"项目下的"虚拟世界合作伙伴关系"计划
	欧盟委员会发布《领导下一次技术转型——Web 4.0 和虚拟世界战略》
	欧盟发布《千兆基础设施法案》
	欧盟委员会、拉丁美洲和加勒比发布《全球门户投资议程》
	欧盟批准《联网设备网络安全法》
	欧盟批准《欧盟—美国数据隐私框架》
2023 年 12 月	欧盟 11 个成员国签署《欧洲量子技术宣言》
2024 年 1 月	欧盟《网络安全条例》生效
2024 年 5 月	欧盟和日本宣布推进数字身份、半导体、人工智能等方面的合作
	欧洲理事会最终批准全球首部《人工智能法案》

特朗普政府时期美国网络安全战略发生了重大变化。2017 年 5 月，特朗普签署了"增强联邦政府网络与关键性基础设施网络安全"总统行政令，从关键基础设施网络安全、联邦政府信息系统安全和国家安全三个层面出台相应的网络安全政策，拉开了美国的网络安全风险评估和政策部署序幕。2018 年 8 月，特朗普总统签署了一份文件推翻奥巴马政府时期出台的《第 20 号总统政策指令》（简称"PPD-20"）。此举被认为放松了美国网络行动限制，可能让美国更快地发动网络攻击。随后，特朗普政府通过 2018 年发布的《国家网络战略》和《国防部网络战略》等政策文件，扭转了奥巴马时期相对"克制"的网络行动原则，即从"主动防御"转变为"前置防御"，通过先发制人的网络攻击来威慑对手。拜登政府在 2023 年 3 月发布的《国家网络安全战略》中进一步升级了美国的进攻型网络战略，将"前置防御"和"持续交手"作为主要作战理念，加快组建进攻性网络，以持续应对网络威胁。2024 年 5 月，拜登政府更新了美国国际网络战略《美国国际网络空间和数字政策战略：迈向创新、安全和尊重权利的数字未来》。这是继 2016 年奥巴马政府发布《国际网络空间政策战略》8 年后的再次更新。该战略以下内容值得关注：一是该战略宣示了美国数字时代的外交转型，明确表示将把"网络、数字和新兴技术方面的能力和专业知识建设作为优先考虑项，并将其作为外交现代化努力的一部分……在整个数字生态系统中使用适当的外交手段和国际政治手段。数字生态系统包括但不限于硬件、软件、协议、技术标准、供应商、运营商、用户和供应链，以及电信网络、海底电缆、云计算、数据中心和卫星网络等基础设施"。二是该战略提出了一个重要的概念——"数字团结"。在此概念指导下，美国除了将继续加强同既有盟友的合作外，还将加强与"新兴经济体"的合作，以确保用美国的价值观塑造全球数字未来。

表 3-5　美国采取的有国际影响力的网络治理行动或举措

时间	行动或举措
2016 年 10 月	出台《国家人工智能研究和发展战略计划》
2017 年 5 月	特朗普签署"增强联邦政府网络与关键性基础设施网络安全"总统行政令

续表

时间	行动或举措
2017 年 5 月	联邦通信委员会投票通过了"网络中立"废除提案
2018 年 1 月	众议院通过《网络外交法案 2017》
2018 年 5 月	国土安全部发布《网络安全战略》
2018 年 5 月	国家安全局和网络司令部合建的"网络整合中心"大楼正式落成
2018 年 7 月	通过组建"网络航母"系统的提案，以协助网络安全部队完成侦查、监视和收集情报的任务
2018 年 9 月	发布《国家网络战略》，进一步明确美国政府将与私营部门合作
2019 年 1 月	特朗普签署《开放政府数据法案》
2019 年 2 月	特朗普启动美国人工智能计划，以确保美国在人工智能领域的领先地位发布《美国人工智能倡议》
2019 年 6 月	国家科学技术委员会人工智能特别委员会更新 2016 年发布的国家人工智能研发战略计划
2019 年 7 月	国防部发布了一份为期 5 年的《国防部数字现代化战略》
2019 年 11 月	白宫科技政策办公室发布新版《国家战略计算计划》
	美澳日三国金融机构联合发布"蓝点网络"计划
2020 年 1 月	美国众议院通过《促进美国 5G 国际领导力法案》《促进美国无线领导力法案》《保障 5G 安全及其他法案》
	白宫科学技术政策办公室发布《人工智能应用监管指南》草案
2020 年 2 月	网络安全和基础设施安全局发布《保护 2020 年选举安全战略计划》
	白宫发布《美国量子网络战略构想》
2020 年 3 月	美国众议院通过《外国情报监视法案》
	白宫发布《国家 5G 安全战略》
2020 年 4 月	美国国际开发署发布《数字战略 2020—2024》
2020 年 8 月	发布扩展版"清洁网络"计划
	国土安全部网络安全和基础设施安全局（CISA）发布了《CISA 5G 战略：确保美国 5G 基础设施安全和韧性》
	特朗普签署《应对 TikTok 威胁行政令》和《应对微信威胁行政令》
2020 年 9 月	众议院批准《物联网网络安全改进法案》
2020 年 10 月	国防部发布《国防部数据战略》
	白宫发布《关键和新兴技术的国家战略》
	美国半导体行业协会发布《半导体十年计划》
2021 年 1 月	国务院成立新的网络安全和新兴技术局
	白宫成立国家人工智能计划办公室
	特朗普签署《应对由中国公司开发或控制的应用程序和其他软件所构成威胁的行政命令》

续表

时间	行动或举措
2021 年 2 月	拜登宣布成立美国国防部"中国特别工作组"
2021 年 3 月	白宫发布《过渡时期国家安全战略指南》,网络安全被视为国家安全优先事项
	众议院通过《国土和网络威胁法案》
2021 年 6 月	美参议院通过《美国创新与竞争法案》,包括《为美国芯片生产创造有益的激励措施法案》(CHIPS)、《5G 开放无线接入网络紧急拨款法案》、《战略竞争法案》、《无尽前沿法案》、《保护美国未来法案》、《应对中国挑战法案》等一揽子立法。在五年内为人工智能、高性能计算、半导体、量子技术、机器人和生物技术等关键技术领域的研究、创新和技术开发提供超过 2000 亿美元的资金支持
2021 年 9 月	网络安全与基础设施安全局(CISA)发布《零信任成熟度模型》草案
	美英澳宣布成立新三方安全倡议 AUKUS
	美印发布《美印联合领导人声明:全球利益伙伴关系》,推动双方在网络安全、5G 基础设施与关键新兴技术领域的合作
2021 年 10 月	拜登签署《K-12 网络安全法案》
2021 年 11 月	美国众议院通过《重建更美好法案》,计划投资数十亿美元用于推动供应链、网络安全和信息技术现代化
2021 年 12 月	美国在线上召集首届民主峰会,发出组建互联网未来联盟的提议
	众议院通过《未来网络法案》,要求美国联邦通信委员会成立 6G 工作组
2022 年 1 月	美国网络空间日光浴委员会正式解散,转型 Solarium 2.0
2022 年 2 月	众议院审议通过了《2022 年美国创造制造业机会、卓越科技和经济实力法案》(简称《2022 年美国竞争法案》),重点强调对半导体芯片产业领域的大规模投资
	白宫总统行政办公室发布了最新修订的《关键和新兴技术清单》
2022 年 3 月	美国和欧盟发布新的跨大西洋数据隐私框架
	参议院通过了《下一代电信法案》
2022 年 4 月	国务院宣布成立网络空间和数字政策局
2022 年 5 月	众议院通过《2021 年供应链安全培训法案》《促进数字隐私技术法案》
2022 年 6 月	网络空间日光浴委员会 2.0 发布《面向国家网络总监的劳动力发展议程》
2022 年 10 月	拜登政府发布任内首份《国家安全战略》,概述了拜登政府在未来"决定性十年"中,为应对大国竞争和气候变化等全球性挑战所确定的优先事项,涉及网络安全领域的内容包括:加大美国在新兴技术领域的投资;加紧重塑技术、网络安全、贸易等领域的国际机制;加强与欧洲和印太两个区域的联动,更新和重塑新兴技术、网络空间、全球贸易和经济等领域的国际规则等

续表

时间	行动或举措
2023 年 1 月	美国与欧盟在线上签署了《人工智能促进公共利益行政协议》，这是双方在人工智能合作领域的第一个全面合作协议
2023 年 3 月	拜登政府发布《国家网络安全战略》，围绕建立"可防御、有韧性的数字生态系统"的目标，提出五大支柱共 27 项战略举措，试图完善维护美国网络霸权的战略体系
	国防部发布《2023—2027 网络劳动力战略》
	众议院通过《威慑美国技术对手法案》
2023 年 6 月	美印发布联合声明，双方承诺将推动在技术领域的合作
2023 年 7 月	发布《国家网络安全战略实施计划》
2023 年 8 月	美日韩三国领导人举行戴维营峰会
2023 年 9 月	美国发布美国—东盟全面战略伙伴关系一周年情况声明，并通过了《2023—2025 年美国—东盟数字工作计划》
2023 年 12 月	美欧举行第九次美国—欧盟高级别网络对话
	美韩启动下一代关键和新兴技术对话
2024 年 1 月	美日韩召开首次三边印太对话，强调将就信息和通信技术、网络安全和新兴技术等问题进行深入交流
	美国与欧盟签署物联网安全标签计划
	美日韩启动尖端量子合作项目
2024 年 2 月	白宫科技政策办公室发布了对美国国家安全具有重要意义的最新版《关键技术和新兴技术清单》
	美国和印度联合发布《Open RAN 加速路线图》
2024 年 3 月	众议院通过《保护美国数据免受外国对手侵害法案》
	白宫科技政策办公室发布《国家微电子研究战略》
	国土安全部发布《人工智能路线图》
2024 年 4 月	众议院投票通过《外国情报监视法》第 702 条延长两年的提案
	美国和日本发表联合声明《面向未来的全球合作伙伴》
	美国和欧盟更新人工智能术语的共享定义库
2024 年 5 月	美国发布《美国国际网络空间和数字政策战略：迈向创新、安全和尊重权利的数字未来》
	白宫国家网络主任办公室发布第二版《国家网络安全战略实施计划》
	参议院推出《五眼（联盟）人工智能法案》
	参议院发布《人工智能政策路线图》，参议院通过《人工智能选举管理人员预备法案》《保护选举免受欺骗性人工智能法案》《选举中人工智能透明度法案》

（二）美俄：长期博弈与冲突升级

在国际层面，俄罗斯一直是美国主导的互联网治理体系的主要挑战者。"斯诺登事件"后，事件主角选择前往俄罗斯避难，并获得了俄罗斯庇佑至今。

美俄在互联网领域的竞争博弈一直可以追溯到 1969 年美国国防部阿帕网的起源。其中，一个是美国国防部高级研究计划局成立的起因，而另一个则是分组交换技术研发过程中关于网络抗核打击的考量。时间再近一些的博弈实例则体现在联合国信息安全政府专家组建立、推进、变革的全过程。俄罗斯于 1998 年就向联合国第一委员会提交"从国际安全的角度看信息和电信领域的发展"的决议草案，但遭到美国政府的反对，直到 2004 年联合国信息安全政府专家组的工作才得以启动，并且由于意见分歧较大第一届会议未能达成共识。在后续的推进工作中，美俄之间始终存在分歧。关于政府专家组的改革问题，也曾因两国的严重分歧而陷入停滞，并在 2019~2021 年出现了"双轨"运行局面。最终，俄罗斯提议的开放式工作组方案因更符合大多数国家的利益而得以胜出。

对于美国主导的单边主义互联网治理格局，俄罗斯向来旗帜鲜明地表示反对。"斯诺登事件"让俄罗斯感受到网络主权受到威胁，2014 年俄罗斯进行了首次"断网"演习，并相继发布了新版《国家安全战略》和《信息安全学说》。俄罗斯政府认为，2016 年 ICANN 管理权的移交并没有改变全球不合理的网络治理体系。例如，2017 年 3 月，俄罗斯总统助理伊戈尔·肖格列夫在访谈中表示，目前全球互联网治理体系并不合理，俄罗斯将强化自身在这一领域中的重要作用。俄罗斯想改变全球互联网治理体系，改变 ICANN 做出决策的方式。肖格列夫称，"我们坚持认为在互联网治理体系中，应该赋予政府应有的、恰当的地位，而不仅仅是一个顾问角色。2016 年 9 月底，ICANN 管理权的移交并没有改善不合理的治理体系，此前如果遇到问题我们还可以谴责美国政府，但是现在面对一个在美国法律之下运行的非营利性自治组织，美国政府官员很可能会说这和我们没关系，你们去加利福尼亚州起诉它"。为此，2017 年底，俄罗斯提出了建立备用域名系统的计划。2019 年 5 月，俄罗斯总统签署了《〈俄罗斯联邦通信法〉及〈俄罗斯联邦关于信息、信息技术和信息保护法〉修正案》，支持俄罗斯创建自主互联网，以确保俄罗斯互联网免遭境外威胁（如与根服务器断开连接时仍能够稳定运行），因此该修正案又被称为《稳定俄网法案》或《互联网主权法案》。根据该修正案的部署，俄罗斯于 2019 年 12 月宣布成功完成了"断网"测试。俄乌冲突爆发后，美西方国家对俄罗斯采取的史无前例的网络和信息技术制裁，不仅导致网络冲突进一步升级，也让"网络主权"观念得到了强化。

表 3-6 俄罗斯采取的有国际影响力的网络治理行动或举措

时间	行动或举措
2014 年	通信部进行了一次演习,模拟了全球互联网服务"关闭"情景
2017 年 3 月	总统助理在采访中表示,俄罗斯想改变不合理的全球互联网治理体系
2017 年 8 月	总统普京签署了独立国家联合体打击网络犯罪合作协议
2017 年 12 月	提出在 2018 年 8 月 1 日前建立一个备用的全球域名系统
2018 年 6 月	报道称俄罗斯正在建立"备用网络"
2019 年 3 月	总统签署《侮辱国家法》和《假新闻法》
2019 年 4 月	通过《互联网主权法案》
2019 年 12 月	政府要求国有企业转用国产软件
2020 年 7 月	通过《数字金融资产法案》
2020 年 8 月	通信部制定《电信法》修正案草案
2020 年 9 月	政府委员会批准量子通信发展路线图
2021 年 4 月	普京正式签署《国际信息安全政策基本原则》
2021 年 7 月	俄罗斯发布新版《国家安全战略》,将信息空间安全视为国家利益,把信息安全作为国家战略优先事项
2022 年 8 月	俄罗斯修订《联邦个人数据法》
2022 年 9 月	俄罗斯新版广告法修正案生效
2022 年 12 月	经济部批准了"2030 年人工智能发展路线图"

（三）中美：网络安全与竞争博弈

党的十八大以来，以习近平同志为核心的党中央审时度势，在准确把握人类社会信息革命发展趋势、客观分析我国互联网发展现状的基础上，提出了从"网络大国"到"网络强国"的战略目标。中国不仅建立了专职管理机构——中央网络安全和信息化领导小组（2018 年更名为中央网络安全和信息化委员会办公室），还发布了《国家网络空间安全战略》和《网络空间国际合作战略》，并快速建立起由《网络安全法》《数据安全法》《个人信息保护法》等构成的法规体系。此外，为推动全球网络治理体系变革，中国自 2014 年起还建立了一个国际交流平台——世界互联网大会。并在连续 9 年成功举办世界互联网大会的基础上，于 2022 年成立了世界互联网大会国际组织，以更好地助力各国平等地参与网络空间国际治理。

"斯诺登事件"爆发前后，美国政府、军方、企业、智库和媒体等多方联手，抹黑中国在网络空间治理中的形象，不仅大肆散播"中国黑客论"，还频繁以所谓"自由"为名对中国的网络空间治理举措进行抨击。此情况直到 2015 年 9 月中美两国首脑会晤，建立了中美执法及网络对话机制才得以缓和。然而，2018 年，特朗普政府改变了对华策略，开始炮制新的"技术威胁论"。由此，美国掀起了以高新数字技术为核心的对华策略。为维护全球网络与数字霸权，美国采取了诸多全方位强力遏制中国高科技领域快速发展势头的措施。其中，包括打压中兴、华为等高新技术企业；推动召开"布拉格 5G 安全会议"，并发布了 5G 网络安全、供应商多样性、新兴与颠覆性技术网络安全等相关提议；发布"清洁网络"计划，成立跨大西洋"清洁联盟"；酝酿成立"未来互联网联盟"，推出可能导致网络空间分裂的《未来互联网宣言》；等等。

为了应对美国的网络霸权主义行径，中国陆续发布或修订了《出口管制法》《关键信息基础设施安全保护条例》《网络安全审查办法》《数据出境安全评估办法》《个人信息出境标准合同办法》等，从关键信息基础设施保护和网络安全，以及算法、源代码、数据安全和个人信息出境等层面维护国家网络空间主权。

四　主要国家网络空间国际治理参与概况

（一）英国

英国既是互联网先发国家，也是积极参与网络空间国际治理的重要国家之一。"斯诺登事件"后，为应对复杂的网络安全生态环境和增强英国网络安全能力，英国政府于 2017 年 2 月成立了国家网络安全中心。随后，英国政府于当年 3 月发布《数字英国战略》。该战略内容覆盖基础设施、个人数字技能、数字化部门、宏观经济、网络空间、政府网络治理和数据经济等七大方面，旨在推动英国成为全球领先的数字贸易大国。然而，这项战略因执行细节欠缺和英国脱欧问题未决而未获得社会的一致赞同。脱欧之后，英国政府陆续发布了《国家网络战略》《政府网络安全战略（2022—2030 年）》《国家卫生服务系统（NHS）网络弹性战略》等，实施"全社会治理模式"。在国际合作层面，英国主要通过外交、联邦和发展办公室推进网络安全的国际合作议程，如向国际网络空间的规范合作提供资金支持，并呼吁国际社会达成网络安全倡议共识。

表 3-7　英国采取的有国际影响力的网络治理行动或举措

时间	行动或举措
2016 年 10 月	发布《机器人技术和人工智能》
2016 年 11 月	发布《国家网络安全战略 2016—2021》
2017 年 3 月	英国政府发布《数字英国战略》
2017 年 8 月	英国数字、文化、媒体和体育部发布《新数据保护法案：我们的改革》
2017 年 10 月	发布《发展英国人工智能产业》
2017 年 10 月	英国电信与国际刑警组织签署数据共享协议
2018 年 7 月	英国政府内阁办公室发布了第一版《网络安全最低标准》
2019 年 3 月	上议院通信特别委员会发布《规范数字世界》，建议成立新的数字监管机构，根据问责制、透明性、隐私和言论自由等 10 项原则统筹监管数字世界
	财政部的专家组发布《解锁数字竞争》，依据对英国数字经济市场竞争状况的评估，呼吁建立数字市场机构以制定竞争行为守则、加强个人数据流动、推进数据开放等
2019 年 4 月	英国信息专员办公室（ICO）发布《网络企业改善儿童网络安全实践守则》
2020 年 1 月	英国组建专门针对海外网络攻击的国家网络部队
	信息专员办公室发布《适龄设计规则》
2020 年 3 月	英国宣布 4 月 1 日起对科技企业开征 2% 的数字税
	内政部编制三份网络安全指南《检测未知：威胁搜寻指南》《政府内的网络威胁情报：决策者和分析师指南》《控制曝光：数字风险和情报指南》
2020 年 6 月	英国政府发布《国家地理空间数据战略》
	英国数字服务机构发布《数字、数据和技术功能标准》

续表

时间	行动或举措
2020 年 9 月	英国与日本原则上达成《全面经济伙伴关系协定》，加强数据自由流动
	英国发布《国家数据战略》
2020 年 12 月	英国政府发布《5G 供应链多元化战略》
2021 年 1 月	人工智能委员会发布《人工智能路线图》
2021 年 2 月	英国政府宣布成立网络空间安全委员会
2021 年 4 月	英国政府在竞争与市场管理局下设立专职管理互联网数字平台的"数字市场机构"
	英国在国防政策评论文件《全球竞争时代的英国：安全、国防、发展和外交政策综合评论》中首次提出网络空间核威慑理论
	英国发布物联网设备网络安全监管计划
2021 年 5 月	英国政府发布《网络安全法案（草案）》
2021 年 10 月	英国将建立新的数字中心，以发动"进攻性"网络攻击
2021 年 12 月	英国政府发布《国家网络战略》，提出"全社会治理"方法，明确英国的网络安全政策以"约束力监管"为重点
2022 年 1 月	《政府网络安全战略》（2022—2030 年）
2022 年 2 月	英国与新加坡正式签订《英国—新加坡数字经济协定》
2022 年 3 月	英国《国际数据传输协议》正式生效
2022 年 5 月	发布《数据改革法案》
2022 年 6 月	国防部发布《国防人工智能战略》
2023 年 2 月	国防部发布《国防云战略路线图》
2023 年 3 月	英国发布《国家量子战略》
	修订《数据保护和数字信息法案》
2023 年 4 月	英国政府通信总部披露了攻击性网络能力原则文件和过去三年英国实施的一系列攻击性网络行动，概述了英国是如何应对网络和物理威胁的，并强调英国的攻击性网络活动主要用于保护其海外军事部署和瓦解"恐怖组织"
	英国政府发布新的《无线基础设施战略》
	英国议会讨论《数据保护和数字信息法案》
2023 年 6 月	英美联合发布《21 世纪美英经济伙伴关系大西洋宣言》
2023 年 9 月	英国发布《人工智能风险缓解路线图》
2023 年 10 月	英国与澳大利亚、加拿大、日本和美国组建全球电信联盟
	英美"数据桥"正式生效
2023 年 11 月	首届全球人工智能安全峰会在英国布莱切利庄园召开，中国、美国、英国等 28 国及欧盟签署首个全球性人工智能声明《布莱切利宣言》

续表

时间	行动或举措
2024 年 1 月	英国商业和贸易部启动新的"关键进口和供应链战略"，以保障半导体等关键商品的供应
2024 年 1 月	英法牵头 35 国签署间谍软件监管协议，启动"颇尔迈进程"
2024 年 5 月	英韩主办首尔人工智能峰会
	三大保险协会与国家网络安全中心联合发布《勒索赎金拒付最佳实践指南》
	发布《人工智能网络安全行为准则》征求意见稿

（二）法国

"斯诺登事件"后，法国在网络空间治理领域表现活跃。法国政府认为，尽管数字化的性质尚未明确，但数字社会显然已成为全球新战场。为此，法国政府较为注重网络安全问题。2017 年 1 月，法国国家信息系统安全局发布了"建设数字社会中的国际和平与安全"倡议。该倡议由法国外交与国际发展部共同牵头，得到了数字事务与创新国务秘书的支持。倡议基于法国政府的工作展开，特别是司法部、国防部和内政部。2017 年以后，法国在网络空间国际治理领域一直保持着活跃状态，如表 3-8 所示。

表 3-8   法国采取的有国际影响力的网络治理行动或举措

时间	行动或举措
2013 年	出台了旨在推动机器人产业发展的《法国机器人发展计划》
2017 年 1 月	国家信息系统安全局发布了"建设数字社会中的国际和平与安全"倡议
2018 年 4 月	公布了人工智能发展战略
2018 年 11 月	法国在联合国互联网治理论坛上发布《网络空间信任和安全巴黎倡议》
2019 年 9 月	在第一次会议上发布《网络空间国际法宣言：和平时期网络运营法》
2020 年 5 月	法国国民议会通过《反网络仇恨法（修正案）》
2020 年 10 月	法国和荷兰呼吁欧盟成立新机构以监管科技巨头
2020 年 12 月	法国总统马克龙提出欧洲"数字主权"构想，降低对美国科技巨头的依赖
2021 年 1 月	法国计划投资 18 亿欧元启动量子技术国家战略
2021 年 10 月	法国发布 60 亿欧元半导体投资计划
2022 年 1 月	法国启动全国量子计算平台，增强军事战略优势
2022 年 10 月	法国发布"国家云战略"实施方案

续表

时间	行动或举措
2023 年 2 月	法国发布《健康授权请求的指南》
2023 年 3 月	法国多部门共同签署"2023—2025 数字基础设施"战略实施合同
2023 年 4 月	法国与荷兰寻求达成半导体等领域的技术合作协议
2023 年 7 月	参议院通过《数字空间监管法案》
	法国发布《数据、足迹和自由》工作手册
2023 年 8 月	国家信息自由委员会修订《数据保护官技能认证框架》
2023 年 10 月	法国发布《人工智能数据集创建指南》
2023 年 12 月	法国发布《数据处理和个人自由指南》
2024 年 4 月	法国发布首份适用于 GDPR 的人工智能使用说明

（三）德国

近年来，全球地缘政治加剧，欧盟在战略自主的框架下提出了数字主权的概念。在此背景下，作为欧盟的主要成员国，2022 年 8 月，德国发布了新版的《数字化战略》。该战略主要关注德国国内，专注于德国联邦制、IT整合和数字化的公共管理、宽带和其他连接型基础设施、数字教育等领域的数据、技术采用、投资和商业化、网络安全等。2023 年 6 月，德国政府发布了《国家安全战略》，7 月发布了《联邦政府中国战略》。《联邦政府中国战略》从中德关系、加强德国与欧盟的纽带、国际合作等方面阐述了德国对华政策方向。该战略延承了欧盟的对华政策，将中国定位为德国的合作伙伴、竞争对手，强调德国在与中国开展经济合作的同时，需在数字领域减少对华依赖和实施"去风险"措施。

表 3-9　德国采取的有国际影响力的网络治理行动或举措

时间	行动或举措
2010 年 10 月	发布《德国 ICT 战略：数字德国 2015》
2013 年 4 月	发布《德国工业 4.0 战略计划实施建议》
2014 年 8 月	联邦政府发布《数字议程 2014—2017》
2016 年 3 月	发布《数字战略 2025》
2018 年 1 月	发布《网络执行法》，对社交媒体平台提出内容治理要求

续表

时间	行动或举措
2019 年 10 月	德国与法国一起推出"欧洲云 Gaia—X"计划
2020 年 4 月	联邦信息安全办公室发布《数字医疗应用的安全要求》
2020 年 7 月	德国议会批准《电信媒体法》修改提案
2020 年 9 月	德国政府通过《数字反垄断法（草案）》
	德国发布《数字化实施战略》第五版
2020 年 12 月	德、法等 18 个欧盟国家发布《处理器和半导体技术联合声明》
	德国拟修订 2018 年版国家《人工智能战略》
	德国联邦内阁批准《信息技术安全法》
	德国将推出新 5G 安全法案
2021 年 1 月	德国议会通过《数字竞争法》
2021 年 4 月	德国联邦议院批准《通信安全法 2.0》
2022 年 8 月	德国发布新版《数字化战略》
	德国政府就实施安全浏览器发布提案公开征求意见
2023 年 7 月	发布新版《安全设备技术指导原则》
	更新记录和检测网络攻击的最低标准
2023 年 9 月	德国发布《关于新的联邦数据保护法声明》
2023 年 11 月	联邦信息安全办公室发布《开源人脸图像质量框架》
	联邦信息安全办公室发布《量子计算机发展状况研究报告》
2024 年 2 月	数字与交通部发布《联邦政府国际数字政策战略》
	联邦信息安全办公室发布《数字证书手册 1.0 版》
	联邦信息安全办公室发布《电子邮件验证技术指南》

（四）日本

日本是亚太地区的网络强国之一。日本很早就认识到了网络信息技术对经济与社会会产生深远的影响。自 2000 年日本政府设立网络安全总部并发布《高度信息通信网络社会形成基本法》以来，已出台多部网络安全法规，并逐渐形成了网络安全管理体系，这对日本网络安全发展起到举足轻重的作用。近几年，在国际政治格局动荡的背景下，日本在完善战略和提升国际治理能力方面也取得了较大进展。日本内阁网络安全中心于 2022 年 2 月发布了新版《网络安全战略》，阐述了日本在推进网络空间治理、提升网络防御能力、开展网络空间国际合作方面的战略目标。在国际合作中，日本政府主要侧重于通过网络外交实现促进法治化、提升能力和增进信任三个目标。为此，日本一直努力加强与美国在网络安全领域的合作，如 2023 年 1 月签署了《美日网络安全合作备忘录》，旨在推进两国在数字技术和数字基础设施层面的合作。此外，东盟国家也是日本网络国际合作的重点对象，如召开东盟—日本网络安全政策年度会议、建设东盟—日本网络安全能力建设中心等。

表 3-10　日本采取的有国际影响力的网络治理行动或举措

时间	行动或举措
2017 年 12 月	日本政府决定在防卫省和自卫队内部新设具备统一指挥太空、网络空间和电子战部队的司令部职能的高级部队
2018 年 1 月	为进一步增强应对网络攻击的能力，计划将人工智能技术引入日本自卫队信息通信网络的防御系统
2018 年 9 月	"东盟—日本网络安全能力建设中心"在泰国落成
2019 年 11 月	日本政府确定了新法案《数字及平台交易透明化法》的框架，将加强对美国科技巨头等互联网企业的管控
2019 年	日美两国制定在量子计算机、量子测量以及量子通信密码等领域的合作计划
2020 年 3 月	日本金融监管机构发布全球区块链治理倡议
2020 年 4 月	内阁发布《2019 年青少年网络利用环境事态调查报告》
	日本发布 6G 战略目标
2020 年 8 月	日印澳欲启动三方"供应链弹性计划"
	日本通过《个人信息保护法》修订案，计划于 2022 年起开始实施
	日本拟修订《IT 基本法》
	日本制定"成长战略"促进自身半导体发展
2021 年 5 月	日本政府通过 6 部与数字改革相关的法案，包括明确日本全国信息系统统筹管理规则的《数字厅设立法》以及确立数字化社会基本发展理念等的《数字化社会建设基本法》等，同时计划于 2021 年 9 月设立日本数字厅
2021 年 7 月	日本发布新的《网络安全战略》草案
2021 年 12 月	日本参议院正式通过补贴半导体工厂的修正案
2022 年 4 月	日本发布量子技术新国家战略草案
2022 年 5 月	欧盟与日本在双边峰会上达成数字伙伴关系协议
2023 年 1 月	日本经济产业省与欧盟委员会国防工业和空间总局签署了《促进卫星数据相互共享和利用的合作安排》
2023 年 2 月	日本政府表示"为了防止尖端半导体技术被转为军用"，将计划配合美国相关政策，对华实施半导体出口管制
	日本央行计划在 4 月启动数字日元试点

时间	行动或举措
2023 年 4 月	日本与欧盟在数据保护领域关于"相互充分性安排"的第一次审查正式结束，并发布了联合声明
	日本经济产业省发布《半导体数字产业战略》修正案
2023 年 5 月	日本自卫队拟扩编网络防御部队，计划 2023 年将自卫队网络部队人员规模扩充至 2230 人，以增强日本的网络防御能力
2023 年 6 月	日美发布《日美商工伙伴关系（JUCIP）第二次部长级会议联合声明》，加强在人工智能、量子技术、网络安全与生物技术等领域的合作
2023 年 7 月	日本与欧盟在东京召开数字领域的部长级会议，宣布加强半导体、AI 领域的合作，并计划为双方海底光缆的铺设提供支持
2024 年 5 月	日本设立广岛人工智能进程之友小组
	日本发布生成式人工智能全球监管框架

（五）新加坡

新加坡是网络空间国际治理中的重要国家行为体之一。新加坡政府发布了新版本《2021 年网络安全战略》，提出构建更安全的网络空间和加强国际网络合作两个目标。2023 年 6 月，新加坡又推出"数字连接蓝图计划"，以加快构建新加坡的数字未来。

在国际合作层面，新加坡参与多项旨在促进网络国际合作的倡议。新加坡在参与联合国信息安全政府专家组和开放式工作组会议时，呼吁为小国设立联合国网络研究基金计划，支持发展中国家官员的网络问题培训。此外，新加坡还与澳大利亚、日本、法国、德国、英国和美国等国家签订了多项双边协议，如 2022 年底美国和新加坡举行了首届网络对话，讨论供应链安全问题。

表 3-11　新加坡采取的有国际影响力的网络治理行动或举措

时间	行动或举措
2015 年 4 月	成立网络安全局
2016 年 10 月	新加坡推出"网络安全战略"
2018 年 1 月	国会一致通过设立特委会来应对假新闻泛滥问题
2018 年 2 月	国会通过《网络安全法案》
2018 年 6 月	新加坡推出"数字政府蓝图"
2019 年 4 月	成立"公共部门数据安全审查委员会"

续表

时间	行动或举措
2019 年 5 月	发布《防止网络假信息和网络操纵法案》
2020 年 1 月	通信与信息部发布《人工智能模型治理框架》第二版
2020 年 5 月	新加坡发布《个人资料保护法令修正案（草案）》
2020 年 8 月	新加坡与澳大利亚签署《数字经济协议》
2020 年 10 月	新加坡发布全球首个面部扫描计划，将在"国家身份证"中引入面部识别技术
2021 年 3 月	个人数据保护委员会发布《数据泄露指南 2.0》《积极执法指南》
2021 年 7 月	新加坡和日本签署《关于数字经济、人工智能、网络安全以及信息通信技术合作的备忘录》
2021 年 10 月	网络安全局发布《2021 年网络安全战略》
2022 年 4 月	新加坡针对网络安全服务商实施严格许可证制度
2022 年 10 月	新加坡向议会提交《在线安全（杂项修正案）法案》
	新加坡经修订的《个人数据保护法》生效
2023 年 6 月	新加坡推出东南亚首个量子安全网络基础设施
2023 年 7 月	新加坡发布《关于在人工智能推荐和决策系统中使用个人数据的建议咨询指南》
2023 年 10 月	新加坡发布《关于保护路由器安全的建议》
2024 年 1 月	新加坡发布《生成式人工智能治理框架模型》草案
2024 年 5 月	议会批准了《网络安全法》修正案

第二节　网络空间国际治理新格局

无论是从经济、人道主义还是从国家安全的角度，网络安全都已经是全球性问题。为了应对网络威胁，国际组织、国家政府和数字科技企业等积极寻求建立网络空间规则，以期化解恶意网络活动带来的风险。

一　互联网名称与数字地址分配机构

自成立以来，ICANN 便成为全球互联网治理领域的焦点。由于各利益相关方对 ICANN 身份的合法性以及组织架构的合理性的质疑颇多，其相关改革至今仍未停止。第一轮改革于 2001 年末启动。2001 年 11 月，根据 ICANN 第三次年会的"第 01.132 号决议"，成立了重组委员会。2002 年 3

月，根据"第 02.20 号决议"重组委员会更名为 ICANN 发展和改革委员会，并制定了章程。该委员会隶属于 ICANN 董事会。根据 2002 年发展和改革规划推进了以下重要改革：一是建立通用名称支持组织，取代域名支持组织（DNSO）；二是成立于 1999 年的协议支持组织被解散，成立技术联络组，旨在为 ICANN 董事会提出技术建议；三是一般会员咨询委员会取代了一般会员成员项目，用以代表互联网个人用户的利益。对于 2002 年 ICANN 发布的《互联网名称与数字地址分配机构（ICANN）——改革案例》，中国互联网协会和中国互联网络信息中心表示支持，并认为 ICANN 的改革势在必行，同时强调政府的参与对互联网发展既是有益的也是必要的。此外，中国还建议 ICANN 改革为一个独立的国际性组织，所有利益相关者作为会员平等地参与 ICANN 活动。同时，将全体会员大会作为 ICANN 的最高决策机构。

然而，ICANN 第一个十年（2002～2011 年）的管理机制改革一直没有取得实质性突破。直到第二个十年伊始，在 2012 年国际电信世界大会和 2013 年"斯诺登事件"的影响下，ICANN 改革取得了突破性进展。2016 年 9 月，ICANN 与美国商务部国家电信和信息管理局签署的执行互联网号码分配局职能的合同到期。[①] 经过各方多年努力，美国政府正式放弃了对互联网号码分配局的管理权，将其移交给全球互联网多利益相关方社群 ICANN。虽然美国所主导的全球单边互联网治理格局并未发生实质性改变，但全球互联网治理格局重构的序幕已经拉开。

根据美国商务部国家电信和信息管理局要求，ICANN 制定了移交计划。管理局提出了四条移交评估标准：一是支持多利益相关方模式；二是维护互联网域名系统的安全、稳定和弹性；三是满足互联网号码分配局服务全球客户和合作伙伴的需求和期望；四是维护互联网的开放性。[②] 同时，管理局强

---

① 2000 年 2 月，ICANN 与美国商务部国家电信和信息管理局（NTIA）签署了一份协议。根据协议要求，ICANN 需要在不给美国政府增加任何成本的情况下，执行互联网号码分配局（IANA）的职能。

② 《互联网号码分配局（IANA）管理权移交提案》，https：//www.IANAcg.org/icg-files/documents/XPL-ICAN_1510_ICG_Report_Visual_Summary_09-ZH.pdf。

调移交计划需要强化多利益相关方模式，并且不能以政府间组织或政府领导的组织取代美国商务部国家电信和信息管理局扮演的角色。① 2016 年 3 月，ICANN 提交了移交计划。该计划由《互联网号码分配局管理权移交方案》和《加强 ICANN 问责制的建议》构成。管理局对 ICANN 提交的移交计划进行了审核，并表示已满足了此前提出的要求。于是，管理局 8 月宣布了不再延期现有合同。然而，"移交派"和"阻碍派"之间的冲突日益激化，一直持续到 9 月。主张移交的一方以美国商务部国家电信和信息管理局为代表，包括奥巴马政府、美国产业界及行业组织；阻碍移交的一方以共和党为代表，包括传统基金会等保守智库和国会保守势力。② 幸运的是，2016 年 10 月，互联网号码分配局职能正式交由 ICANN 接管。

互联网号码分配局的重要职能是"协调唯一标识符以使互联网正常运作"，主要包括在全球范围内协调互联网协议编址系统（IP 地址）及互联网号码分配、协议参数管理、维护根域数据库等。③ 这些是全球互联网运行的关键基础功能。因此，有人称 ICANN 掌控了全球互联网运行的"总开关"，也有人将 ICANN 比作网络空间的"联合国"，④ 更有人称新 ICANN 像一个国家，认为它有政府（董事会）、宪法（章程）、司法机关（独立审查程序）和公民（咨询委员会和支撑组织）。⑤ 这些说辞虽然不尽准确，但无疑都反映了 ICANN 在全球网络治理中扮演着重要的角色。互联网号码分配局管理权移交后，由公共技术标识符机构代表 ICANN 履行互联网号码分配局的域

---

① 徐培喜：《ICANN@ 十字路口：驾驭 IANA 职能管理权移交》，《汕头大学学报》（人文社会科学版）2016 年第 6 期。

② 徐培喜：《ICANN@ 十字路口：驾驭 IANA 职能管理权移交》，《汕头大学学报》（人文社会科学版）2016 年第 6 期。

③ ICANN 官网，https：//www.icann.org/en/system/files/files/functions-basics-08apr14-zh.pdf。当前正在使用的 IP 地址分为两类：IPv4 和 IPv6；互联网号码即互联网协议（IP）地址和自治域（AS）号码；协议参数管理是指维护互联网协议中使用的许多代码和编号，在 IETF 的协调下完成；域名数据库包括所有顶级域的权威记录。

④ 方兴东、陈帅：《中国参与 ICANN 的演进历程、经验总结和对策建议》，《新闻与写作》2017 年第 6 期，第 26 页。

⑤ 李晓东等：《互联网发展新阶段与基础资源全球治理体系变革》，《汕头大学学报》（人文社会科学版）2021 年第 8 期，第 39 页。

名、号码资源和协议参数分配等主要职能。PTI 于 2016 年 8 月注册成立，是 ICANN 的核心附属机构，基于与 ICANN 的合同和分包合同展开工作。

为顺利促成互联网号码分配局职能管理权移交，彻底执行移交计划，ICANN 采取了两项重要改革：修改 ICANN 章程和建立赋权社群。ICANN 董事会分别于 2016 年 5 月和 2016 年 8 月批准了新的 ICANN《章程》和《企业设立章程》，以确保针对所有建议的问责制符合规范。赋权社群是 ICANN 支持组织和咨询委员会依据加利福尼亚州法律而组织起来用于合法行使社群权力的机制。用于管理赋权社群的社群权力和规定已被写入新的 ICANN《章程》和《企业设立章程》。

综观互联网号码分配局管理权移交过程，争议的焦点主要是由谁监管，即"政府"和"多利益相关方"谁更适合主导互联网关键基础资源治理。政府监管观点的支持者表示，希望由国际电信联盟接管 ICANN，但遭到美国政府的极力反对。ICANN 的成立本身就是美国政府在推进互联网关键基础资源管理私有化进程中的一个阶段性成果。因而，美国政府主张进一步深化私有化进程，由"多利益相关方"来接管 ICANN，并维护产业界在互联网治理中的主导地位。ITU 是联合国框架下的政府组织，企业、社群、技术专家均没有投票权，而无论国家大小的"一国一票"原则极可能威胁到美国的利益。此外，可能会限制信息自由流动和阻碍企业创新也是政府监管反对者表示担忧的理由。

二 联合国层面网络治理新进展

（一）联合国信息安全政府专家组

1. 缓进与停滞阶段（2014~2018 年）

2014 年，第四届 UN GGE 成员国由 15 个增加到 20 个，其中南半球国家的数量增加了。2015 年 7 月，第四届 UN GGE 在前两次报告基础上又向前走了一步。[1] 2015 年报告对"国际法如何适用于信息通信技术的使用"

---

① United Nations General Assembly, Report of the Group of Governmental Experts on Developments in the Field of Information and Telecommunications in the Context of International Security, A/RES/70/174, 2015.

进行了阐述：强调主权平等、通过和平手段解决国际争端、不对任何国家的领土完整或政治独立进行武力威胁或使用武力、尊重人权和基本自由、不干涉他国内政等原则同样适用于网络空间。除再次确认"各国对其领土内的通信技术基础设施拥有管辖权"外，报告还声明了人道原则、必要性原则、相称原则和区分原则等既定的国际原则。此外，上述报告都指出了国家、私营部门和民间社会之间的协作对于维护网络空间安全与稳定的重要性。

作为联合国框架下制定网络安全规则的重要平台，上述成果都得到了国际社会的认可，并产生广泛的影响。2010 年报告确立了网络安全的国际谈判议程，呼吁国际社会开展工作，制定负责任国家行为规范、建立信任措施以及在全球基础上加强网络安全能力建设。2013 年报告确立了《联合国宪章》、国际法和国家主权原则适用于网络空间的国际网络安全规范框架，并通过推翻"互联网是全球公域"的错误观点改变了讨论网络空间的政治背景。2015 年报告拓展了 2013 年报告在准则、国际法适用和建立信任措施方面的内容，并且联合国呼吁各成员国应根据报告中提出的建议指导其信息通信技术使用。此外，2015 年二十国集团领导人安塔利亚峰会公报也认可了第四届 UN GGE 的成果，尤其是确认了国际法特别是《联合国宪章》适用于信息通信技术使用问题，并强调所有国家应当承诺遵守负责任的国家行为规范。[①]

2017 年 6 月，第五届 UN GGE 未能如期达成共识性报告，直接原因是有关国家在国际法适用于网络空间的有关问题（特别是自卫权的行使、国际人道法的适用以及反措施的采取等）上无法达成一致，[②] 而根本原因是各国就网络空间军事化、传统军事手段与网络攻击之间的关系存在根本分歧。[③]

---

① "G20 Leaders' Communiqué Antalya Summit," https：//www.consilium.europa.eu/media/23729/g20-antalya-leaders-summit-communique.pdf, on 15-16 November 2015.

② 黄志雄：《网络空间负责任国家行为规范：源起、影响和应对》，《当代法学》2019 年第 33 期。

③ 徐培喜：《米歇尔 Vs. 米盖尔：谁导致了 UNGGE 全球网络安全谈判的破裂?》，《信息安全与通信保密》2017 年第 10 期。

这表明网络安全国际规则制定工作进入了深水区。事实上，彼时一些国家出于间谍或军事目的采取的网络行动更加突出，甚至效仿美国成立了专门的军事网络部队以提升进攻性网络能力，而这一紧张局势随着第五届 UN GGE 的失败而得以浮出水面。① 关于网络空间安全规则的讨论，既涉及法律，也涉及战略、政治和意识形态差异，而第五届 UN GGE 未能达成最终成果报告，在一定程度上反映了 UN GGE 进程已经高度政治化，降低了各国对于网络空间达成国际性共识的信心，从而转向寻求区域性协议。此外，网络空间碎片化的国际规范也使非国家行为体的作用越来越重要。②

2. 过渡暨双轨并行阶段（2018~2021 年）

2017 年，第五届 UN GGE 无果而终，使联合国网络空间安全规则制定工作一度陷入僵局。与此同时，关于 UN GGE 模式弊端的指责亦日益高涨。鉴于 UN GGE 现有成果已获较为广泛的认可，其在推动网络安全规则制定进程中仍被寄予厚望。在未能就单一进程达成协议后，俄罗斯和美国分别向联合国大会第一委员会提出关于新进程的建议。③ 2018 年 12 月，联合国大会以 109 票赞成、45 票反对、16 票弃权，通过了俄罗斯提出的第 73/27 号决议草案，④ 并决定设立一个开放式工作组，重点研究包括：信息安全领域现有以及潜在的威胁；负责任国家行为规范、规则和原则；采取信任措施和能力建设；在联合国框架下建立有广泛参与的定期对话机构的可能性；国际法如何适用于信息通信技术使用问题。同时，联合国大会以 139 票赞成、11

---

① Daniel Stauffacher, "UN GGE and UN OEWG: How to Live with Two Concurrent UN Cybersecurity Processes," https://ict4peace.org/activities/ict4peace-at-the-jeju-peace-forum-how-to-live-with-two-concurrent-un-cybersecurity-processes/.

② Anders Henriksen, "The End of the Road for the UN GGE Process: The Future Regulation of Cyberspace," https://academic.oup.com/cybersecurity/article/5/1/tyy009/5298865, on 22 January 2019.

③ Department for Disarmament Affairs, "The United Nations Disarmament Yearbook," https://unoda-web.s3.amazonaws.com/wp-content/uploads/2020/02/en-yb-vol-43-2018-part2.pdf, Volume 43: 2018 Part Ⅱ, pp. 219-220.

④ United Nations General Assembly, "Developments in the Field of Information and Telecommunications in the Context of International Security," A/RES/73/27, 2018.

票反对、18 票弃权，通过了美国提出的第 73/266 号决议草案，① 决定于 2019 年成立新一届政府专家组，研究议题主要包括：负责任国家行为规范、规则和原则；采取信任措施和能力建设；国际法如何适用于信息通信技术使用问题。至此，联合国"政治—军事"派别的网络安全规则进入了"双轨制"运行的新阶段。然而，两者各有利弊，加之地缘政治博弈日趋激烈，二者能否实现预期目标仍存在很大的不确定性。

表 3-12 UN GGE 参与情况统计

届期	第四届	第五届	第六届
	2014/2015	2016/2017	2019/2021
参与国数量(个)	20	25	25
主席国	巴西	德国	巴西
参与国家	白俄罗斯、巴西、中国、哥伦比亚、埃及、爱沙尼亚、法国、德国、加纳、以色列、日本、肯尼亚、马来西亚、墨西哥、巴基斯坦、韩国、俄罗斯、西班牙、英国、美国	澳大利亚、博茨瓦纳、巴西、加拿大、中国、古巴、埃及、爱沙尼亚、芬兰、法国、德国、印度、印度尼西亚、日本、哈萨克斯坦、肯尼亚、墨西哥、荷兰、俄罗斯、塞内加尔、塞尔维亚、韩国、瑞士、英国、美国	澳大利亚、巴西、中国、爱沙尼亚、法国、德国、印度、印度尼西亚、日本、约旦、哈萨克斯坦、肯尼亚、毛里求斯、墨西哥、摩洛哥、荷兰、挪威、罗马尼亚、俄罗斯、新加坡、南非、瑞士、英国、美国、乌拉圭

3. 开放式工作组进程

2018 年联合国大会通过决议，决定建立一个不限成员名额的工作组，就网络和信息安全问题进行深入探讨。2019 年 9 月 9～13 日，联合国不限成员名额工作组在纽约联合国总部召开了第一届实质性会议。由于全球新冠疫情大流行，第六届政府专家组与第一届开放式工作组工作被迫延期至 2021 年才结束。令人欣慰的是，两个工作组最终均形成了共识性报告。2021 年 3 月，开放式工作组发布了报告。报告提出了促进网络空间和平、安全与稳定的建议，

① United Nations General Assembly, "Advancing Responsible State Behaviour in Cyberspace in the Context of International Security," A/RES /73/266, 2018.

反映了各国对于网络空间国际治理的广泛共识。报告就网络空间现有和潜在的威胁、负责任的国家行为规范、国际法、采取信任措施和能力建设、定期对话沟通等主题阐述了各国达成的共识，并进一步提出了建议。

在 2021 年开启的新一轮进程（2021～2025 年）中，开放式工作组完全取代了 UN GGE 机制，专家组最大限度扩容，以及对多利益相关方的吸纳使政府专家组长期被诟病的"代表性"问题得以解决。本届开放式工作组的使命将于 2025 年结束。目前，各国普遍认为联合国未来需常设谈判平台来关注网络安全问题，但就实施这种机制应当采用何种模式存在分歧：美、法等西方国家希望启动"行动纲领"（PoA）来集中实施政府专家组于 2015 年达成的 11 条网络安全规则；中国和俄罗斯等国希望让开放式工作组获得永久性地位，授权其就新规范进行谈判，并将规范转化为具有约束力的《联合国网络安全公约》。

（二）联合国互联网治理论坛

与信息社会世界峰会类似，互联网治理论坛也没能抓住"斯诺登事件"的契机提升影响力。在 ICANN 管理权移交后，互联网治理论坛曾因"议而不决""影响力有限""资助来源"等问题而遭遇了其存在必要性的质疑。但近几年，随着政府在网络治理领域的快速崛起，互联网治理论坛再度成为各国博弈的重要场域。尤其是在欧洲数字主权意识觉醒后，欧洲国家竞相申请举办互联网治理论坛，以提升话语权和影响力。除疫情期间论坛改为在线参会外，2017 年（瑞士）、2018 年（法国）、2019 年（德国）、2021 年（波兰）均在欧洲国家举办。在论坛举办期间，欧洲国家领导人积极宣扬欧洲的网络空间治理立场，对美国的网络霸权思想和地位产生了冲击。

（三）联合国打击网络犯罪进程

2019 年 12 月，第 74 届联合国大会通过了"打击为犯罪目的使用信息通信技术"的第 247 号决议，并根据决议设立了打击将信息和通信技术用于犯罪目的的全面国际公约特设委员会，开启了制定打击网络犯罪的全球性公约进程。这也是联合国首次负责组织网络问题的国际条约谈判。

2024 年 1 月 29 日至 2 月 9 日，打击网络犯罪公约特设委员会（AHC）在纽约举行了最后一次会议。按照原计划，若后续《联合国打击网络犯罪公约》以多数票 2/3 通过，将于 2024 年秋季被提交至联合国大会。如果西方国家决定不签署，《布达佩斯打击网络犯罪公约》（2001）将继续适用。

（四）联合国《数字合作路线图》

为了维护数字时代的安全与稳定，需要尽可能地推动全球高水平的国际合作，并在全球范围内形成适应全球数字未来发展的协作模式。联合国在弥合数字鸿沟、促进各国开展数字发展与治理合作方面做了诸多努力。例如，在全球抗击新冠疫情大流行期间，信息通信技术在疫情监测、治疗、研究等方面展现出巨大的作用，但与此同时，数字技术滥用也导致虚假信息、仇恨言论等在网络空间大肆蔓延，数字治理和数字鸿沟问题再次凸显。

为进一步推动数字技术以平等和安全的方式惠及所有人。2020 年 6 月，联合国发布了《数字合作路线图》，提出了到 2030 年实现"全民、安全、包容、可负担的互联网接入"的目标，主要内容包括：推动数字通用连接、促进数字技术成为公共产品、保证数字技术惠及所有人、支持数字能力建设、保障数字领域尊重人权、应对人工智能挑战、增进数字信任。此外，为促进国家间的数字政策协调，同时也是联合国《数字合作路线图》实施的重要举措之一，国际电信联盟于 2021 年启动了"Partner2Connect 数字联盟"。该联盟是多利益相关方联盟，与信息社会世界峰会行动方面和可持续发展目标保持一致，旨在促进全球有意义的连接和数字化转型，重点关注（但不限于）最不发达国家、内陆发展中国家和小岛屿发展中国家中最难连接的社区。[①]

（五）全球数字契约

联合国框架下也新增了一些国际治理机制，如联合国秘书长数字合作高级别小组、联合国裁军研究所网络稳定会议以及联合国人权理事会关于数字

---

① 国际电信联盟官网，https：//www.itu.int/itu-d/sites/partner2connect/zh-hans/。

人权问题的讨论等。

2021 年，联合国发布《我们的共同议程》，首次提出"全球数字契约"议题。2024 年 4 月，联合国发布《全球数字契约》零版草案，围绕建设"开放、自由、安全且以人为本的数字世界"的愿景，确定了五大目标和十项指导原则。在具体内容上，草案不仅涵盖了人工智能、数字基础设施、数字人权、跨境数据流动和联合国系统内部数字事务协调等议题，而且提出了若干实质性措施，比如设立联合国数字人权咨询服务机构、组建国际人工智能科学小组，以及定期组织全球人工智能治理对话等。同时，草案明确表示将充分利用联合国现有机构、机制以及监管程序，确保《全球数字契约》在后续实施中得到有效的落实与全面监督。目前契约正处于意见征询和完善阶段。按原计划，联合国将于 2024 年 9 月召开未来峰会，并将《全球数字契约》作为"未来契约"的一部分予以通过。

三　其他政府间国际组织

（一）七国集团（G7）

尽管七国集团是较早参与互联网治理的政府间国际组织，但是在布什政府执政期间，互联网治理议题在七国集团（当时为八国集团时期）的议程中消失了一段时间。直到 2011 年，七国集团才重新成为发达国家协调网络空间治理政策或发表相关立场的重要平台，详见表 3-13。

表 3-13　七国集团网络空间国际治理举措统计

时间	举措
2000 年	发布《全球信息社会冲绳宪章》,成立数字机遇工作组
2001 年	发布《人人享有数字机遇:迎接挑战》,提出"热那亚行动计划"
2002 年	发布《人人享有数字机遇:成绩单》
一段时间,互联网从八国集团议程中消失了*	
2011 年	《多维尔宣言》就互联网的六项基本原则达成一致,包括多利益相关方治理原则
2015 年 11 月	成立网络专家组专门负责监管金融部门的网络安全风险

续表

时间	举措
2016 年	发布网络空间原则与行动宣言
2017 年 4 月	发表《关于网络空间安全的负责任国家声明》
2017 年 5 月	G7 发表声明呼吁互联网服务提供商和社交媒体巨头加大力度联合打击在线恐怖主义内容
2018 年 6 月	G7 领导人就建立快速反应机制和促进人工智能发展等达成共识
2018 年	发布《金融行业第三方风险管理的基本要素》
2019 年 8 月	G7 峰会聚焦数字税问题
2019 年 9 月	除美国外,6 个 G7 成员国签署《自由、开放和安全互联网宪章》
2020 年	发布"关于数字支付宣言"
2021 年 4 月	发布 G7 数字部长会议宣言,涉及一系列关于如何应对全球网络安全挑战的共同原则,包括网络公司应建立规范的系统和流程,以减少非法和有害活动,并将保护儿童权益放在首位
2021 年 6 月	G7 财政部部长和央行行长会议发布联合声明,就全球税收改革达成了历史性重大协议,一致同意全球最低税率原则
	G7 领导人在英国康沃尔郡举行峰会,并发布了《卡比斯湾七国集团峰会联合公报》,其在"未来前沿"部分涉及多项网络空间议题
	七国集团、印度、韩国、澳大利亚和南非签署支持在线言论自由的《开放社会声明》
2021 年 9 月	发布 G7 数据保护和隐私会议公报
2021 年 10 月	G7 财政部部长和央行行长会议通过了针对央行数字货币的 13 项公共原则
2022 年 5 月	G7 数字部长会议宣言,七国集团将继续共同努力建设自由、全球、开放、互操作、可靠和安全的互联网,支持创新,强化对民主价值观和普遍人权的尊重,反对可能损害这些价值观和权利的措施。同时,G7 重申致力于维护和推进《互联网未来宣言》中提出的愿景。讨论了数字化的未来以及为新数字技术的开发和应用提供更有利的法律和监管环境。通过《促进可信数据自由流动计划》
2022 年 6 月	发布 G7 媒体部长会议宣言,七国集团将继续致力于营造自由开放的媒体环境、强大而独立的新闻业,构建开放、自由、全球、互操作、可靠的互联网。反对政府强制关闭或限制互联网使用
2022 年 12 月	G7 网络专家发布报告《金融行业勒索软件韧性的基本要素》和《金融行业第三方风险管理的基本要素》
2022 年	提出构建全球基础设施和投资伙伴关系,援助发展中国家和太平洋岛国的数字基础设施建设、推动各国建立具有开放性和互操作性的 ICT 技术生态体系、提高数字基础设施的冗余度、重视 5G/6G 等通信技术研发

续表

时间	举措
	《七国集团广岛领导人公报》再次提及 PGII 项目，并发布了《G7 全球基础设施和投资伙伴关系简介》，内容包括：①宣布在主要经济走廊国家进行新的投资，如在非洲加纳建立数据中心等项目；②在网络安全领域加大对外技术援助力度，如美国计划向哥斯达黎加提供约 2500 万美元的援助，用于加强其在硬件、软件方面的网络防御能力
	《七国集团领导人关于经济韧性和经济安全的声明》强调，推动增强全球经济韧性，尤其是重视半导体、关键矿产、数字基建等数字产业链的稳定
2023 年 5 月	《七国集团科技部长公报》提出"安全开放研究"理念，强调各国的科研创新应将普遍人权和国家安全列为优先事项，以保障各国科研活动的民主生态。为此，G7 科技部长会议制定了《G7 关于研究安全性与公正性方面的共同价值和原则》《G7 关于安全开放研究的最佳实践》等
	发布七国集团数字和技术部长会议宣言，承诺将"基于信任的跨境数据流动"列为今后跨境数据国际合作的重要议题，并将在数据传输协议、监管政策，以及提升数据可信性和安全性等方面进一步深化合作，以提高各国在监管方面的互补性和流动性，促使数据在信任中流动起来。计划建立"伙伴关系制度安排机制"，负责联络各国数据部门，推进成员国在网络安全、隐私保护、数据保护和知识产权保护等方面的合作。将基于"全球人工智能合作伙伴关系"，推动以人权和民主价值观为基础的人工智能产业发展，重视制定人工智能技术标准、使用原则和实践指南。计划制定《促进全球可信人工智能工具间互操作性的行动计划》，尤其关注生成式人工智能的发展与应用，评估与其相关的知识产权、透明度、虚假信息等维度的安全风险
2023 年 9 月	G7 集团同意制定《人工智能国际行为准则》
2024 年 3 月	七国集团部长会议同意将在人工智能和供应链安全领域开展合作

注： "＊" Wolfgang Kleinwächter， "Internet Governance Outlook 2013：'Cold Internet War'or 'Peaceful Internet Coexistence'?" https：//circleid.com/posts/20130103_internet_governance_outlook_2013.

（二）二十国集团（G20）

对于 G20 峰会而言，直到 2013 年互联网都不是一个问题。[①] 2017 年 6 月，德国总理安格拉·默克尔表示，就像针对二十国集团金融市场以及世界

---

① Wolfgang Kleinwächter， "Internet Governance Outlook 2013：'Cold Internet War'or'Peaceful Internet Coexistence'?" https：//circleid. com/posts/20130103_internet_governance_outlook_2013.

贸易组织的监管政策一样，数字世界也需要全球性规则。她希望德国利用2017 年担任二十国集团轮值主席国的良机，在 7 月的峰会上提出有关数字政策的具体方案。

2018 年 G20 峰会首次对加密货币风险进行了讨论，认为加密货币确实会引发逃税、洗钱等问题，并可能影响金融稳定。但最终公报称加密货币为"资产"，而没有将其称为"货币"。峰会虽然并没有明确提出针对加密货币的具体监管措施，但是承诺将执行金融行动特别工作组的加密资产适用标准，并呼吁国际标准制定机构根据其任务继续监测加密资产及其风险。2019年，在日本福冈召开的 G20 财政和央行行长会议上，就针对数字巨头的征税计划达成共识——提出了"双支柱"计划：第一个支柱是建立税收框架，第二个支柱是各国共同拟定的全球最低税率。同年召开的 G20 贸易和数字经济部长会议聚焦人工智能治理主题，达成的部长声明中包含了《G20 人工智能原则》附录，提出了实现可信人工智能的国际合作方面的建议。2020年，G20 为加强货币监管制定基本规则。在 2020 年 G20 峰会上，部长级会议通过了《G20 数字经济部长宣言》，强调了数字经济在实现联合国 2030 年可持续发展目标中的重要性，并讨论了以人为本和可信赖的人工智能、智慧城市、数据流动、数字经济、全球连接性等议题。在数字税收领域，2021年 7 月，G20 就国际税收框架签署历史性协议，支持跨国企业利润重新分配、设置全球最低公司税率等措施，并呼吁更多的国家加入磋商。拟定中的最低公司税率为 15%，当时，已有中国等 132 个国家加入协议。在数字金融领域，2021 年 10 月，G20 金融稳定委员会发布《网络事件报告：现有方法和更广泛融合的后续步骤》，指出报告共享碎片化、报告表述差异化、事件影响判定标准不统一等问题较为突出。为此，2023 年 4 月，委员会建议各国以"通用格式"报告针对金融业的网络攻击行为，从而加快全球金融系统对网络攻击的反应速度。在数字基础设施建设方面，2023 年 8 月，在印度召开的 G20 数字经济部长会议上提出了一个自愿性建议框架《二十国集团数字公共基础设施系统框架》，为解决数字公共基础设施建设中的技术等问题提供了指南。

（三）北约

冷战结束后，北约这一军事同盟对欧洲各国的吸引力呈现下降趋势。随着网络空间战略价值的提升，国际冲突正由传统安全领域转向非传统安全领域，网络安全、新兴颠覆性技术领导力以及关键基础设施与供应链韧性等方面的国际合作已成为北约再次凝聚同盟的新抓手。2008 年，北约在爱沙尼亚首都塔林设立了网络战防御中心。该中心自 2010 年起举行的"锁定的盾牌"年度演习，已成为世界上规模最大、最先进的网络防御演习。2016 年，北约宣布将网络空间作为其军事行动的第四个领域。从网络空间军事演习到两版《塔林手册》，北约已在网络空间安全及其军事化过程中扮演了重要的角色。为提升北约网络防御能力，2018 年 1 月，北约网络合作防御卓越中心被选定来协调联盟内所有网络防御行动的教育和培训工作。

表 3-14　北约网络空间国际治理行动或举措统计

时间	举措
2013 年	发布《塔林手册》1.0 版
2017 年 2 月 2 日	发布《网络战争中国际法适用性塔林手册》（简称《塔林手册 2.0》）
2018 年 10 月	北约计划成立新的军事指挥中心"网络指挥部"，以便全面、及时掌握网络空间情况，并有效应对各类网络威胁，预计于 2023 年全面开启运营
2019 年 2 月	北约通信与信息局创建网络安全协作中心。该中心将为联盟所有 29 个国家收集、整合信息
2019 年 8 月	CCDCOE 发布了《政府间网络信息共享》
2019 年 9 月	北约制定《集体网络防御战略》
2021 年 5 月	北约批准《北约综合网络防御政策》
2021 年 7 月	北约启动"QUANTUM 5"量子通信项目
2021 年 10 月	北约发布《人工智能战略（摘要）》
2023 年 2 月	北约制定《北约人工智能认证标准》
2023 年 6 月	北约网络靶场设计团队发布全球首个网络防御准备指数
2023 年 7 月	立陶宛维尔纽斯举行峰会并批准《数字化转型实施战略》《人工智能与自主战略》
2023 年 11 月	北约在德国柏林举办了首届年度网络防御会议，北约成员国达成了建立"北约网络中心"的共识

（四）经济合作与发展组织

在传统的政府间国际组织中，经济合作与发展组织一直在互联网治理前沿领域发挥着重要的作用。

在人工智能治理领域，2019 年 5 月，经合组织推出了首个政府间人工智能政策文本《人工智能原则》。36 个成员国以及阿根廷、巴西、哥伦比亚、哥斯达黎加、秘鲁和罗马尼亚在年度部长理事会上通过了该原则，要求使用人工智能技术的国家遵从以下五项原则：①人工智能应通过促进包容性增长、可持续发展使人民和全球受益；②人工智能系统的设计应尊重法治、人权、民主价值观和多样性，并实施适当的保障措施（如在必要时进行人为干预，以确保社会公平和公正）；③人工智能系统应该具有透明度，并进行负责任的披露，以确保人们了解其应用结果，并能应对相关挑战；④人工智能系统必须在其整个周期内以稳健、安全的方式运行，并有效评估和管理潜在风险；⑤开发、部署和运营人工智能系统的组织和个人应根据上述原则对其正常运作负责。

在数字税收领域，2021 年 10 月，经济合作与发展组织在巴黎宣布，136 个国家和司法管辖区已同意进行国际税收制度改革，以应对经济数字化带来的税收方面的挑战。新的数字税收方案包含两项重要内容。一是确保规模最大、利润最丰厚的跨国企业利润和征税权在各国之间得到更公平的分配，并要求跨国公司在其经营活动所在国纳税，而不仅仅是在其总部所在地纳税。二是将全球最低企业税率设为 15%。从 2023 年起，年收入超过 8.1 亿美元的公司都将适用于这一税率。来自全球约 100 家大型跨国公司的超过 1250 亿美元利润将被重新分配给各国。这些公司无论在何处经营和创造利润，都将平等纳税。

四　非政府行为体

（一）微软公司

在企业类非政府行为体中，微软是较早参与网络空间国际治理事务的跨国企业，主要表现在网络空间行为规范和人工智能治理两个领域。

　　首先，在网络空间行为规范方面，微软提出了制定"数字日内瓦公约"的倡议。"斯诺登事件"后，微软因最早与美国情报机构合作开展大规模网络监听而备受指责。各国普遍加强了在网络安全领域的立法和监管工作，微软因此成为很多国家的重点监管对象。作为全球计算机操作系统、办公软件和云服务商市场的领导者，微软意识到网络空间规范缺失将对其产生的较大负面影响。在此背景下，微软于 2017 年 2 月首次提出了制定"数字日内瓦公约"的倡议，希望针对网络空间制定类似于"日内瓦公约"的国际协议，以全球各国公认的行为准则约束各行为体在网络空间中的行为。倡议主要内容包括：①网络冲突不应针对科技公司、私营企业或关键基础设施；②政府机构应协助私营企业发现、遏制、回应安全事件；③政府应向供应商披露漏洞，而不是存储或利用漏洞；④在开发网络武器方面保持克制，并确保任何开发都是有限制的、精确的，而不是可重复使用的；⑤致力于防止网络武器扩散；⑥限制进攻性操作，以避免发生大规模安全事故。[①] 2017 年 4 月，微软发布了相关附加文件，进一步描述了国家和私营企业在确保网络安全方面的作用，其中有两项重要提议。一是创建一个由私营企业领导的国际网络攻击溯源组织。该组织负责识别和追溯国家或国家指使的网络攻击行为，并向政府、企业和公众提供技术证据。组织仅负责处理那些最为重要的攻击，如涉及关键基础设施、全球经济要素和关键互联网资源的攻击。同时，组织只负责识别攻击者，然后由国家决定该做出什么样的回应。二是提出创建一个技术协议。该协议主要体现技术行业对网络安全的承诺，强调企业在保护终端用户安全方面所应尽的职责。协议包含不协助网络进攻操作、协助保护客户、合作提升应急处置水平、支持提升政府的响应能力、协助报告漏洞、打击扩散漏洞行为等内容。

　　虽然微软提出的"数字日内瓦公约"倡议并没有得到美国政府的直接回应，但还是引起了各利益相关方的广泛关注。同年 4 月，七国集团（G7）

---

① Brad Smith, "The Need for a Digital Geneva Convention," https：//blogs. microsoft. com/on-the-issues/2017/02/14/need-digital-geneva-convention.

发布的《关于网络空间安全的负责任国家声明》的部分观点与微软该倡议相似。尤其是随后发生的"WannaCry 勒索病毒事件"也进一步证明了网络空间行为规范的重要性。"WannaCry"病毒属于蠕虫式勒索软件，是在美国国家安全局遭黑客组织"影子经济人"攻击后泄露的网络武器基础上改造而来的。该病毒会对全球 150 多个国家的医疗、教育、电力、能源、银行、交通等领域的民用基础设施造成破坏。

其次，在人工智能治理领域，微软发布了《人工智能治理：未来蓝图》，提出了以下建议：①搭建并实施以政府为主导的人工智能安全新框架；②需要对控制关键基础设施的人工智能系统采取有效的安全制动措施；③以人工智能技术架构为基础制定法律和监管框架；④提高透明度并确保学界和非营利组织可利用人工智能技术；⑤寻求新的公私合作伙伴关系，采用人工智能技术应对新的社会挑战。[①] 同时，微软还介绍了其是如何构建人工智能治理系统的：制定人工智能道德原则；将这些原则转化为具体的政策；基于这些原则来训练、测试和工具化这些越来越智能的系统。

面对快速发展的人工智能技术，近年来，中、美、欧不同的司法辖区均对人工智能采取了系列规制措施。2023 年，以 OpenAI 的 GPT-4 为代表的大语言模型应用再次引起了人们对人工智能快速发展的担忧。微软公司结合自身在人工智能治理领域的经验给出的治理建议具有较高的参考价值。

（二）全球网络空间稳定委员会

全球网络空间稳定委员会（Global Commission on the Stability of Cyberspace，GCSC）是由美国东西方研究所与荷兰海牙战略研究中心两家智库于 2017 年 2 月在德国慕尼黑安全会议上发起成立的。它是全球第一家致力于通过制定规范和政策来加强网络空间稳定和安全的组织，旨在引导负责任的网络行为。全球网络空间稳定委员会的总部设在荷兰海牙，共有来自 16 个国家的

---

① "Governing AI：A Blueprint for the Future," https：//query. prod. cms. rt. microsoft. com/cms/api/am/binary/RW14Gtw.

28 名委员（包括 3 名负责人）和 4 名特别顾问。这些成员来自政府、企业、技术社群和民间社会等不同的利益群体。GCSC 以三年为期来制定适用于政府和私营部门的政策，推动相关行动。

委员会下设秘书处和研究咨询小组。秘书处由海牙战略研究中心高级研究员亚历山大·克里姆伯格和东西方研究所高级副总裁布鲁斯·麦康纳联合主持工作，负责委员会的日常事务及其决策执行。研究咨询小组是委员会重要的研究和执行机构，由美国顶级网络安全专家肖恩·卡纳克主持具体工作。他向委员会和秘书处报告，并参加所有的委员会会议。研究咨询小组重点关注网络空间国际和平与安全、互联网治理、法律、技术和信息安全这四个领域。

表 3-15　GCSC 重要行动与成果统计（2017~2020 年）

时间	重要行动或成果
2017 年 11 月	发布《呼吁保护互联网的公共核心力》倡议,敦促多利益相关方避免实施破坏行动,以保障互联网的可用性和完整性
2018 年 3 月	自 2018 年 3 月开始,GCSC 每月在官网发布《网络安全月报》
2018 年 11 月	发布最新的"规范倡议",提出保持网络空间稳定性的关键准则
2018 年 11 月	GCSC 签署了由法国总统马克龙发起的《网络空间信任和安全巴黎倡议》,并称将努力践行这一文件的基本原则和价值观
2019 年 8 月	GCSC 发布《网络空间稳定性定义草案》,公开征求意见
2019 年 11 月	发布了《推进网络空间稳定性》,是 GCSC 过去三年的重大工作成果,提出构建网络稳定框架、四项原则、八条行为规范以及促进网络空间稳定等建议

自 2017 年成立以来，GCSC 得到了政府、智库、企业和社会团体等多方支持。与荷兰政府、新加坡政府、法国外交部、微软公司互联网协会、Afilias[①] 等建立了伙伴关系；赞助方包括瑞士政府、爱沙尼亚政府、日本总务省和 GLOBSEC 等；支持方包括非洲联盟委员会、美国黑帽大会（Black

---

① 全球第二大 Internet 域名注册机构，管理着超过 2000 万个域名。

Hat USA）、谷歌，全球网络专业知识论坛等。此外，GCSC 已建立了官方网站，并在脸书、推特、领英和优兔等国际知名社交网站上注册了官方账号，在网络空间治理领域产生了较大影响。

在参与和推进网络空间治理方面，GCSC 表现较为活跃。GCSC 采取定期开会和随会办会的方式，每年定期召开 4 次会议。有时独立办会，有时跟随 ICANN 论坛、全球网络专业知识论坛、互联网治理论坛、联合国开放式工作组协商会议、巴黎和平论坛等大型国际会议，举办"边会"或"会中会"。

2017 年，GCSC 召开了 5 次委员会会议，并以组织的名义在慕尼黑安全会议、网络冲突年度会议、黑帽大会、全球网络空间会议、国际网络安全论坛等重要的国际会议上发表见解，并发布了《呼吁保护互联网的公共核心力》倡议，强调网络稳定的重要性。

2018 年，GCSC 除了进一步完善了 2017 年提出的《呼吁保护互联网的公共核心力》倡议，也发布了旨在加强保护选举基础设施的规范。此外，自 2018 年 3 月起连续发布电子出版物《网络安全月报》，对网络空间治理中的热点、重点和难点问题展开深入的研究。

2019 年，GCSC 在制定负责任国家行为规范方面已经取得一些成果，为此，其将工作重心转向提出旨在制定增强国际安全和网络空间稳定性的政策上。2019 年，GCSC 发布《推进网络空间稳定性》。在当前互联网治理尚未形成多方认可的规则和框架的背景下，该报告提出的构建网络稳定框架、四项原则、八条行为规范以及促进网络空间稳定等建议，为处理网络间利益纠纷、消除网络安全隐患、维持良好的网络秩序等提供了重要参考。报告在制定过程中充分听取了各方的意见，符合多数利益相关方的共同利益，因此具有一定普适性。《推进网络空间稳定性》的发布对于推动建立多方认可的互联网治理规则而言具有重要意义。但报告在表述严谨性和建议约束力方面尚待进一步完善。例如，在表述严谨性方面，虽然提出了"不得损害互联网公共核心力"，但对于在海底光缆上设置拦截器、监听别国信息的行为没有提出要求；再如，规定"不得追求、支持或默许旨在破坏选举、投票技术基础设施的网络行动"，但对于利用社交媒体定向宣传来操控选举的行为却没有予以关注，网络依然可以成为破坏选举的工具。在建议约束力方面，提出"引进和执行加强网络空间稳定性的准则，重点在于保持克制和鼓励行动"，但事实上，在违规使用网络产生的巨大利益面前，很多国家和企业很难保持克制。

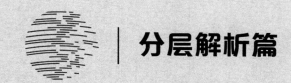

分层解析篇

第四章　基础设施层治理

　　互联网基础设施层由一系列物理设备构成，主要包括计算机、服务器、传感器、网络交换机、路由器，以及各种传输介质（如宽带网络、无线网络的基站、通信卫星设施）等。这些物理设备的存在与连通是网络空间存在的前提条件。互联网基础设施层国际治理的目的在于确保互联网基础架构的物理连接、合理布局，以及弥合数字鸿沟。参与国际治理的主体由那些能够制定基础架构政策的部门构成，主要有各国政府部门、大型国际电信公司、国际线缆公司、大型互联网设备生产企业，以及国际组织（如 GSMA、IEEE、IETF、ITU 等）。其中，各国政府部门是制定电信政策与国际发展战略的主体；大型国际电信公司和国际线缆公司（通常是私营的）是互联网基础架构，尤其是国际骨干网的实际拥有者和运行者，通常是网络空间物理安全维护的主体；大型互联网设备生产企业，无论是超级计算机设备生产商还是个人电脑生产商都直接参与了非常多的技术标准研发和制定工作；国际组织则担负着技术标准协调的重要职责。

　　从 19 世纪末的海缆到 20 世纪初的无线电报再到两次世界大战中的跨国通信网络系统，对全球信息基础设施的控制一直是强权国家争夺的优先事项。[①] 在互联网治理中，基础设施层的议题主要与互联网的基础架构相关，

---

①　D. Schiller, "Geopolitical‑economic Conflict and Network Infrastructures," *Chinese Journal of Communication*, 2011, 4 (1), pp. 90‑107, 转引自史安斌、俞雅芸《"技术后冲"时代全球互联网治理的趋势与路径：基于五大主题的文献分析》，《新闻与传播评论》2023 年第 3 期，第 17~26 页。

如海缆、通信卫星、数据中心的部署与协调。然而，近年来 ICT 产品供应链问题成为国际冲突的新焦点，其中尤以高端芯片和 5G 通信设备为甚。

第一节　海底电缆的发展与国际规制

互联网的有线数据传输网络主要由海底电缆（以下简称"海缆"）和陆地电缆（以下简称"陆缆"）两部分构成。其中，海缆（undersea cable 或 submarine cable）[①] 在全球互联网基础设施中占据主导地位。截至 2024 年初，全球可追踪的正在使用和规划中的海缆数量达 574 条，其中，正在使用的海缆总长度约为 140 万公里[②]，承载了全球 97% 以上的互联网流量[③]。因此，海缆也被称为信息高速公路。[④] 鉴于海缆在互联网基础设施中无可替代的地位，本节将以海缆为例分析有线网络的国际拓展及其治理状况。

一　海缆发展历史及现状

在早期的海缆市场中英国占据主导地位。世界上第一条海缆是 1850 年英法两国之间铺设的长约 30 公里的穿越英吉利海峡的电报电缆。[⑤] 第一条跨大西洋海缆于 1858 年开始运营。[⑥] 在此后的 20 年间，英国海缆铺设向东扩张进入地中海和印度洋。1863 年通往印度孟买的海缆是连接沙特阿拉伯的重要路径。1872 年通往孟买的海缆经由新加坡和中国连接了澳大利亚。

[①] 海缆主要分为海底通信电缆（submarine telegraph cable）和海底电力电缆（submarine power cable）两种类型，本书研究对象皆为海底通信电缆，为表达简洁，通常直接使用"海缆"一词。

[②] "Telegeography, Submarine Cable Frequently Asked Questions," https：//www2. telegeography. com/submarine-cable-faqs-frequently-asked-questions.

[③] ENISA, "Subsea Cable—What is at Stake?".

[④] CSIS, "Securing the Subsea Network".

[⑤] Haigh Kenneth Richardson, "Cable Ships and Submarine Cables," London：Adlard Coles, ISBN 9780229973637, 1968.

[⑥] Guarnieri M., "The Conquest of the Atlantic," *IEEE Industrial Electronics Magazine*, 2014, 8 (1), pp. 53−56/67.

1876 年，伦敦与新西兰成功通过海缆连接。[1] 1902 年，第一条提供电报服务的跨太平洋海缆完工，1902 年连接了美国大陆和夏威夷，1903 年连接了关岛和菲律宾。[2] 加拿大、澳大利亚、新西兰和斐济也在 1902 年与跨太平洋段海缆相连，[3] 日本于 1906 年加入该系统。

在 170 多年时间里，海缆先后经历了电报时代、电话时代和互联网时代，大部分时间由传统的电信企业主导。虽然从 20 世纪 20 年代开始就有铺设跨大西洋电话电缆的想法出现，但直到 20 世纪 40 年代才研发出经济上可行的电信所需技术。TAT-1（跨大西洋 1 号）是第一个跨大西洋电话电缆系统。在 20 世纪 80 年代，研发出光纤电缆。第一条使用光纤的跨大西洋电话电缆是 TAT-8，于 1988 年投入使用。如今，基于光学、材料科学和数据处理等方面的尖端技术，海缆传输容量已达到 250TB/s，大致相当于同时传输 330 万个 4K 分辨率的视频，或使用典型的云服务为 170 万家小企业提供服务。

目前，500 余条海缆担负着全球六大洲的主要通信传输任务。南极洲是唯一尚未通过海底通信电缆到达的大陆。地理因素使海缆的规划与铺设面临着较大限制。美国、英国、日本、新加坡、中国等国凭借地理位置的优越性和信息资源的丰富性等优势，已发展成为海缆登陆的重要地点。互联网流量高节点地区与海缆高登陆点基本重合。纽约、旧金山、迈阿密、新加坡、香港、马赛、阿姆斯特丹等城市成为海缆登陆的重要汇聚地。就数量而言，欧洲和中东及北非地区的连接性最强，共有 27 条海缆系统，而澳大利亚/大洋洲和中东及北非地区的连接性最弱，仅有 1 条海缆系统。[4] 通常，海缆的聚

---

[1]　"Landing the New Zealand Cable," The Colonist, 19 February 1876, p. 3.

[2]　"Pacific Cable (SF, Hawaii, Guam, Phil) Opens, President TR Sends Message July 4 in History," Brainyhistory, July 4, 1903, Retrieved 2010-04-25.

[3]　"History of Canada-Australia Relations," Government of Canada, Archived from the Original on 2014-07-20, Retrieved 2014-07-28.

[4]　Christian Bueger, Tobias Liebetrau, Jonas Franken, "Security Threats to Undersea Communications Cables and Infrastructure Consequences for the EU," https://www.europarl.europa.eu/thinktank/en/document/EXPO_ IDA (2022) 702557.

集也会带动当地的数据中心高速发展。根据 Data Center Map 的数据，全球共有 5028 个互联网数据中心，分布在 131 个国家和地区。其中，北美、欧洲和亚洲是全球数据中心聚集地。①

此外，从地缘政治角度衡量，海缆最为脆弱的节点与传统上的战略热点也趋于一致，包括吕宋海峡、霍尔木兹海峡、马六甲海峡，以及苏伊士运河等。以亚欧之间的数据传输为例，亚欧之间 95% 的互联网流量途经埃及，这与海运选择苏伊士运河作为捷径非常类似。

地缘关系变动对海缆使用、规划及铺设产生影响。例如，在英国脱欧前，大部分跨大西洋通信都是通过英国西南海岸进入欧盟的；在英国脱欧后，这些海缆虽仍在使用，但数据是通过英吉利海峡进入欧盟的。此外，跨大西洋海缆项目 MAREA、Dunant 和 Havfrue 都绕过了英国，在法国、西班牙和丹麦登陆。②

二 海缆运营与管理

管理国际海缆是一个较为复杂的问题，涉及众多利益相关者。首先，海缆的所有权通常是私有的。从规划、生产、运营到维护等环节几乎全部由私营企业负责完成。这些私营企业的类型较多元，包括电信运营商、国际财团、金融机构或海缆系统供应商等。其次，海缆的监管和保护也区别于传统分工。通常，电信机构是保护工作的主导者，但相关执法工作则需要海警的参与，在较远的海域甚至需要军事保护。最后，在政策层面，海缆管理涉及环境保护、海上安全、网络安全、数字基础设施、国家安全等众多议题。

（一）海缆运营模式

国际海缆项目的投资与运营主要有两种模式：联盟模式（Consortium

---

① 中国信息通信研究院：《全球海底光缆产业发展研究报告（2023 年）》，http：//www.caict. ac.cn/kxyj/qwfb/ztbg/202307/P020230718390842938808.pdf。

② Christian Bueger, Tobias Liebetrau, Jonas Franken, "Security Threats to Undersea Communications Cables and Infrastructure Consequences for the EU," https：//www.europarl.europa.eu/ thinktank/en/document/EXPO_ IDA（2022）702557.

Cables）和私营模式（Private Cables）。国际海缆项目通常投资巨大、审批复杂、建设周期长、运维费用高。为了降低运营风险，国际海缆项目早期主要采用联盟模式。所谓联盟模式，就是大型国际通信运营商或相关企业共同投资一个海缆项目，并按投资比例分配权益，属于利益共享、风险共担的建设和经营方式。联盟模式在建设周期较长的长距离海缆项目中尤为常见，如在建的 SMW6、2Africa 海缆。① 随着海缆建设与管理技术的发展，以及市场成熟度的提升，私营企业承担海缆建设项目的案例越来越多。例如，日本运营商 NTT 的海缆专业子公司 OLL 发起建设 MIST 海缆（新加坡—印度），爱尔兰运营商 AquaComms 计划建设 EMIC-1 海缆（欧洲、中东以及印度）。在海缆项目中私营模式的占比逐渐提升，2022 年底已达 57%。最近 10 年，互联网企业已成为海缆建设中的生力军。目前，互联网企业参建的海缆数量已经超过 32 条，如谷歌 21 条、Meta（原脸书）15 条、微软 6 条和亚马逊 5 条。②

（二）海缆管理流程③

海缆的部署既是一个国际经济问题，也是一个国际政治问题。首先，从经济层面看，海缆项目高投入、慢回报，一条海缆通常需要耗资数亿美元，预期使用年限一般为 25 年；其次，从政治层面看，海缆属于全球通信系统的一部分，往往涉及两个或两个以上国家政治、法律、经贸、技术等问题的协调，因此，需要漫长的规划期。以美国为例，海缆建造不仅需要从联邦通信委员会处获得许可，还需通过美国电信服务部门外国参与评估委员会④的

---

① 中国信息通信研究院：《全球海底光缆产业发展研究报告（2023 年）》，http：//www. caict. ac. cn/kxyj/qwfb/ztbg/202307/P020230718390842938808. pdf.

② 中国信息通信研究院：《全球海底光缆产业发展研究报告（2023 年）》，http：//www. caict. ac. cn/kxyj/qwfb/ztbg/202307/P020230718390842938808. pdf.

③ Jonathan E. Hillman，"Securing the Subsea Network：A Primer for Policymakers，" https：//www. csis. org/analysis/securing-subsea-network-primer-policymakers.

④ 该委员会根据 2020 年 4 月特朗普总统签署的第 13913 号行政命令《建立美国电信服务部门外国参与评估委员会》（Establishing the Committee for the Assessment of Foreign Participation in the United States Telecommunications Services Sector），正式代替此前针对电信领域外国投资进行审查的"电信小组"（Team Telecom）。"电信小组"是由负责确保国家安全的联邦政府实体代表组成的工作组，包括国土安全部、国防部、司法部、国务院、财政部和商务部，以及美国贸易代表办公室和联邦调查局。

国家安全风险审查。除了在美国的审查程序，类似的审查程序还将在海缆所涉及的国家重复进行。即使海缆不在一个国家登陆，但通过其水域，有时甚至超越其领海范围，也必须获得该国的批准。而后，线缆还需在登陆点连接设备，获取服务。目前，越来越多的海缆所有者采取接入中立互联数据交换中心的模式，以便更多的公司共同使用该条线缆。

除了审查周期长且不确定因素多外，海缆的生产周期也较长。海缆一般是针对特定线路定制的，生产时间取决于光纤数量和长度，通常需要 24~36 个月。因此，为了缩短周期，通常在获得所有必要许可证之前就已经开始了海缆生产和设备采购。全球四大海缆生产厂商为美国的 SubCom、日本的 NEC、法国的阿尔卡特海底网络（ASN）和中国的华海通信（HMN）。

海缆投入使用后还需由独立的专业公司负责对其进行维护。专业维护公司会在世界各地有规划地部署海缆设备存储库和电缆船等，可以全天候待命处理海缆故障。海缆运营者或所有者与海缆维护公司签订服务合同。海缆维护是基于全球性的区域和非营利合作协议组织开展的。例如，《大西洋海缆维护与维修协议》覆盖大西洋，重点区域是北海和南欧—西非地区，而《地中海电缆维护协议》则涵盖地中海、黑海和红海。如今，海缆网络管理软件的使用给维护工作带来了极大的便利，有利于提高效率、降低成本，不仅可以提醒管理者出现问题的位置，也可以定期提醒管理者进行常态维护。[1] 世界上大约有 59 艘电缆船，[2] 它们大部分都被用于铺设海缆，仅有少量被用于维护海缆。

三　海缆作用与地位的重要认知

与陆缆相比，海缆的优势源于我们赖以生存的地理环境。地球表面积的

---

① Rebecca Spence, "Where in the World are Those Pesky Cable Ships?" Submarine Telecoms Magazine 15 (November 2020), https：//issuu. com/subtelforum/docs/subtel_ forum_ 115/14, pp. 14-15.

② 中国信息通信研究院：《全球海底光缆产业发展研究报告（2023 年）》, http：//www.caict. ac. cn/kxyj/qwfb/ztbg/202307/P020230718390842938808. pdf。

70.8%被海洋所覆盖，亚非欧大陆、美洲大陆、大洋洲之间没有直接的陆地连接。全球超过 3/4 的国家拥有海岸线，可以通过海缆实现国际通信。此外，陆缆在建设的过程中涉及的跨境审批和征地问题也比海缆复杂。

　　与卫星通信相比，海缆通信仍具有不可替代的地位。卫星通信作为海缆通信的重要补充，可以满足偏远内陆地区、航空工业和战时通信等需求。然而，卫星通信成本要比海缆高很多。同时，卫星的远距离通信也会造成信号损耗和延迟问题，卫星通信从地球到卫星需要经过 35784 公里，然后再经过同样的距离返回到地球，而跨太平洋的点对点海缆通信仅需经过大约 8000 公里。① 目前卫星通信在国际通信中所占比例并不大。以美国为例，美国联邦通信委员会（FCC）发布的数据显示，卫星通信仅占美国国际通信总量的 0.37%。②

　　与 5G 通信相比，海缆通信主要解决远距离传输问题，而 5G 移动通信解决"最后一公里"短距离数据传输问题。使用手机时，信号通过无线方式传输到最近的信号塔，然后再经由陆缆和海缆实现远距离传输。作为更快捷的无线网络，5G 使更多的设备或传感器连入网络，大幅提升数据传输量，从而也带来了更大的海缆需求。

四　海缆安全问题与应对

　　全球新冠疫情期间，各国对互联网基础设施的依赖进一步加深，同时，俄乌冲突也显示出保护关键基础设施的重要性。尽管各国对海缆战略意义和安全重要性的认知不断深入，但目前在互联网国际治理议程中海缆国际治理并未获得较多的关注。

（一）海缆安全威胁来源

　　作为互联网的核心基础设施，海缆安全问题至关重要，一旦被毁坏可能

---

① ICPC，"Frequently Asked Questions," https：//www.iscpc.org/information/frequently-asked-questions/#，2024-1-14.

② Telegeography，"Submarine Cable Frequently Asked Questions," https：//www2.telegeography.com/submarine-cable-faqs-frequently-asked-questions.

导致几大洲的网络通信中断。海缆故障较为常见，平均每年 100 多起。导致海缆故障的主要原因中，渔业占 41%、航运占 16%、其他人为因素占 10%、自然因素占 5%、磨损占 5%、组件故障占 6%、未知因素占 17%。^① 其中，渔业和航运是导致海缆故障的最常见因素。随着地缘政治冲突加剧，针对海缆的网络攻击可能会增多。为确保海缆的物理安全，需要对其进行定期检查和维护。全球大部分电缆船都被用于铺设海缆，仅有少量被用于维修海缆。因此，为了降低维护成本，海缆所有者通常会加入覆盖特定区域的国际联盟。^②

除了保证物理安全，海缆的运营者还需要采取措施确保数据传输的保密性、完整性和可用性。然而，利用海缆获取情报已经成为威胁国家安全的一个重要渠道。早在 20 世纪 90 年代美国情报机构就基本掌握了利用间谍潜艇进行海缆窃听的技术。"斯诺登事件"更是曝光了一个旨在进行全球监听的"上游收集计划"（Upstream Collection）。此外，美国还实施了 Oakstar、Stormbrew、Blarney、Fairview 四个海缆窃听项目，长期拦截了全球至少 200 条海缆中的通信数据，^③ 监控对象甚至包括其诸多欧洲盟友。

为高效处理海缆安全故障问题，全球划分为六大维护区：大西洋维护区（ACMA/APMA）、北美维护区（NAZ）、南太平洋维护区（SPMMA）、东南亚印度洋维护区（SEAIOCMA）、横滨维护区（YOKOHAMA）和地中海维护区（MECMA）。^④

（二）国际公约对海缆的保护规定

保护海缆的国际条约最早签订日期可追溯到 1884 年 3 月在巴黎签署的《保护海底电报电缆国际公约》（International Convention for the Protection of

---

① Telegeography, "Submarine Cable Frequently Asked Questions," https：//www2.telegeography.com/submarine-cable-faqs-frequently-asked-questions.

② CSIS, "Securing the Subsea Network".

③ 武琼等：《中美在海底光缆领域的战略竞争及影响》，《和平与发展》2022 年第 4 期，第 95 页。

④ 王秀卫：《论南海海底电缆保护机制之完善》，《海洋开发与管理》2016 年第 9 期，第 3~6 页。

Submarine Telegraph Cables 或 Paris Convention，以下简称《巴黎公约》）。①
目前，《巴黎公约》对 36 个缔约国有效，缔约国根据公约条款履行保护海
缆义务。《巴黎公约》为公海海床上的海缆提供了保护。公约共十七条，其
核心规定如下。

第二条规定，"故意或因重大过失，破坏或损坏海底电缆，以致可
能全部或部分中断或妨碍电报通信者，为应受惩罚之犯罪行为"。

第四条规定，"在铺设或修理自己的缆线时，弄断或弄伤另一条缆
线"的缆线所有者，必须承担修理弄断或弄伤缆线的费用，且不影响
公约第二条的适用性。

第七条规定，"船舶或船只的所有人如能证明他们为避免损坏海底
电缆而牺牲了锚、网或其他渔具，则应从电缆所有人处获得赔偿"。

根据上述规定，破坏海底电缆的行为应受到惩罚。此外，所有船舶在作
业时都必须与铺设电缆的船舶保持 1 海里（1.9 公里）的距离。任何船只如
果不小心钩住了电缆，为避免损坏电缆，而牺牲了渔网，都可以得到设备损
失赔偿。

《巴黎公约》是唯一专门保护海底电缆的国际公约，但由于它缔约时间
较早，缔约国家数量较少，其对海缆的保护作用受限。《联合国海洋法公
约》（The United Nations Convention on the Law of the Sea）② 是公认的、适用
范围更广的国际条约。"Convention"一词有"会议"与"公约"的含义，
所以《联合国海洋法公约》通常指联合国曾召开的三次海洋法会议，以及
1982 年第三次会议所通过的海洋法公约。公约于 1994 年 11 月起正式生效，

---

① National Oceanic and Atmospheric Administration, "Submarine Cables – International Framework,"
https：//www.noaa.gov/general－counsel/gc－international－section/submarine－cables－international－
framework, Last Updated March 20, 2023.

② United Nations Division for Ocean Affairs and the Law of the Sea, "The United Nations Convention on
the Law of the Sea: A Historical Perspective," https：//www.un.org/depts/los/convention_
agreements/convention_ overview_ convention. htm, Page Last Updated, 21/07/2023.

全文由 320 个条目和 9 个附件组成，如今，它已成为全球公认的处理与海洋法有关的所有事项的制度依据。截至 2016 年 6 月，欧盟及 167 个国家已成为该公约的缔约方。然而，美国虽然在联合国第一次海洋法会议后，于 1961 年批准了《公海公约》和《大陆架公约》，但尚未加入 1982 年达成的《海洋法公约》。①

1958 年 2~4 月，联合国第一次海洋法会议在日内瓦召开，达成了 4 项公约及 1 项议定书，即《领海及毗连区公约》（Convention on the Territorial Sea and the Contiguous Zone）、《公海公约》（Convention on the High Seas）、《大陆架公约》（Convention on the Continental Shelf）、《捕鱼及养护公海生物资源公约》（Convention on Fishing and Conservation of the Living Resources of the High Seas）和《关于强制解决争端的任意议定书》（Optional Protocol of Signature Concerning the Compulsory Settlement of Disputes）。其中，《公海公约》和《大陆架公约》吸纳了《巴黎公约》中关于海缆保护的相关规定，确认了所有国家均有权在公海海床上铺设海底电缆。

1960 年，联合国召开了第二次海洋法会议，但是并未达成新的决议。

1973 年，联合国召开了第三次海洋法会议，并计划提出包含早前达成共识的更为全面的海洋法公约，但直到 1982 年 12 月才在牙买加蒙特哥湾的会议上达成共识。在中文语境中，《联合国海洋法公约》通常是指 1982 年的决议条文。公约由主体（17 个部分共计 320 个条目）和 8 个附件构成，其中，有 10 条涉及海缆保护及治理，如表 4-1 所示。

表 4-1　《联合国海洋法公约》中海缆保护及治理条款规定

条目	名称
第二十一条	沿海国关于无害通过的法律和规章（注：涉及保护海底电缆的内容）
第五十一条	传统捕鱼权利和现有海底电缆协定

---

① National Oceanic and Atmospheric Administration, "Submarine Cables - International Framework," https://www.noaa.gov/general-counsel/gc-international-section/submarine-cables-international-framework, Last Updated March 20, 2023.

续表

条目	名称
第五十八条	其他国家在专属经济区内的权利和义务(注:涉及铺设海底电缆的自由)
第七十九条	大陆架上的海底电缆和管道
第八十七条	公海自由(注:涉及铺设海底电缆的自由)
第一一二条	铺设海底电缆和管道的权利
第一一三条	海底电缆或管道的破坏或损害
第一一四条	海底电缆或管道的所有人对另一海底电缆或管道的破坏或损害
第一一五条	因避免损害海底电缆或管道而遭受的损失的赔偿
第二九七条	适用第二节的限制(注:涉及铺设海底电缆的自由和权利)

资料来源:《联合国海洋法公约》,https://www.un.org/depts/los/convention_ agreements/texts/unclos/unclos_ c.pdf。

(三)国际组织在海缆治理中的作用

国际缆线保护委员会 (International Cable Protection Committee,ICPC) 是较早成立的海底电缆行业的重要国际组织。该委员会成立于 1958 年,总部位于英国,最初取名为"缆线损坏委员会"(Cable Damage Committee),于 1967 年更名。[1] 委员会的宗旨是保障海底电缆安全,使其免受人为和自然损害。国际缆线保护委员会成员主要包括拥有或运营海底通信和电力缆线的政府管理部门和企业,以及与海底电缆行业有关的其他公司(如海底缆线维护机构、海底缆线系统制造商、缆线船运营商或海底电缆线路勘测公司等)。截至 2023 年 10 月,该委员会共有来自 70 多个国家或地区的 200 多名成员。委员会为各界提供了一个交流相关技术、法律和环境信息的重要平台,并承担五项重要职责:①深化各国政府和海底其他用户(如渔业)对海底电缆作为关键基础设施的认知;②制定国际缆线安装、保护和维护规定;③监测国际条约和国家立法的变化,确保海底缆线权益得到充分保护;④赞助有利于保护海底电缆的项目或计划;⑤与联合国相关机构及其他相关

---

[1] https://www.iscpc.org/about-the-icpc/history/。

国际协会保持联系。在管理方面，国际缆线保护委员会通过选举产生执行委员会，并要求所有成员遵守委员会制定的《竞争法行为守则》①，通常每年第二季度举行全体成员大会②。

国际海底管理局（International Seabed Authority，ISA）③是管理国际海底区域及其资源的国际组织，于 1994 年 11 月《联合国海洋法公约》生效时成立，总部位于牙买加金斯敦。国际海底管理局是缔约国根据《联合国海洋法公约》和联合国大会 1994 年 7 月第 48/263 号决议通过的《关于执行〈联合国海洋法公约〉第十一部分的协定》组织的"区域"内活动的政府间组织，也是管理"区域"内海缆的组织。根据《联合国海洋法公约》，所有缔约国都是国际海底管理局的成员。截至 2023 年 5 月，国际海底管理局共有 169 个成员，包括 168 个会员国和欧洲联盟。

奥斯陆/巴黎保护东北大西洋海洋公约委员会（Oslo/Paris Convention for the Protection of the Marine Environment of the North-East Atlantic）是一个区域性国际组织，成立于 1974 年。④ 该委员会编写了《海缆环境影响评估（2009 年）》并制定了不具约束力的《海缆铺设和运行最佳环境实践指南》（2009 年），希望最大限度地减少海缆安装可能对环境造成的破坏。⑤

（四）国家对海缆的保护

各国也采取了不同的保护措施，如表 4-2 所示。

在美国，有一整套适用于光缆铺设、维护、修理和拆除作业的法规。不同的部门依据不同的法规行使其监管权。隶属于美国商务部的国家海洋与大气署（National Oceanic and Atmospheric Administration）是美国海底电缆的主要监管机构之一，主要依据《国家海洋保护区法案》（National Marine

---

① ICPC Competition Law Code of Conduct.
② About the ICPC，https：//www.iscpc.org/about-the-icpc/.
③ About ISA：https：//www.isa.org.jm/.
④ Extract from "The Oslo and Paris Commissions：The First Decade," https：//www.ospar.org/site/assets/files/1201/extract_ from_ the_ first_ decade_ oslo_ paris_ conventions.pdf.
⑤ Submarine Cables - Domestic Regulation，https：//www.noaa.gov/gc - international - section/submarine-cables-domestic-regulation.

Sanctuaries Act)、《海岸带管理法案》（Coastal Zone Management Act），以及州一级层面的相关立法开展海缆监管和保护工作。联邦通信委员会则对海底电缆在美国的登陆拥有监管权，并依据《1921 年电缆登陆许可证法》（Cable Landing License Act of 1921）为与美国直接或间接相关的海底电缆办理许可证。①

在欧盟，虽然尚未制定涉及数据海缆保护的政策、战略、倡议或计划，但有多个机构负责海缆的监管工作，如欧洲边境和海岸警卫局、欧洲防务局、欧洲环境署、欧洲渔业控制局、欧盟网络安全局和欧洲海事安全局等。② 欧盟委员会内部的连接与通信司（CNECT）、流动与运输司（MOVE）和海洋事务与渔业司等也参与相应的海缆保护与监管工作。主要有三种监管模式：一是由国家安全驱动的政府监管，如法国和葡萄牙；二是由行业主导的监管安排，如丹麦；三是由民间主导的监管模式，如马耳他。③

在中国，建有保护海缆的法律法规体系。其中，《铺设海底电缆管道管理规定》（1989 年）和《海底海缆管道保护规定》（2004 年）对海缆铺设的行政许可和海缆保护等提出了规范要求。此外，《中华人民共和国刑法》中破坏公用电信设施罪的相关条款也适用于海缆保护。

在澳大利亚、新西兰、新加坡等国家，政府管理部门对破坏海缆的行为予以重罚。在澳大利亚，通信与媒体保护局在东海岸和西海岸水域设立了三个海缆保护区，对于破坏海缆的行为最高可判处 10 年监禁和处以 4 万澳元（约 2.7 万美元）的罚款；在新西兰，故意或因过失破坏海缆的行为将被处以最高 25 万新西兰元（约 15 万美元）的罚款；在新加坡，一家私营建筑

---

① Submarine Cables – Domestic Regulation, https：//www. noaa. gov/gc – international – section/submarine-cables-domestic-regulation.

② Christian Bueger, Tobias Liebetrau, Jonas Franken, Security Threats to Undersea Communications Cables and Infrastructure Consequences for the EU, https：//www. europarl. europa. eu/thinktank/en/document/EXPO_ IDA（2022）702557, p. 40.

③ Christian BUEGER, Tobias LIEBETRAU, Jonas FRANKEN, Security Threats to Undersea Communications Cables and Infrastructure Consequences for the EU, https：//www. europarl. europa. eu/thinktank/en/document/EXPO_ IDA（2022）702557, p. 38.

公司因施工时损坏了多条电信电缆，被处以 30 万新元（约 22 万美元）的
罚款。①

表 4-2　与海缆保护相关的国家立法

国家	相关法律法规
澳大利亚	《澳大利亚通信和媒体管理局法案》(2005)
	《海底电缆和管道保护法案》(1963)
	《1997 年电信法案》(1997)
阿根廷	《航海法》(不详)
法国	《法国邮政和电子通信法》(不详)
哥伦比亚	《一般海事指南》(2012)
加拿大	《加拿大环境评估法案》(2012)
	《加拿大可航行水域法案》(1985)
加纳	《加纳航运(近海作业和资产)条例》(2012)
美国	《海底电缆法案》(1888)
	《国家环境政策法案》(1969)
	《沿海地区管理法案》(1972)
日本	《日本电信商业法》(1984)
新加坡	《新加坡 2010 年海底电缆部署指南》(2010)
	《新加坡 2010 年海底电缆维修指南》(2010)
新西兰	《1966 年海底电缆和管道保护法案》(1966)
	《1996 年海底电缆和管道保护法案》(1996)
英国	《海底电报法案》(1885)
	《海洋和海岸准入法案》(2009)
印度	《领水、大陆架、专属经济区和其他海区法》(1976)
印度尼西亚	《1999 年海底电缆管理条例》(1999)
越南	《关于加强海底电缆保护和确保国际电信安全的指令》(2007)
中国	《铺设海底电缆管道管理规定》(1989)
	《中华人民共和国海域使用管理法》(2001)
	《海底电缆管道保护规定》(2004)

① William Yuen Yee, *Laying Down the Law Under the Sea：Analyzing the US and Chinese Submarine Cable Governance Regimes* , Publication：China Brief Volume：23 Issue：14， https：//jamestown. org/program/laying-down-the-law-under-the-sea-analyzing-the-us-and-chinese-submarine-cable-governance-regimes/.

五 海缆国际竞争

从 19 世纪中期起，英国的海缆建设使世界通信业发生了革命性变化。19 世纪 80 年代至 20 世纪 30 年代，美、德、法等国围绕海缆在北大西洋展开了一系列战略竞争。如今，以新一代信息技术为核心的第四次工业革命方兴未艾，具有显著的经济价值的海缆再次成为大国竞争的重要领域之一。[①]未来 10 年，陆续达到退役年限的海缆合计 148 条，全球进入新一轮海缆建设机遇期。[②] 国际地缘政治与数字战略竞争交互影响，导致海缆市场出现前所未有的激烈竞争局面。

（一）美国

在互联网商业化浪潮中，美国受益于先发优势，占据了全球海缆网络的中心地位，有 80 多条海缆在美国登陆，给美国带来了巨大的经济和战略利益。海缆既是美国价值观输出的重要渠道，也是美国进行外交和军事行动的重要基础设施。不过，随着互联网在发展中国家和地区的普及，新的通信技术被广泛使用，外加主要国家和地区调整全球网络发展战略，美国在全球海缆网络的中心地位呈下降趋势。

为维护在网络空间基础设施层的霸权地位，美国先后推出了"蓝点网络计划"（Blue Dot Network）和"清洁网络计划"（Clean Network Program）。2019 年 11 月，美国、澳大利亚、日本在泰国曼谷举行的印太商业论坛上联合发起了"蓝点网络计划"。2019 年 12 月，美国政府将海外私人投资公司和美国国际开发署下属的发展信贷管理局合并，成立了新的美国国际发展金融公司（DFC）。2020 年 3 月，美国国际发展金融公司批准了 1.9 亿美元贷款，用于铺设连接新加坡、印尼和美国的全长 1.6 万公里的海缆。这条海缆是全球最长的海底通信线缆。2020 年 8 月，特朗普政府在扩展版"清洁网络计划"中发起了"清洁线缆"（Clean Cable）倡议，试图阻止中国公司参

[①] 武琼等：《中美在海底光缆领域的战略竞争及影响》，《和平与发展》2022 年第 4 期，第 95 页。
[②] 中国信息通信研究院：《全球海底光缆产业发展研究报告（2023 年）》，http：//www.caict.ac.cn/kxyj/qwfb/ztbg/202307/P020230718390842938808.pdf。

与海缆建设，以维持美国在网络通信线缆领域的垄断地位和监控便利。此外，美国还推出了零信任（Zero-trust Technologies）技术策略，采用先进的加密技术和入侵检测技术，并加强对来自别国供应商海缆网络的安全审查。

（二）欧盟

欧盟与全球互联网的连接基于约 250 条线缆系统，其中，2/3 铺设在大西洋、地中海、北海和波罗的海等海域。[①] 因而，欧盟将海缆视为维护"数字主权"的重要领域之一，并采取了系列行动。《2020 年欧盟安全联盟战略》（EU Security Union Strategy）从物理和网络两方面强调了数字基础设施保护的重要性。2021 年 1 月，欧盟理事会轮值国葡萄牙强调，欧盟需要借助海缆连接欧洲、非洲和南美洲，建立欧洲数据平台。2022 年 6 月，欧盟议会智库发布《海底通信电缆和基础设施面临的安全威胁——对欧盟的影响》（Security Threats to Undersea Communications Cables and Infrastructure：Consequences for the EU）。2023 年 10 月，欧盟官员对于发生在爱沙尼亚和芬兰之间的海缆破坏事件展开了调查，并就成员国过于依赖少数海缆的现状发出了警告。事实上，在该事件发生前，欧盟网络与信息安全局于当年 7 月发布了《为何海底电缆利益攸关?》（Subsea Cables：What is at Stake?），强调海缆的重要性，并建议加强对海缆安全的监管和保护。欧盟计划在 2024 年推出海缆投融资项目，计划投建两条线路：一条是"欧洲环"（EuroRing），作为欧洲自身互联网流量的主干线路；另一条是"全球环"（Global Ring），作为"战略性全球网关连接"。[②]

（三）中国[③]

中国在国际海缆建设方面与欧美发达国家相比还存在明显差距。在海缆

---

① Christian Bueger，Tobias Liebetrau，Jonas Franken，"Security Threats to Undersea Communications Cables and Infrastructure Consequences for the EU，" https：//www. europarl. europa. eu/thinktank/en/document/EXPO_ IDA（2022）702557.

② Mathieu Pollet，"EU Looks to Boost Secure Submarine Internet Cables in 2024，" https：//www. politico. eu/article/eu-looks-to-boost-secure-submarine-internet-cables-in-2024/，2024-01-28.

③ 陆国亮：《国际传播的媒介基础设施：行动者网络理论视阈下的海底电缆》，《新闻记者》2022 年第 9 期。

数量方面，中国大陆登陆的国际海缆系统仅有 10 条。[①] 而截至 2023 年 5 月美国获得 FCC 许可的海底电缆系统已达 88 条（包括正在运行和计划投入使用的海缆）。[②]

近些年，中国对海缆的战略价值的关注度显著提升。在战略规划方面，《推动共建丝绸之路经济带和 21 世纪海上丝绸之路的愿景与行动》（2015 年）和《"一带一路"建设海上合作设想》（2017 年）均强调推动"规划海底光缆项目"，并已付诸行动。在能力发展方面，当前我国的海缆产业在设备、光缆、系统集成、维护等环节基本具备自主能力。成立于 2008 年的华海通信（前身为华为海洋），现已跻身世界四大海底电缆建造商之列，已承建了 134 个海缆项目，签约交付 9.4 万公里海缆。[③]

随着无线和卫星技术的不断发展，在可预见的未来，海底电缆仍然是全球范围内传递数字信息最快、最有效和成本最低的方式。伴随数据中心、5G、物联网，以及人工智能的发展，工业生产、公共服务和日常生活的数字化程度将进一步提升。未来的数字化将更加依赖海缆的顺畅。然而，国际海缆存在形态的隐蔽性及其技术应用和管理方面的专业性，使得其尚未成为国际互联网治理中的一个重要领域。目前，在互联网时代，主要国家之间的海缆战略竞争日益激烈。与此同时，随着国际地缘冲突增多，海缆遭受国际恐怖主义和有组织犯罪破坏的风险增加。现有海缆国际保护体系的有效性将面临更多的挑战。提升海缆国际监管与协调工作在国际政治议题中的重要性、建立健全国际海缆保护国际机制、完善海缆保护的国际体系将成为海缆国际治理进程中的三大难题。

---

① Submarine Cable Networks, https://www.submarinenetworks.com/en/stations/asia/china, 2024-01-29.

② Submarine Cable Networks, https://www.submarinenetworks.com/en/stations/north-america/usa-west, 2024-01-29.

③ 中国信息通信研究院：《全球海底光缆产业发展研究报告（2023 年）》，http://www.caict.ac.cn/kxyj/qwfb/ztbg/202307/P020230718390842938808.pdf。

第二节　移动通信的发展与国际博弈

目前，移动通信网络已成为人们日常最常见的无线接入互联网的方式之一。截至 2024 年 1 月，全球手机用户达 56.1 亿，占全球总人口的 69.4%，超过互联网用户数量（53.5 亿）。[①] 移动网络的普及促进了互联网与社会各行各业的深度融合。各种应用程序的井喷式发展使以互联网为基础的"第五空间"名副其实。

一　移动通信技术迭代简史

从 20 世纪 80 年代开始，移动通信技术大约每 10 年就完成一次迭代，至今，已经历了五代演进，每一代依次被简称为 1G、2G、3G、4G 和 5G。第一代（The First Generation，1G）系统专门用于模拟语音通信。第二代（2G）系统最初也是为语音设计的，但已升级到数字语音，即实现了从"模拟"向"数字"的巨大转变。后来，又扩展至对数据传输（即互联网）的支持（2.5G）。2007 年苹果公司首次发布 iPhone 手机，标志着智能手机的兴起，随后催生了大量数据传输需求。与 1G 一样，2G 没有全球标准化，存在多种技术标准的移动电话通信系统。其中，20 世纪 80 年代始于欧洲的全球移动通信系统（Global System for Mobile communication，GSM）是作为欧洲统一的 2G 标准诞生的。该系统从 1991 年开始部署，虽然在美国的推广速度较慢，但在全球很快便成为占主导地位的系统。第三代（3G）系统同样支持语音和数据，但更为强调数据传输能力和更高速的无线接入链路。1992 年，ITU 提出了 3G 愿景的实现蓝图——国际移动通信 2000（International Mobile Telecommunications-2000，IMT-2000）。ITU 为 IMT-2000 设想了统一的全球技术要求。但后来的事实证明该设想过

[①] Wearesocial，"Digital 2024: Global Overview Report，"https: //www. meltwater. com/en/global-digital-trends? utm_ source = pr&utm_ medium = web&utm_ campaign = web-pr-kepios_ global_ digital_ trends_ report_ press_ release - 012024&utm_ content = content-download，January，2024.

于乐观。由于政治原因，欧美都希望能沿用自身的技术系统，最终形成欧盟的 WCDMA 和美国的 CDMA2000 两大阵营。尽管没有实现 ITU 预先设想，但 IMT-2000 相较于前两代全球标准的协调程度有了较大的进步。IMT-2000还有一项重要的成果是 1998 年 12 月设立的"第三代合作伙伴项目"（3rd Generation Partnership Project，3GPP）。3GPP 最初的目标是推进 IMT-2000落实和实现全球性（第三代）移动电话系统的规范化发展。随着通信技术的迭代，3GPP 的工作延续至今，已成为引领全球通信行业发展的重要标准化组织。第四代（4G）移动通信系统采用了数据分组交换技术。[①] 移动通信技术与互联网应用深度结合，对生产生活的颠覆性影响快速显现。网络空间作为人类新的活动空间的特质愈发凸显。原本存在于技术和经贸领域的移动通信技术国际竞争议题，随着特朗普政府的强力介入而进入了大众的视野。

二　5G 大国战略博弈与发展

移动通信的迭代通常以新一代的标准确立为标志。每次迭代，通信设备将围绕新标准展开研发，并进行大规模升级换代。巨大的经济效益也引发了激烈的国际竞争。从 1G 到 4G，移动通信的国际标准趋于统一。美国凭借 4G 全球主导权，塑造了一个由网络供应商、设备制造商和应用程序开发商组成的全球生态系统。5G 全球主导权关乎全球万亿级产业升级，因而，美国政府为维持全球经济霸权，必须掌握 5G 全球主导权。从前四代移动通信技术迭代情况可以看出竞争主要在美欧之间展开。到了第五代，竞争格局发生了显著变化，中国 5G 领域快速发展。

（一）美国5G 战略演进及其影响

5G 商用冲刺阶段正值特朗普执政期（2017 年 1 月至 2021 年 1 月）。美国的 5G 战略作为其全球战略的组成部分，不仅对全球的科技合作产生了巨大冲击，也对世界地缘政治格局演变产生了重要影响。

---

① 安德鲁·S. 特南鲍姆等：《计算机网络（第 6 版）》，潘爱民译，清华大学出版社，2022。

2018 年 3 月，特朗普政府挑起中美贸易摩擦，随后不久，焦点迅速转移至高新技术领域，尤其是正处于技术标准制定和产业布局战略机遇期的5G 领域。4 月 16 日美国商务部宣布，未来 7 年将禁止美国公司向中兴通讯出售零部件、商品、软件和技术。随后，制裁对象拓展至处于全球 5G 领导者地位的华为公司。2018 年 8 月，美国咨询公司德勤发布报告称，美国在5G 领域落后于中国、日本等国，并有可能失去潜在的经济利益。2018 年 12月，美国政府制造了震惊全球的"孟晚舟事件"①。2019 年是全球 5G 商用开启之年。为获得全球主导权，美国政府加大了对华实施的 5G 竞争舆论渲染和遏制措施的力度。2019 年 4 月，美国国防部在《5G 生态系统：国防部的风险和机遇》中指出，如果中国在 5G 发展中处于领先地位，将对美国的全球政治经济地位构成严重威胁，因而建议"采用拖慢中国 5G 产业发展速度的办法来赢得胜利"。② 随后，特朗普总统在关于美国 5G 部署活动期间发表演讲称，"美国必须赢得 5G 竞争的胜利"，而且"决不允许其他国家在未来 5G 产业发展中超过美国"。③

因此，为推动 5G 的建设与发展，特朗普政府自 2020 年起密集推出了与 5G 相关的法案和战略，包括《促进美国 5G 国际领导力法案》《促进美国无线领导力法案》《保障 5G 安全及其他法案》《安全和可信电信网络法》《国家 5G 安全战略》，试图争夺 5G 国际技术标准、全球新基建市场和 5G商用市场的主导权。为确保 5G 战略实施，2021 年 1 月美国政府发布了更全面的《5G 安全国家战略实施计划》。

（二）美国5G 战略举措：布拉格5G 安全会议分析④

除了对华采取强力打压措施和加强 5G 战略规划部署外，美国还积极寻

---

① 2018 年 12 月 1 日，在美国政府授意下，时任华为首席财务官的孟晚舟女士在加拿大转机时，被加方无理拘押。在中国政府的不懈努力下，直到 2021 年 9 月 25 日孟晚舟才重新回到中国。

② U. S. Department of Defense, "The 5G Ecosystem：Risks & Opportunities for DoD," April 3, 2019.

③ "Remarks by President Trump on United States 5G Deployment," https：//www. whitehouse. gov/briefings-statements/remarks-president-trump-united-states-5g-deployment/, 2021-1-10.

④ https：//www. praguecybersecurityconference. com/.

求盟友的协助。在美国 5G 战略实施过程中，布拉格 5G 安全会议及相关提案是其重要的国际举措之一。

2019 年 5 月 2~3 日，来自美国、日本、韩国、澳大利亚、加拿大、法国、德国、荷兰、挪威、新加坡、瑞典、瑞士等 32 个国家的代表，欧盟、北约以及 4 个全球移动网络组织的代表，在捷克首都布拉格召开了第一届 5G 安全准则讨论会。而作为 5G 技术领先国家，中国及其相关企业代表并未受邀出席大会。美国通过联合盟国舆论造势的方式隐蔽地揭开了其全球 5G 战略竞争的序幕。与会方虽未签署具有实质性约束力的相关协议，但以主席声明形式发布了《关于全球数字化世界中通信网络的网络安全的布拉格提议》，从政策、技术、经济、安全四个维度提出了部署 5G 网络时应采取的措施，在一定程度上起到了在"关键时刻"① 凝聚美西方国家"共识"的作用。这次会议促成的所谓"5G 安全"共识，是 5G 安全问题政治化和工具化的开端，也是关于 5G 安全国际舆论发展史中重要的节点事件，对部分国家的 5G 部署决策有显著影响。

受全球新冠疫情影响，2020 年 9 月 23~24 日第二届布拉格 5G 安全会议改为在线上召开。主办方称会议邀请到包括政府、研究机构和主要运营商在内的 1100 名代表。会议议题较上一届有所拓展，包括 5G 技术研发、关键基础设施防护、供应链安全、供应商风险评估、Open RAN 等，重点聚焦防范供应链安全风险。各国关注点从单个企业、行业风险上升至整体产业链的生态风险，旨在共同抵制"不可信供应商"参与 5G 建设。第二届会议未发布主席声明，但会前宣布的"布拉格 5G 数据库"（Prague 5G Repository）项目已于 2020 年 6 月启动，并号召与会者积极参与。"布拉格 5G 数据库"是一个虚拟图书馆，收集了近年来应对 5G 挑战的可共享和具

---

① 全球 5G 商用即将进入发展快车道。美国方面，2018 年 10 月起，Verizon 正式开展商用 5G 无线宽带业务；12 月 21 日，AT&T 在 12 个城市率先推出移动 5G 服务，2019 年 4 月 Verizon 宣布提供 5G 移动商用服务。韩国方面，2018 年 12 月韩国三大运营商宣布 5G 商用，初期面向企业用户；2019 年 4 月韩国三大运营商宣布 5G 移动网络商用；中国方面，截至会议召开时，尚未开启商用，2019 年 6 月工信部发放 4 张 5G 牌照。

体的工具、文件、法律法规、评估框架和解决方案等。布拉格 5G 安全会议与美国 5G 战略的紧密性显著增强。一是 2020 年 5 月，捷克与美国签署了《关于 5G 网络安全的共同宣言》。二是美国 2020 年推出的"清洁网络计划"将布拉格会议发布的"5G 安全提案"作为重要的"清洁标准"文件之一。

2021 年 11 月 30 日至 12 月 1 日，由捷克政府发起并组织的布拉格 5G 安全会议①在线上召开。这次会议由捷克国家网络和信息安全局②与外交部合作主办，来自美国、欧盟、北约等国家或地区的几十位 5G 网络和网络安全专家参加了会议。会议主要讨论了 5G 安全、新兴和颠覆性技术两个议题，并以主席声明的方式发布了两份提案③：《关于电信供应商多样性的布拉格提议》，对 5G 供应链安全及供应商选择提出更为具体的建议；《关于新兴和颠覆性技术网络安全的布拉格提议》，将与 5G 相关的前沿技术全部纳入，进一步扩大技术安全考量范围。两份提议从主题和内容上看是对 2019 年提案的进一步细化和扩展。

第四届布拉格 5G 安全会议于 2022 年 11 月 3~4 日召开，并更名为布拉格网络安全会议，重点讨论 5G 及下一代网络、新兴和颠覆性技术等战略基础设施的供应链安全。针对供应链安全，增加数据安全的维度，并将其作为创新生态系统的先决条件。

布拉格 5G（网络）安全会议及其相关提案对于增强与会国在 5G 基础设施安全的重要性方面的意识有一定的积极意义，但是对全球地缘政治格局

---

① Prague 5G Security Conference 2021.

② 国家网络和信息安全局（The National Cyber and Information Security Agency）是捷克共和国网络安全的中央管理机构，成立于 2017 年 8 月，主要职责是负责捷克信息与通信系统中的机密信息保护和密码保护，以及"伽利略计划"（Galileo Programme）下全球导航卫星系统的公共管制服务。该局下设法律与行政处、国家网络安全中心、信息安全处、局长内阁等。该局定期参加国家安全委员会的会议，是网络安全委员会的成员。网络安全委员会是国家安全委员会中负责协调和规划捷克共和国网络安全措施的常设工作机构。

③ The Prague Proposals, The Chairman Statement on Telecommunications Supplier Diversity；The Prague Proposals, The Chairman Statement on Cyber Security of Emerging and Disruptive Technologies.

演变和 5G 发展都产生了较大的消极影响。5G 网络安全问题是全球各国共同面临的重要问题，国际标准化组织 ISO/IEC JTC1/SC27（信息安全、网络安全和隐私保护部分技术委员会）、国际电信联盟电信标准化部门（ITU-T）、第三代合作伙伴计划标准化组织（3GPP）等国际组织发布的与 5G 网络安全相关的标准已覆盖信息安全管理、供应链安全管理、IT 化网络设施安全、5G 基础共性、应用与服务安全等领域，同时在数据安全和安全运营管控等方面也正在开展有针对性的研究。然而，布拉格 5G 安全会议并未聚焦 5G 技术安全问题本身，而是以意识形态和地缘政治亲疏关系为依据，过度强调非技术因素，不可避免地为第五代移动网络的启用埋下了冲突的基调，将技术问题高度政治化、意识形态化、阵营化，更是将会误导和妨碍实际问题的解决。布拉格 5G（网络）安全会议可能带来的主要负面影响包括：一是以意识形态为阵营分裂全球网络；二是增加各国管理、经济等方面的成本，延缓全球 5G 发展进程；三是导致与数字产业密切相关的供应链波动乃至断裂，降低全球创新效率；四是激化国家间数字贸易冲突，影响全球经济复苏，加剧国际格局动荡。

（三）美国5G 战略举措："清洁网络计划"

"清洁网络计划"是美国 5G 战略中的重要举措之一。2020 年 4 月底，美国提出了"清洁 5G 路径"。8 月 5 日，正式公布了扩展版"清洁网络计划"，[①] 将范围扩展至运营商、应用商店、应用程序、云服务和通信电缆新领域。美国并未公布"清洁网络计划"的正式文本，但根据美国政府官网"清洁网络计划"专题的相关信息，该计划主要通过"清洁标准""清洁领域""清洁联盟"三条路径实施。

首先，"清洁标准"体系使结盟行动具备可操作性和国际合法性。扩展版计划公布之初，布拉格会议提案和《电信网络和服务的安全信任标准》率先被纳入"清洁标准"体系。前者是美国于 2019 年 5 月联合 32 国代表制定的 5G 安全国际审查标准，后者是美国战略与国际问题研究中心于 2020

---

① U. S. Department of State, Secretary Michael R. Pompeo at a Press Availability, August 5, 2020.

年 5 月召集来自亚、欧、美 25 名专家制定的可供政府及网络运营商判断电信供应商是否安全可信的工具。2020 年 10 月，美国与欧盟共同发布了《关于欧盟和美国在电信基础设施安全方面伙伴关系重要性的声明》，强调美国将与欧盟致力于共同制定 5G 安全原则，增强欧盟《5G 网络安全工具箱》和美国"清洁网络计划"之间的协同性。

其次，扩展版"清洁网络计划"共包含以下领域。具体而言，"清洁 5G 路径"要求建立最高安全标准的"端到端"通信路径，禁止使用来自不可信的 IT 供应商的任何传输、控制、计算以及存储设备。"清洁运营商"禁止中国电信运营商向美国或在美国本土提供国际电信服务，旨在切断中国电信运营商与美国网络的直接连通。"清洁应用商店"要求从美国的应用商店中移除所谓"不受信任"的应用程序。"清洁应用程序"试图限制中国硬件设备预装或从应用商店下载美国软件。"清洁云服务"禁止中国公司参与美国的云服务业务，意在避免数据存储在中国企业的云服务器上。"清洁通信电缆"则试图禁止中国公司参与海底电缆建设，以维持美国在网络通信电缆领域的垄断地位和监控便利。①

最后，结成"清洁联盟"也是计划实施的重要路径之一。全球各大网络运营商不仅承担着国际网络运维的重任，也是网络空间治理的重要行为主体，因而"清洁联盟"分为"清洁国家"和"清洁电信公司"两类。一个国家只要加入美国的"清洁网络计划"，就意味着该国及其电信公司要禁止使用美国宣称的所谓"不可信电信供应商"的设备。美国推出"清洁网络计划"后便开始拉拢欧洲，并将该计划纳入跨大西洋合作框架。2020 年 9~10 月，美国"清洁网络计划"主要负责人副国务卿基思·克拉奇（Keith Krach）出访欧洲，重点讨论"清洁 5G 基础设施"、美欧数字合作及建立"跨大西洋清洁网络"（Transatlantic Clean Network）等议题。克拉奇宣称，截至 2020 年 12 月，已有超过 50 个国家和地区及

---

① Mike R. Pompeo, "Announcing the Expansion of the Clean Network to Safeguard America's Assets," https://www.state.gov/announcing-the-expansion-of-the-clean-network-to-safeguard-americas-assets/.

180 多家电信公司加入了"清洁网络计划"。其中，参加方包含北约 30 个成员中的 27 个、经济合作与发展组织 37 个成员中的 32 个、欧盟 27 个成员中的 26 个、"三海倡议" 12 个成员中的 11 个，以及"五眼联盟"全部 5 个成员。[①] 同时，美国的游说活动扩展到非洲（埃及）、北美洲（多米尼加、牙买加、墨西哥）、南美洲（巴西、智利、厄瓜多尔）、大洋洲（澳大利亚、新西兰、瑙鲁），以及中东（巴林）等地。谋求全球范围的"清洁联盟"是美国下一阶段的目标，最终建立所谓的"公平、统一的地缘经济网络"。

虽然"清洁网络计划"并未直接以"5G"命名，但无论是"清洁标准"体系还是"清洁领域"以及"清洁联盟"都高度聚焦 5G 领域。先行披露的清洁"5G 路径"既是"清洁网络计划"的行动起点，也是整个计划的基础和核心，后续公布的新领域分别聚焦 5G 网络生态的基础设施建设、运营、存储、传输和应用等方面。而以"网络"命名可以更好地掩饰特朗普政府为争夺 5G 全球主导权所采取的不正当手段。

美国试图借由所谓的"清洁标准"美化其意图和使命，企图借助既有同盟关系的信任基础，以及美欧文化与价值观的相近性，达到在网络空间大国竞争中排除异己的目的。然而，事实上，"清洁网络计划"以"美国优先"为准则，既损害了全球利益，也难以如美国所愿助其赢得 5G 全球主导权，可谓损人也不利己。

（四）全球5G 竞争发展概况

2019 年 4 月美国和韩国推出 5G 移动服务后，全球 5G 部署进程加快，因此 2019 年也被视为全球 5G 发展元年。全球移动供应商协会（GSA）统计数据显示，截至 2023 年 1 月，全球有 243 个 5G 商用网络。美国、中国、韩国、日本，以及欧洲是全球 5G 发展最为迅速的国家和地区。

---

① Michael Mink，"How the Clean Network Alliance of Democracies Turned the Tide on Huawei in 5G," https：//www. lifeandnews. com/articles/how － the － clean － network － alliance － of － democracies－turned－the－tide－on－huawei－in－5g/.

表 4-3　全球 5G 发展概览

项目	2022 年	2023 年	2025 年	2030 年
频谱分配	71 个国家	约 40 个国家 （新增国家或新增频谱）	—	—
网络覆盖 （覆盖全球人口）	32%	35%	46%	62%
商用部署	91 个国家 237 家运营商	121 个国家 359 家运营商	137 个国家 421 家运营商	225 个国家 640 家运营商
应用推广	10 亿连接数 （采用率 12%）	15 亿连接数 （采用率 17%）	25 亿连接数 （采用率 27%）	54 亿连接数 （采用率 54%）

资料来源：中移智库等：《5G 新技术创造新价值》，https：//www.gsma.com/greater-china/resources/unleashing-new-value-with-new-5g-technology/。

中国拥有全球规模最大的 5G 商用网络。截至 2023 年 10 月，中国已完成了所有地级市、县城城区的 5G 网络覆盖，已建设开通 5G 基站累计达到 321.5 万个，占中国移动基站总数的 28.1%；[①] 已广泛应用于采矿、港口、制造和医疗等领域。

三　全球6G 竞争与国际合作

移动通信技术迭代仍呈加速态势。从发展愿景到技术标准制定再到成熟技术的部署，3G 用了 15 年，4G 用了 12 年，而 5G 仅用了 8 年。[②] 虽然到 2024 年 5G 商用发展也仅有 5 年时间，尚处于方兴未艾阶段，但是移动通信技术先进的国家早已就下一代移动新技术——6G 展开了部署，预计将于 2030 年前后投入使用。目前，全球 6G 发展已进入了布局抢位的关键窗口期。

（一）6G 的技术特征与应用潜力

6G 网络的覆盖范围不再局限于地面，而是实现地面设备、海上设备、

---

① 中国信息通信研究院：《中国 5G 发展和经济社会影响白皮书（2023 年）》，http：//www.caict.ac.cn/kxyj/qwfb/bps/202401/P020240129539090279908.pdf。

② Martijn Rasser, Ainikki Riikonen, Henry Wu, "Edge Networks, Core Policy: Securing America's 6G Future," https://www.cnas.org/publications/reports/edge-networks-core-policy, December 02, 2021, p. 5.

空中机载设备和太空设备的"地—海—天—空"一体化无缝连接，以更大的容量、更快的速度和更直接的方式发送数据包。6G网络速度预计将比5G快100倍，网络延迟进一步减少，数据传输速率提高，并通过嵌入人工智能功能，实现传感、计算和通信的无缝融合。[1]

虽然5G网络技术已有很大进步，但仍不能满足各种新兴应用对网络的要求，如多感官扩展现实、全息投影虚拟会议、远程手术和自主机器人等。6G无线网络将开辟新的频谱范围，提升各类电信性能指标，如容量、延迟、可靠性和效率。在接入方面，6G将采用多样化的网络接入方式，如移动蜂窝、卫星通信、无人机通信、可见光通信等。[2]

表4-4　5G与6G的性能对比

性能	5G	6G
数据速率（下载）	每秒20GB	每秒1TB
数据速率（上传）	每秒10GB	每秒1TB
延迟（无线电接口）	1毫秒	0.1毫秒
传输能力	每平方每秒10MB	每立方每秒1~10GB
可靠性 （表现为丢包率，数值越小说明越可靠）	10^{-5}	10^{-9}
用户体验	50MB 2D	10GB 3D

资料来源：John Lee, Meia Nouwens , Kai Lin Tay , "Strategic Settings for 6G：Pathways for China and the US," https：//www.iiss.org/research-paper/2022/08/strategic-settings-for-6g-pathways-for-china-and-the-us/。

基于全新的技术特征，6G将在以下领域拓展潜在应用场景：一是有望实现扩展现实或增强现实；二是可以大大提高机器人和自动系统的性能；三是使新的脑机交互场景成为可能。

---

[1] Martijn Rasser, Ainikki Riikonen, Henry Wu, "Edge Networks, Core Policy：Securing America's 6G Future," https：//www.cnas.org/publications/reports/edge-networks-core-policy, December 02, 2021, p. 3.

[2] 周钰哲、滕学强、彭璐：《6G全球最新进展及启示》，《中国工业和信息化》2023年第7期。

（二）部分国家的6G发展动向①

在政府和产业界的倡导下，各国的6G研发工作已陆续展开。其中，美国、中国、韩国、日本、芬兰、瑞典、印度等国被认为已在下一代移动通信技术战略部署中形成了初步优势。

1. 美国

美国是6G领域的领先国家之一。由于在5G阶段已感知到竞争优势受到威胁，美国格外重视6G发展规划。为了加快6G的研发工作，美国政府采取了大量措施，如优先支持关键技术发展、加大资金投入、加快国内频谱分配、与盟友和合作伙伴之间签署谅解备忘录，以及立法支持6G的最终部署和全球传播等（见表4-5）。

表4-5　美国6G战略部署演进概况

时间	相关举措
2018年	国防部正式宣布资助"太赫兹与感知融合技术研究中心"（ComSenTer）
2019年3月	联邦通信委员会为6G开放实验频谱许可，率先开放95GHz至3THz 6G实验频谱
2020年1月	发布《促进美国在无线领域的领导地位法案》，要求保障美国在6G标准制定中的领导地位
2020年10月	美国电信产业解决方案联盟宣布成立"Next G联盟"，日本、欧盟、韩国等通信巨头共同参与推进6G研发
2021年4月	美国和日本同意联合投资45亿美元用于支持6G技术研发
2021年4月	国家科学基金会和国家标准与技术研究所、国防部、私营部门合作，建立公私伙伴关系，资助4000万美元，以促进弹性Next G系统发展
2021年6月	国家电信和信息管理局向国会提交2022年预算请求，倡议开发AI/ML工具，以优化政府雷达与包括6G在内的下一代通信技术之间的频谱共享
2021年6月	将旨在建立6G特别工作组的H. R. 4045（未来网络法案）已提交国会
2021年7月	得克萨斯大学奥斯汀分校的研究人员和行业合作伙伴（三星、AT&T、NVIDIA、高通和InterDigital公司）共建6G@UT研发中心
2021年12月	发布《未来网络法案》，提出尽快开展多利益相关方参与的6G工作

---

① Martijn Rasser, Ainikki Riikonen, Henry Wu, "Edge Networks, Core Policy: Securing America's 6G Future," https://www.cnas.org/publications/reports/edge - networks - core - policy, December 02, 2021, pp. 11-16.

时间	相关举措
2021 年 12 月	发布《边缘网络、核心政策：保卫美国 6G 未来》，在总结美国 5G 发展经验基础上，提出了有针对性的 6G 发展对策建议
2022 年 2 月	"Next G 联盟"发布了《6G 路线图》
2022 年 3 月	Keysight 公司获得 6G 试验牌照
2022 年 8 月	发布《芯片与科学法案》，要求加快包括 6G 通信在内的关键技术研发
2023 年 5 月	美国 6G 联盟发布 6G 垂直行业路线图

2. 中国

中国已发展成为重要的 5G 技术领先国家之一。2021 年底，《"十四五"信息通信行业发展规划》和《"十四五"数字经济发展规划》明确提出要前瞻布局 6G 技术，支持基础理论与关键技术研发，并积极参与 6G 国际标准推动工作。[①] 彼时，中国已申请了 13000 多项与 6G 相关的专利，占世界 6G 专利总数的 1/3 以上。[②]

3. 韩国

韩国自称是第一个正式推出 5G 网络的国家，在研发 6G 中同样不甘落后。2019 年，在 5G 刚刚开始商用之际，韩国便成立了"6G 研究小组"和"6G 研发战略委员会"。韩国政府提出了"引领 6G 商业化"目标，并计划在 2028 年实现 6G 商用。在研发投入方面，韩国科学技术信息通信部于 2021 年 6 月制订了 6G 研发行动计划，对包括近地轨道卫星在内的 10 项技术投资超过 1.94 亿美元。在国际合作方面，韩国不仅和美国国家科学基金会（NSF）就 6G 联合研究项目签署谅解备忘录，还与欧洲公司诺基亚、爱立信，以及中国信息通信研究院建立合作伙伴关系。在企业参与方面，三星、LG、SK 等韩国通信企业一直在参与 6G 的研发工作，建有 6G 研究中心

---

① 北京电信技术发展产业协会：《全球 5G/6G 产业发展报告（2022—2023）》，https：//www. tdia. cn/Uploads/Editor/2023-03-21/64195c5ba93a5. pdf。

② "Who are Major Players in Global 6G Communication Technology?" DEQI Intellectual Property Law Corporation，https：//www. lexology. com/library/detail. aspx？g = ecf6c614 - ec71 - 4b2b - 9a46 - a7781de1210c，July 19, 2021.

或实验室。2023 年 2 月，韩国科学技术信息通信部发布了"K-NETWORK 2030"战略，计划在 2024～2028 年投入约 4.8 亿美元研发经费，旨在将韩国建设成"新一代网络典范国家"。

4. 日本

日本于 2020 年发布了"6G 综合策略"和"超越 5G"（Beyond 5G）研发计划，并计划于 21 世纪 30 年代前建成主要的基础设施。日本国家信息与通信研究院在《超越 5G/6G 白皮书》（Beyond 5G/6G White Paper）中表示，未来的网络将会消除各种障碍和差异，使基础设施资源从垄断转向共享。日本的超越 5G 推广战略包括研发、知识产权、标准化和 5G 部署等内容。此外，日本还将 5G 视为 6G 的先驱，投资部署 5G 光纤网络和基站，为后 5G 时代奠定基础。

5. 欧洲国家

欧洲是移动通信技术发展的重点地区之一。多个欧洲国家采取了设立研究中心、提供财政支持、开展国际合作等措施推进 6G 发展。

芬兰是诺基亚的总部所在地，一直是移动通信领域的佼佼者之一。目前，芬兰也处于 6G 研发前沿国家行列。奥卢大学主导的"6G 旗舰计划"（6G Flagship）被称为世界上第一个 6G 研究、开发和创新项目。该计划也包括与新加坡、日本等国展开国际合作。此外，诺基亚负责牵头推进欧盟"Hexa-X 6G 项目"，也体现了芬兰在通信技术方面的优势。尽管芬兰政府没有明确提出 6G 愿景，但"6G 旗舰计划"描述了 6G 网络支持下的未来，包括高速传播、物理世界和网络世界融合、一系列超级产品和智能材料等。

瑞典也是全球 6G 研究的主要参与国之一。爱立信公司是瑞典 6G 相关研发活动的核心领导者。作为欧盟"Hexa-X 6G 项目"的领导者，爱立信与三所大学共同参与了一项由欧盟资助的技术研究活动，以期创建一个新的无线接入基础设施。与芬兰一样，瑞典政府没有提出 6G 愿景。目前，瑞典政府似乎倾向于让欧盟和私营企业为 6G 的发展定下基调。

此外，德国、英国等国家也开展了 6G 研发活动。在德国，2021 年 4 月，联邦教育与研究部启动了首个 6G 研究项目。2022 年 7 月，德国启动了 "6G-ANNA 灯塔项目"，由诺基亚公司负责领导，重点推动 6G 架构设计、网络接入等技术发展。在英国，布里斯托大学和伦敦国王学院联合成立了 "6G 未来研究中心"。

（三）6G 的国际标准与国际竞合概况[1]

通信技术先进国家抢占 6G 战略发展制高点的同时，国际组织就 6G 技术标准化问题也展开了相关工作部署。

国际电信联盟无线通信部门（Radio Communication Division of the International Telecommunication Union，ITU-R）也是 6G 技术国际标准制定的重要国际组织。在过去 30 年中，ITU-R 协调各国政府、企业和相关组织为发展国际移动通信（IMT）宽带做出了巨大贡献，成功引领了 IMT-2000（3G）、IMT-Advanced（4G）和 IMT-2020（5G）的发展。[2] 2020 年 2 月，ITU-R 正式启动了面向 2030 年及未来无线技术（6G）的研究工作。2022 年 6 月，ITU 完成了《未来技术趋势》（Future Technology Trends）报告撰写工作并商定了 6G 发展时间表。根据时间表，2023 年完成 6G 愿景描述、2026 年确定需求和评估方法、2030 年输出规范。2023 年 6 月，ITU-R 发布了《IMT 面向 2030 及未来发展的框架和总体目标建议》（Framework and Overall Objectives of the Future Development of IMT for 2030 and Beyond），即所谓的 "6G 愿景"。该建议书包括 6G 典型场景（见表 4-6）和能力指标体系等内容，是全球 6G 发展的纲领性文件。

---

[1] John Lee, Meia Nouwens, Kai Lin Tay, "Strategic Settings for 6G: Pathways for China and the US," https://www.iiss.org/research-paper/2022/08/strategic-settings-for-6g-pathways-for-china-and-the-us/, p. 6.

[2] 陈雁、朱佩英、童文：《ITU-R WP5D 完成了 IMT-2030（全球 6G 愿景）框架建议书》，https://www.huawei.com/cn/huaweitech/future-technologies/itu-r-wp5d-completed-recommendation-framework-imt-2030。

表 4-6　IMT-2030 六大场景的典型用例

类型	场景	典型用例
进化	沉浸式通信（基于 IMT-2020 进化）	• 沉浸式 XR 通信 • 远程多感官智真通信 • 全息通信
	高可靠和低时延通信（基于 IMT-2020 进化）	• 工业环境中的全自动、控制和操作通信（机器互动、应急服务、远程医疗以及电力传输和分配监控）
	大规模通信（基于 IMT-2020 进化）	• 智慧城市、交通、物流、健康、能源、环境监测、农业和其他领域的扩展应用 • 支持各种无电池或长续航电池物联网设备的应用
创新	泛在连接	• 包括但不限于物联网通信和移动宽带通信 • 重点聚焦尚未覆盖或覆盖率极低的地区，尤其是农村、偏远和人口稀少地区
	人工智能与通信	• IMT-2030 辅助自动驾驶 • 医疗辅助应用设备间的自主协作 • 跨设备和网络的大量计算 • 数字孪生创建与预测应用
	综合传感与通信	• IMT-2030 辅助自动导航 • 活动监测与运动跟踪（如姿势/姿态识别、跌倒监测、车辆/行人监测等） • 环境监测（如雨水/污染监测） • 为 AI、XR 和数字孪生应用提供周围环境的传感数据/信息

资料来源：ITU-R，"Framework and Overall Objectives of the Future Development of IMT for 2030 and Beyond," https：//www.itu.int/rec/R-REC-M.2160-0-202311-I/en。

从 3G 开始，3GPP 已发展成全球移动通信的主要标准制定组织。它联合了七个电信标准开发组织：日本电波产业会（ARIB）、北美电信组织（ATIS）、中国通信标准化协会（CCSA）、欧洲电信标准协会（ETSI）、印度电信标准制定协会（TSDSI）、韩国情报通信技术协会（TTA）、日本电信技术委员会（TTC）。3GPP 先于 ITU-R，于 2019 年公布了 6G 标准化时间表。目前，3GPP 将继续推进从 5G 到 5.5G 的演进，预计在 2025～2028 年开展 6G 技术标准化工作。

由于研发中的资本密集和技术复杂等因素，全球已经组建了多个 6G 合作联盟（见表 4-7）。三星（韩国）、LG（韩国）、富士通（日本）、NTT DoCoMo（日本）、NEC（日本）、思科（美国）、AT&T（美国）、高通（美国）、威瑞森（美国）、诺基亚（欧洲）、爱立信（欧洲）、Orange（欧洲）、华为（中国）、中兴（中国）等公司处于全球 6G 领先地位，它们是合作联盟的重要参与者。尽管行业参与者主张在 6G 开发的前竞争阶段进行合作，但随着各国在这一战略技术上争先抢占优势，这些技术联盟已出现了地缘政治和竞争倾向，例如，Next G 联盟和 IOWNGF 将华为、中国电信、中国移动、中国联通和中兴等正在进行 6G 研发的中国公司排除在外[①]。

表 4-7　全球主要 6G 合作联盟

名称	介绍
Next G 联盟	2020 年 10 月，美国电信产业解决方案联盟（ATIS）发起成立了 Next G 联盟。该联盟由 AT&T 和爱立信领导，主要由美国公司组成，但也召集了来自加拿大、芬兰、德国、日本、韩国和中国台湾的 ICT 公司，包括高通、英特尔、贝尔、诺基亚、三星、NTT DoCoMo 和联发科技
Hexa-X 项目	2021 年 1 月，欧盟资助的"Hexa-X 项目"正式启动，为期两年半，由诺基亚和爱立信领导，最初包括来自法国、德国、希腊、匈牙利、意大利、西班牙、瑞典和土耳其的 25 家机构。这一项目还包括跨国公司，如西门子、雅拓公司、德国英特尔公司、Telefónica Orange，以及 Wings 和 Nextworks 等小型 ICT 公司。2022 年 10 月，"Hexa-X 项目"进入第二阶段，参与机构增加到 44 家
6G 智慧网络和业务产业协会（6G-IA）	6G-IA 全称为 6G Smart Networks and Services Industry Association，是欧洲下一代通信网络与业务研究的重要平台，旨在推动欧洲开展"超越 5G、发展 6G"研究。2022 年 6 月，6G-IA 与中国 IMT-2030（6G）推进组签署了 6G 合作备忘录。此外，6G-IA 也与 Next G 联盟、欧洲电信标准协会等组织展开了合作
创新光学无线网络全球论坛（IOWNGF）	由 NTT DoCoMo、英特尔和索尼于 2020 年 1 月成立，包括来自美国、欧洲、日本、韩国和中国台湾的 90 多家成员公司，如戴尔、甲骨文、威士通、NEC、西班牙电信、诺基亚、三星和 Orange 等。除了商业公司外，成员也包括学术和研究机构

---

①　Futurewei Technologies 公司是例外，它是华为公司在美国的研究机构，是 Next G 联盟的成员。

除了大型跨国联盟，也形成了一些规模较小的 6G 伙伴关系。例如，SK 电讯已与爱立信、诺基亚和三星签署协议，开展 6G 业务模式和技术相关的研发。中国联通和中兴等 26 家中国公司在 6G 领域开展了相关项目的联合研究。诺基亚与 NTT DoCoMo 开展技术研发合作等。

第五章 技术协议和标准层治理

技术协议和标准是网络空间物理设备之间进行数字通信的语言。众多技术协议和标准共同决定了信息在网络空间中的传输方式，形成了允许或禁止某种网络行为的框架。因而，技术协议和标准本身就是网络空间中一种具有约束力的政策形式，并会产生某种政治后果，决定网络空间是否具有可控性。以当前网络空间中的传输控制协议/互联网协议（TCP/IP）为例，它为了确保网络效率，而有意忽略了传输的内容。该技术协议的最小化信息处理原则既是互联网成功拓展的关键，但同时也是有害信息监管的障碍。除了传输控制协议/互联网协议（TCP/IP）外，重要的技术协议和标准还有超文本标记语言（HTML）、可扩展标记语言（XML）、层叠样式表（CSS）、同步多媒体综合语言（SMIL）、可扩展样式表转换语言（XSLT）、公共网关接口（CGI）、文档对象模型（DOM）、简单对象访问协议（SOAP）等。

参与技术协议和标准制定的主体主要是网络工程师及其所属的企业和国际组织。但随着各国逐渐认识到网络技术协议和标准在国际竞争中的重要作用，越来越多的政府部门开始介入该领域的工作。本章将重点介绍全球关键互联网资源的分配情况以及互联网的标准化过程。

第一节 关键互联网资源及其治理

真实的物理世界运作需要分配和消耗稀缺的自然资源，虚拟的互联网空间同样需要分配和消耗虚拟资源。所谓的关键互联网资源（Critical Internet Resource，CIR）是指互联网所独有的逻辑资源，即互联网号码资源——互联网协议地址（IP 地址）和自治域号（AS 号码）。作为互联网运行的基础，它们具有虚拟性、全球唯一性、稀缺性等特征，并需要集中协调。有时人们容易将它们同互联网关键基础设施（如海缆、基站、服务器等物理基础设施）或互联网上不具备唯一性的虚拟资源（如电子频谱）相混淆。关键互联网资源是互联网治理议题中相对复杂的领域，主要体现在规制体系的设计和实践活动上。①

一 互联网协议地址原理与分配

互联网协议地址（Internet Protocol Address，也称"IP 地址"），是一串类似"192.0.2.53"（IPv4）或"2001：0db8：582：ae33：：29"（IPv6）的数字标识符。它是计算机网络使用互联网协议（IP）进行通信时，分配给连接设备的数字标识，主要作用是网络接口标识和位置寻址。IP 地址治理主要涉及三个核心问题：如何进行编码、如何进行扩容、如何进行地址分配。

（一）IP 地址编码原理

IP 地址的历史可溯源至互联网前身阿帕网的诞生。1969 年 4 月，参与研发阿帕网的工程师们为了定位连接到网络中的主机，提出了一种包含 5 位二进制数的标识符编码方法。这种编码方法的相关描述以第一份 RFC 文档形式出现，主题就是"主机协议"（Host Protocol）。这份主机协议提出为每个节点分配 5 个数位作为唯一标识，即"目的地址"。由于计算机采用的是二进制，每个数位的值只能是"0"或"1"。5 个数位的"0"和"1"组合，可以提供 2^5 共 32 个唯一的目的地址：00000、00001、00010、00011、00100、00101、00110、00111、01000、01001、01010、01011、01100、

① 劳拉·德拉迪斯：《互联网治理全球博弈》，覃庆玲、陈慧慧等译，中国人民大学出版社，2017。

01101、01110、01111、10000、10001、10010、10011、10100、10101、10110、10111、11000、11001、11010、11011、11100、11101、11110、11111。①

（二）IP 地址扩容与推广

解决了 IP 地址编码逻辑问题，接下来，就需要解决 IP 地址网络空间容量太小的问题。随着阿帕网规模的扩大，32 个地址很快就不能满足网络发展需求了。1972 年，地址长度被扩展到 8 个数位，可提供 2^8 共 256 个唯一地址。1981 年，地址长度进一步扩展到 32 位，可提供 2^{32} 大约 43 亿个唯一地址。RFC791 中描述了 32 个数位地址长度的标准，随后该标准被称为互联网协议版本 4（简称为"IPv4"）。从 1983 年 1 月 1 日起正式开始部署 IPv4。② 根据 IPv4 标准要求，每个地址由 32 个"0"或"1"组合构成，如"01000111001111001001100010100000"。为了便于阅读和记忆，研究者将其转换成"点分十进制"形式，如"71.60.152.160"。IPv4 能够提供大约 43 亿个唯一地址，这在互联网发展的早期被认为足以满足网络扩张需求。

然而，到了 1990 年前后，工程师们便意识到地址即将耗尽，于是开始探寻新的增加网络地址容量的办法。1991 年 11 月，互联网工程任务组（IETF）为了缓解 IPv4 耗尽问题，设立了 ROAD 组织，1993 年推出了网络地址转换（NAT）与无类别域间路由（CIDR）两个方案。但是这些过渡方案并不能阻止 IPv4 地址耗尽问题的发生，只能延缓耗尽发生速度，甚至可能带来新的问题，如冲击互联网端到端的原则。

1998 年，互联网工程任务组提出了第六版互联网协议（简称为"IPv6"）。IPv6 把地址长度从 32 位扩展到 128 位，可提供 2^{128} 个（相当于 340 后面跟了 36 个 0）地址。对于由 128 个"0"或"1"组合而成的长地址，同样需要一个更加简单的形式。为此，IPv6 采用了基于十六进制的数字地址系统的简写记法，即使用 0~9 和字母 A~F 总共 16 个字符的编码逻

① 劳拉·德拉迪斯：《互联网治理全球博弈》，覃庆玲、陈慧慧等译，中国人民大学出版社，2017。

② 互联网号码分配局（IANA），Number Resources，https://www.IANA.org/numbers。

辑。被简化后的 IPv6 地址可表示为"FDDC：AC10：8132：BA32：4F12：1070：DD13：6921"这样的十六进制形式。[①]

IPv6 的部署始于 1999 年,[②] 但由于技术、经济成本及政治等因素,全球从 IPv4 到 IPv6 的升级进程缓慢。至今,IPv4 仍是最常用的版本。根据《2023 全球 IPv6 支持度白皮书》,截至 2023 年 10 月全球 IPv6 整体部署率仅为 36.5%。目前综合部署率超过 40% 的国家有 34 个,其中排名前列的 5 个国家依次是德国（74.9%）、比利时（73.3%）、印度（71.6%）、沙特阿拉伯（70.5%）和巴西（63.4%）。此外,美国和中国的综合部署率分别为63.0% 和 34.3%。[③] 由此可见,全球 IPv6 发展不均衡问题非常突出。

（三）IP 地址分配与协调

为了确保 IP 地址使用的唯一性,需要对其进行分配和协调。"负责分配的责任主体"和"分配规则"是贯穿 IP 地址治理制度进化的两条主线。作为关键互联网资源,IP 地址的治理演进史既是理解互联网成长的基础,也是理解当前互联网政治的关键。

IP 地址分配与协调实践是一个复杂的演变过程,是从技术社群个体管理到学术和政府机构管理再到全球多利益相关方治理的逐渐制度化和体系化。在这个过程中,使用 IP 地址的计算机网络也经历了从阿帕网到国家科学基金会网络再到互联网,同步由国内性网络转变为国际性网络。

1972 年 5 月,美国加州大学洛杉矶分校研究生乔恩·波斯特尔提议任命一位"编号沙皇",负责为新兴的阿帕网分配和管理数字地址。1972 年 12 月,经研究团队同意,由乔恩·波斯特尔负责分配和维护地址簿更新工作。后来,他还成为 RFC 编辑负责维护主机名称和地址的官方列表。1976 年 3 月,乔恩·波斯特尔以互联网号码协调员的身份加入了南加州大学信息科学研究所（Information Sciences Institute,ISI）。1983 年 1 月,互联网协议

---

① 劳拉·德拉迪斯：《互联网治理全球博弈》,覃庆玲、陈慧慧等译,中国人民大学出版社,2017。

② 互联网号码分配局官网,Number Resources,https：//www. IANA. org/numbers。

③ 《2023 全球 IPv6 支持度白皮书》,https：//www. ipv6testingcenter. com。

（IP）与传输控制协议（TCP）一起成为阿帕网的新标准协议组件。彼时，阿帕网的技术管理权归属于互联网配置控制委员会（ICCB）。随着传输控制协议/互联网协议（TCP/IP）的普及和网络规模的拓展，IP 地址管理职能变得更加重要。1984 年 ICCB 解散后，该职能交由 IAB 负责。1988 年 12 月，互联网号码分配局（Internet Assigned Numbers Authority，IANA）① 是在阿帕网向 Internet 过渡期间产生的。美国国防部高级研究计划局（DARPA）向南加州大学信息科学研究所（USC-ISI）提供了一笔资助用以支持互联网号码分配服务和其他任务。互联网号码分配局（IANA）任命乔伊斯·雷诺兹为联络人，任命乔恩·波斯特尔为"互联网副架构师"和"RFC 编辑"。这些服务在与南加州大学信息科学研究所签订的网络技术合同基础上提供，并一直持续到 1998 年。1998 年 12 月，由美国商务部国家电信和信息管理局授权，ICANN 正式从南加州大学处接管互联网号码分配局（IANA）的职责。② 此外，值得关注的是，1998 年后，IP 地址与域名治理实践中的主体机构高度重合。

20 世纪 90 年代，随着互联网市场化和全球化进程加快，各国关于 IP 地址资源分配问题的争议愈演愈烈。然而，直到 2016 年 9 月底 ICANN 与美国商务部合同终止之前，美国一直是全球关键互联网资源分配的主导者。2002 年和 2005 年，ICANN 先后认可了第四和第五家大洲级互联网注册机构（RIRs）——拉丁美洲和加勒比互联网信息中心（LACNIC）与非洲互联网信息中心（AFRINIC）。至此，美国政府监管下③的全球 IP 地址逐级分配体系初步得以确立，即由互联网号码分配局（IANA）通过五大区域互联网注册机构（RIRs）向各国分配 IP 地址。首先，互联网号码分配局（IANA）将 IP 地址分给五大区域互联网注册机构（RIRs）；然后，再由它们分给国

---

① 互联网号码分配局官网，https：//www. IANA. org/。

② Joel Snyder, Konstantinos Komaitis, Andrei Robachevsky, "The History of IANA：An Extended Timeline with Citations and Commentary," https：//www. internetsociety. org/wp-content/uploads/2016/05/ IANA_ Timeline_ 20170117. pdf.

③ 1998 年至 2016 年（截至 9 月 30 日），美国商务部与 ICANN 签署监管与授权合同。

家互联网注册机构（NIR）或本地互联网注册机构（LIR）；最后，互联网服务提供商（ISP）从国家或本地注册机构获得 IP 地址后再分给用户。

表 5-1　全球互联网注册机构信息简况

名称	时间/地点	概要	IPv4 地址耗尽时间
欧洲互联网协议资源网络协调中心（RIPE NCC）	1992 年开始运作,总部位于荷兰阿姆斯特丹,在阿联酋迪拜有一个分支机构	英文全称：Réseaux IP Européens Network Coordination Centre 官网：https://www.ripe.net/ 管辖区域：欧洲、中东、中亚的 76 个国家	2012 年 9 月 14 日
亚太互联网信息中心（APNIC）	成立于 1993 年,总部位于澳大利亚布里斯班	英文全称：Asia Pacific Network Information Centre 官网：https://www.apnic.net/ 管辖区域：亚洲—太平洋地区,在 56 个经济体中分配和管理互联网号码资源（IP 地址和 AS 号码）	2011 年 4 月 15 日
美洲互联网号码注册管理机构（ARIN）	1997 年成立,总部位于美国弗吉尼亚州尚蒂利	英文全称：American Registry for Internet Numbers 官网：https://www.arin.net/ 管辖区域：加拿大、美国和北大西洋群岛	2014 年 1 月 16 日
拉丁美洲和加勒比互联网信息中心（LACNIC）	1999 年提出创建,2002 年获得 ICANN 正式认可 总部在乌拉圭蒙得维的亚	英文全称：Latin American and Caribbean Network Information Centre 官网：https://www.lacnic.net/ 管辖区域：拉丁美洲、加勒比地区,成员包括 12500 家网络运营商	2014 年 6 月 10 日
非洲互联网信息中心（AFRINIC）	2004 年成立,2005 年获得 ICANN 正式认可,总部在毛里求斯	英文全称：African Network Information Centre 官网：https://www.afrinic.net/ 管辖区域：非洲	2017 年 4 月 21 日

资料来源："IPv4 地址耗尽时间"来自 https://zh.wikipedia.org/wiki/。信息来自各注册管理机构官方网站。

全球性 IP 地址分配机制确立后不久，五大区域互联网注册机构（RIRs）就面临 IPv4 地址即将耗尽的局面。2011 年 1 月 31 日，由互联网号码分配局（IANA）掌管的可分配 IPv4 地址全部用尽。因此，2012 年以后，互联网号码分配局（IANA）进行 IP 地址分配主要依据《可分配 IPv4 地址耗尽后互联网号码分配局的全球政策》（2012 年 5 月 6 日批准）[①] 和《互联网号码分配局向地区互联网注册机构分配 IPv6 的政策》（2006 年 9 月 7 日批准）[②] 两个政策文件。除了上述逐级分配原则，IP 地址的分配还遵循一条重要的原则"先到先得，按需分配"。这一原则可能导致关键互联网资源在各国分配不均，乃至"数字鸿沟"治理难题。一些互联网先发或互联网发达国家往往获得了充足的互联网号码资源，但当互联网号码资源分配殆尽时，互联网后发国家则难以获得所需的号码资源。IPv4 理论上可提供的地址数量为 4294967296 个。其中，约 8.8 亿个地址为预留的特殊用途地址，约占 20.4%。截至 2012 年 4 月，全球拥有 IP 地址资源总量最多的 5 个国家依次是美国、中国、日本、英国和德国；而人均 IP 地址资源拥有量最高的 5 个国家分别为美国、瑞典、荷兰、瑞士和加拿大。美国在 IP 地址资源方面拥有全球领先优势，无论从总量还是人均占有量来看，都是最为充裕的国家。其 IP 地址总量占全球的 35.9%，并且每千人拥有量接近 5000 个，显著高于其他国家，如表 5-2 所示。

表 5-2　主要国家或地区 IPv4 地址拥有量统计

排名	国家/地区	地址拥有量（个）	占比（%）	人口数量（2012 年）（人）	每千人地址拥有量（个）
1	美国	1541605760	35.9	313847465	4911.96
2	中国大陆	330321408	7.7	1343239923	245.91
3	日本	202183168	4.7	127368088	1587.39
4	英国	123500144	2.9	63047162	1958.85
5	德国	118132104	2.8	81305856	1452.93
6	韩国	112239104	2.6	48860500	2297.13
7	法国	95078032	2.2	65630692	1448.68
8	加拿大	79989760	1.9	34300083	2332.06
9	意大利	50999712	1.2	61261254	832.50
10	巴西	48572160	1.1	205716890	236.11
11	澳大利亚	47573248	1.1	22015576	2160.89

[①]　https://www.icann.org/resources/pages/allocation-ipv4-post-exhaustion-2012-05-08-en.

[②]　https://www.icann.org/resources/pages/allocation-ipv6-rirs-2012-02-25-en.

排名	国家/地区	地址拥有量（个）	占比（%）	人口数量 （2012年）（人）	每千人地址拥有量 （个）
12	荷兰	46379784	1.1	16730632	2772.15
13	俄罗斯	42762784	1.0	138082178	309.69
14	中国台湾	35383040	0.8	23113901	1530.81
15	印度	34685952	0.8	1205073612	28.78
16	瑞典	30373544	0.7	9103788	3336.36
17	西班牙	28421760	0.7	47042984	604.17
18	墨西哥	25862912	0.6	114975406	224.94
19	瑞士	20872696	0.5	7655628	2726.45
20	南非	20386560	0.5	48810427	417.67

资料来源：List of Countries by IPv4 Address Allocation，https：//en. wikipedia. org/wiki/List_ of_ countries_ by_ IPv4_ address_ allocation。

二 域名及其管理

无论是采用二进制、点分十进制还是十六进制表示 IP 地址，对于互联网的用户而言都不便于记忆。为解决这一问题，1983 年，南加州大学信息科学研究所的保罗·莫卡派乔斯（Paul Mockapetris）研发了与 IP 地址及其列表存在对应关系的域名（Domain Name）和域名系统（Domain Name System）。这一原始的技术规范记载于 RFC882 和 RFC883 中。1987 年，RFC1034 和 RFC1035 修正了此前的规范。此后，互联网域名系统的技术规范几乎没有大的改动。

（一）域名的语法与分类

域名是一串由点分隔的字符，它们与互联网上特定设备或设备组的 IP 地址相对应。最初，域名的字符仅限于 ASCII（基于拉丁字母的一套编码系统）字符的一个子集。2008 年，作为域名国际化发展中的一个结果，ICANN 通过了一项决议，允许使用其他语言作为互联网顶级域名的字符。在域名系统中，单个级别的域名标签最多可使用 63 个字符，有 37 个可用字符，所以单个级别最大可用域名数量为 37^{63} 个。尽管域名系统最多允许设置

127 个级别，但整个域名所有字符加起来不能超过 253 个 ASCII 字符的总长度。① 域名体系的设计遵循层次结构，从右至左，每个点分隔代表降一级域名层次，最右侧部分即顶级域名（Top-Level Domains，TLD），其左侧则分别为二级、三级域名等，依此类推，构成域名的层级结构。理论上，顶级域名与其他级别的域名原理一样，具有相当大的容量。但互联网号码分配局（IANA）的根区数据库显示，截至 2024 年 2 月，共有 1590 个顶级域名。这些顶级域名分为五类——国家及地区顶级域名 316 个、通用顶级域名 1246 个、赞助类顶级域名 14 个、通用受限顶级域名 3 个、尚未分配的测试顶级域名 11 个，以及 1 个特殊的基础设施顶级域名（".arpa"）。

国家及地区顶级域名（country code Top-Level Domain，ccTLD）是基于国际标准化组织 ISO3166-1 规定的国家/地区双字母缩写。如 .cn（中国）、.hk（中国香港）、.us（美国）、.uk（英国）、.jp（日本）等。自 2010 年开始，非拉丁字母的国际化国家/地区顶级域名被引入，允许在顶级域名中使用汉语、阿拉伯语、希伯来语等其他语言的字符。

通用顶级域名（generic Top-Level Domain，gTLD）创立于 1985 年 1 月，当时仅有 6 个通用顶级域名：.com、.edu、.gov、.mil、.net、.org。虽然现在通用顶级域名是顶级域中数量最多的类别，但是在 2012 年前，其增长速度与其他类别的顶级域名一样缓慢。直到 2011 年，通用顶级域名也仅增至 22 个。除表 5-3 中呈现出的 14 个，还包括 .biz、.com、.info、.mobi、.name、.net、.org、.pro。2011 年，ICANN 通过投票取消了关于创建新通用顶级域名的限制，并从 2012 年初开始接受新通用顶级域名的申请。尽管申请通用顶级域名的最初成本高达 20 万美元，但其增长速度仍然很快，2020 年已超过 1200 个。②

赞助类顶级域名（sponsored Top-Level Domain，sTLD）作为一种特殊的顶级域名，每个域名背后都有一个代表相关群体（如行业领域、地理位置

---

① 弥尔顿·穆勒：《从根上治理互联网——互联网治理与网络空间的驯化》，段海新、胡泳等译，电子工业出版社，2019。

② 安德鲁·S.特南鲍姆等：《计算机网络（第 6 版）》，潘爱民译，清华大学出版社，2022。

或民族等）的赞助机构。这些域名的申请流程和规则通常由赞助机构设定。赞助类顶级域名并非在域名体系创立之初就存在，而是直至 2003 年 12 月 ICANN 才正式宣布赞助类顶级域名的提案征询。2004 年 3 月，ICANN 收到 9 个赞助类顶级域名的申请。这类顶级域名后续变化较小，到 2024 年数据库中可查询到的赞助类顶级域名也仅有 14 个，它们起初都是通用顶级域名，如表 5-3 所示。

表 5-3 赞助类顶级域名（起初为通用顶级域名）信息简表

域名	预期使用领域	启用年份	赞助（管理）机构
. aero	航空界相关的航线、机场、公司、组织、政府机构和已认证的个人	2001	国际航空电讯集团公司
. asia	在亚太地区内开展业务的个人、公司或合法实体	2006	DotAsia 有限公司
. cat	供加泰罗尼亚语言和文化区使用	2005	Fundació puntCAT
. coop	合作社和合作组织	2001	美国合作商业协会、国际合作社联盟
. edu	预期供所有教育科研机构使用（实际由美国本土高等院校和少数早期获认证的其他国家高等院校使用）	1985	EDUCAUSE
. gov	美国政府机构	1985	美国联邦总务署
. int	基于国际公约的组织	1988	互联网号码分配局（IANA）
. jobs	与就业相关的网站	2005	美国人力资源管理协会
. mil	军事实体	1985	美国国防部网络信息中心
. museum	博物馆	2001	博物馆域名管理协会（国际博物馆协会设立）
. post	仅限于与邮政相关的网站	2005	万国邮政联盟
. tel	计划作为电信公司（如电话或互联网提供商）的专用域名	2008	Telnic 公司
. travel	供旅行社、航空公司、酒店及旅游协会等机构使用	2005	旅游伙伴企业（The Travel Partnership Corporation）
. xxx	色情业	2011	国际网络责任基金会

"．arpa"是互联网号码分配局（IANA）根区数据库中唯一的基础设施类顶级域名（infrastructure Top-Level Domain），其名称源于最初的高级研究计划局（Advanced Research Projects Agency，ARPA），现在它的标准英文名称是 Address and Routing Parameter Area，中文译作"地址路由参数域"，是专门用于互联网基础设施配置的顶级域。"．arpa"有两个二级域名："in-addr．arpa"和"ip6．arpa"，分别用于对应 IPv4 和 IPv6 的域名系统反向查询功能。

（二）域名系统及解析过程

域名系统是一个分布式的域名数据库，被存储于全球海量的服务器上。它的主要功能是进行域名与 IP 地址的转换。域名并不是互联网运行必需的，IP 地址才是互联网运行的基础逻辑。IP 地址的数据包中包含了发送方和目的方的地址，路由器识别出这些地址信息后，再通过路由器间的跳转完成信息在网络中的传输。IP 地址是机器间的识别逻辑，域名则是人与机器间的识别逻辑。域名是一种有语义信息的标识符，为人们记忆、输入和管理计算机及其网络提供了便利。因而，域名系统作为促进域名向 IP 地址转换的工具，不仅是一种互联网应用，也是互联网治理的基础性实践。它每天处理着数以十亿计的针对互联网资源的查询和定位请求。

域名系统启用前，阿帕网使用一个名为"HOST．TXT"的文件记载网络上所有主机名称与其数字地址的信息。根据国防通信局（Defense Communications Agency）签署的合同，从 1971 年起，这份权威文件就被存储在国防数据网的网络信息中心（Network Information Center of the Defense Data Network，DDN-NIC）的一台服务器上，由位于加州门洛克市的斯坦福研究所（SRI）运营，[①] 美国政府为这项工作提供了资助。这份网络全局映射表被存储于所有联网的计算机上，并在本地实现域名解析。根据 RFC1032（1987.11）记载，采用"域"的命名方式后，斯坦福研究所的 DDN-NIC 继

---

① 弥尔顿·穆勒：《从根上治理互联网——互联网治理与网络空间的驯化》，段海新、胡泳等译，电子工业出版社，2019。

续扮演着名称空间协调中心的角色。另据 RFC1020（1987.11）记载，1987年11月，斯坦福研究所的 DDN-NIC 还从南加州大学信息科学研究所处接管了 IP 地址分配和注册的职责。

随着阿帕网规模的增长，处理域名申请和更新"HOST.TXT"文件的工作变得越来越繁重。另外，"HOST.TXT"文件容易造成互联网单点故障，使日益庞大的网络越来越脆弱。

域名系统保留了"HOST.TXT"文件的任务，即维护一个统一、一致的域名空间，并提供相应的 IP 地址查询与解析服务。域名系统将域名空间划分成一个分层系统，同时也将分配域名并保证唯一性的责任分配给每一层。这意味着 DNS 数据的维护工作不再依赖于单一中心，而是由网络中成千上万台计算机共同完成。域名系统采用分布式的资源查询功能可以覆盖海量服务器。[①]

（三）域名及域名系统的管理与争议

由于 IP 地址与域名之间存在映射关系，二者的管理活动关联越来越密切。无论是管理者还是机构，都出现了高度重合的发展趋势。1994年4月，第一份有关域名政策的声明——RFC1591《域名系统结构和授权》发布，提出由互联网号码分配局"负责域名系统的协调和管理"。域名系统管理主要任务是：协调域名分配，以确保全球唯一标识符功能的实现；提供域名解析服务，并维护域名系统数据库的动态更新；维护并安置根区域服务器，以确保解析效率；授权新顶级域名或新语言在域名系统中的使用；确保域名系统安全。

"域"的概念及其层级结构为集中和分级管理互联网域名提供了便利。域名系统可以为每一个顶级域和下属子域分配一个管理协调中枢，即至少有一个管理名称的服务器负责定位其管理范围内的资源和反馈查询结果。在域名系统的层级架构中，每一层级有一个管理核心。域名系统形成了类似树状的结构，其中顶级域是管理的核心，而互联网的根域名服务器和根区域的数

---

① 劳拉·德拉迪斯：《互联网治理全球博弈》，覃庆玲、陈慧慧等译，中国人民大学出版社，2017。

据库则是技术的核心。根域名服务器是域名解析到 IP 地址的起点。截至 2024 年 2 月，全球根服务器系统由 13 个根域名服务器构成，并由 12 个独立的根服务器运营商运营。

表 5-4　根服务器运营情况统计

名称	IP 地址	自治系统编号	管理者	镜像站点数量（个）
A	IPv4：198.41.0.4 IPv6：2001：503：ba3e：：2：30	7342	美国威瑞森公司	59
B	IPv4：170.247.170.2 IPv6：2801：1b8：10：：b	394353	美国南加州大学信息科学研究所	6
C	IPv4：192.33.4.12 IPv6：2001：500：2：：c	2149	美国 Cogent 通信公司	12
D	IPv4：199.7.91.13 IPv6：2001：500：2d：：d	10886	美国马里兰大学	209
E	IPv4：192.203.230.10 IPv6：2001：500：a8：：e	21556	美国国家航空航天局艾姆斯研究中心	328
F	IPv4：192.5.5.241 IPv6：2001：500：2f：：f	3557	互联网系统联盟公司	246
G	IPv4：192.112.36.4 IPv6：2001：500：12：：d0d	5927	美国国防信息系统局	6
H	IPv4：198.97.190.53 IPv6：2001：500：1：：53	1508	美国陆军研究实验室	12
I	IPv4：192.36.148.17 IPv6：2001：7fe：：53	29216	瑞典 Netnod 公司	81
J	IPv4：192.58.128.30 IPv6：2001：503：c27：：2：30	26415	美国威瑞森公司	154
K	IPv4：193.0.14.129 IPv6：2001：7fd：：1	25152	欧洲互联网协议资源网络协调中心	117
L	IPv4：199.7.83.42 IPv6：2001：500：9f：：42	20144	ICANN	168
M	IPv4：202.12.27.33 IPv6：2001：dc3：：35	7500	日本广泛集成分布式环境项目	16

资料来源：https：//root-servers.org/。

三　自治系统编号

除了 IP 地址，自治系统编号（Autonomous System Number，ASN）也是互联网关键资源之一。自治系统，也称自治域，是指在一组相互连接的互联网协议前缀的集合，执行共同的互联网路由策略，并由一个或多个网络运营商代表单个管理实体进行管理。[①] 自治系统也可以被理解为构成互联网的网络单元，而自治系统编号则是用以区分不同网络单元的唯一标识。在自治系统内部，路由器通过内部路由协议交换信息；而不同自治系统之间则通过边界网关协议（BGP）进行通信。

每个自治系统编号是唯一的全球性二进制数字地址。因此，在创建全球唯一标识符这个意义上，自治系统编号和 IP 地址编号的原理和作用相似，前者用于标识互联网上的网络单元，后者则用于标识互联网上的设备。2007年以前，互联网自治系统编码使用的 16 位编码，可提供 2^{16} 个编号。从 2007年初开始，各区域互联网注册机构（RIR）开始使用 32 位编码方式，能够提供 2^{32} 个编号。

如今，自治系统编号也由互联网号码分配局（IANA）负责集中协调和分配。互联网号码分配局（IANA）同样先将自治域编号分类给五大区域互联网注册机构（RIRs），然后再由它们分配给国家级互联网注册机构（NIR）、地区互联网注册机构（LIR），最后再分给互联网服务提供商。1999 年互联网中的自治域数量还不到 5000 个，而到 2021 年 3 月，分配的自治系统编号数量已经超过 10 万个。可在互联网号码分配局（IANA）官方网站查询五大区域互联网注册机构获得自治系统编号分配授权情况（https：//www. iana. org/assignments/as-numbers/as-numbers. xhtml）。此外，互联网号码分配局（IANA）还负责回收可用于重新分配的自治系统号码块，并维护自治系统编号数据库。

[①]　https：//www. arin. net/resources/guide/asn/.

四　核心治理机构——互联网名称与数字地址分配机构①

关键互联网资源分配是一项非常重要而巨大的事项，也是互联网治理领域备受关注的领域。目前，美国政府的战略考量是实现最初 1998 年确定的关键互联网资源私有化目标，而非国际化目标。2016 年 10 月起，ICANN 成为关键互联网资源治理体系中最为核心的权威机构。如今，ICANN 的组织运作机制改革、政策优化和治理实践仍是全球关注的焦点。

（一）ICANN 的主要职责和运作机制

ICANN 的职责主要有四项：一是协调域名系统根区的名称分配和指派，并制定和实施有关通用顶级域中二级域名注册的政策；二是协调域名系统根名称服务器系统的运行；三是协调互联网协议号码和自治系统号码在最顶层的分配；四是酌情与其他机构合作，按照互联网协议标准发展组织的规定，提供互联网运行所需的注册服务。

ICANN 除了为重要的域名系统提供技术支持外，还针对互联网的"名称和数字"的运行方式制定政策，主要采取三种运行机制：自下而上、共识驱动和多利益相关方模式。

1. 自下而上

在 ICANN 的组织运作中，不是由董事会单独决定 ICANN 将处理哪些议题，而是由 ICANN 中的各组成员提出问题。如果该问题值得解决，并属于 ICANN 的职权范围，就可以通过各种咨询委员会和支持组织提出，直至最终将政策建议提交董事会表决。

2. 共识驱动

通过章程、程序和国际会议，ICANN 为所有倡导者提供了一个可以讨论互联网政策问题的平台。任何人都可以加入 ICANN 的大多数志愿工作组，这也确保了世界各国的观点得到了广泛的体现。听取所有观点、寻找共同利益并努力达成共识需要时间，但这一过程不会被任何单一的利益所左右——

---

① 本节信息来源于 ICANN 官方网站。

这在管理像全球互联网这样重要的资源时，被认为是至关重要的。

3. 多利益相关方模式

ICANN 将公共部门、私营部门和技术专家视为合作伙伴。在 ICANN 社群中，注册机构、注册商、互联网服务提供商（ISP）、知识产权倡导者、商业和企业利益集团、非商业和非营利利益集团、100 多个政府代表以及全球范围内的个人互联网用户都有权表达自己的观点，并且所有的观点都会根据其合理性而被认真考虑。ICANN 的基本理念是，所有互联网用户都对互联网的运行方式拥有发言权。

（二）ICANN 的组织架构

ICANN 是互联网治理中最为重要的国际组织之一。它是一个非营利性机构，总部位于美国加利福尼亚洛杉矶。此外，ICANN 在全球设有 4 个区域办事处，分别位于土耳其伊斯坦布尔、新加坡、乌拉圭蒙得维的亚、比利时布鲁塞尔。同时，它还设立了 4 个合作中心，分别位于中国北京、瑞士日内瓦、肯尼亚内罗毕和美国华盛顿，以加强其在全球范围内的合作与交流。

ICANN 处理的事务较为复杂，因此它由不同类型的团体组织构成（见图 5-1）：董事会、提名委员会、3 个支持组织（地址支持组织、通用名称支持组织、国家和地区名称支持组织）、4 个咨询委员会（一般会员咨询委员会、政府咨询委员会、根服务器系统咨询委员会、安全性和稳定性咨询委员会）、技术联络组、互联网工程任务组（IETF）以及 ICANN 团队的员工等。

1. 董事会①

董事会是由 ICANN 社群选出的，负责对 ICANN 组织的战略落实情况进行监督，以确保其在任务范围内行事，同时保证其运作既高效又符合道德规范。此外，董事会也负责监督和审议社群制定的政策。董事会由 16 名投票成员和 4 名无投票成员的联络代表组成。ICANN 总裁和首席执行官是董事

---

① ICANN 官网，https：//itp. cdn. icann. org/en/files/about－the－board/getting－to－know－the－icann－board－of－directors－16－08－2022－en. pdf。

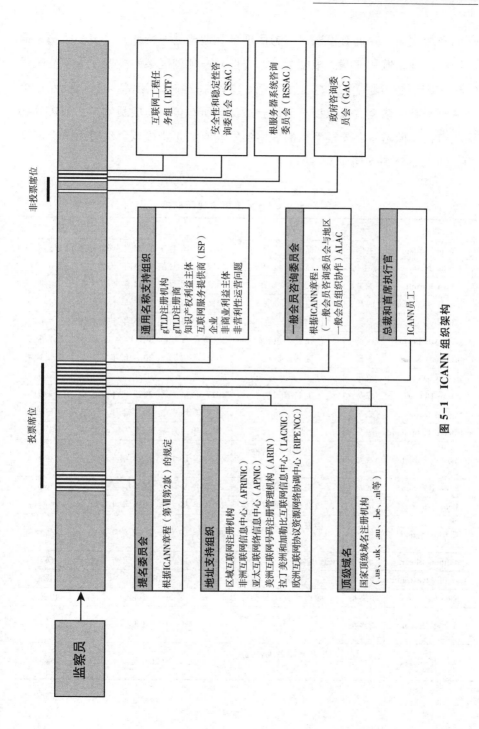

图 5-1　ICANN 组织架构

会的当然成员，并拥有投票权。为体现多利益相关方特征，董事会成员来自不同的地理区域和部门。根据要求，来自同一地理区域的投票成员不能超过5人；来自同一支持组织的成员不能超过2人；同时，提名委员须确保每个区域至少有一名拥有投票权的董事会成员。所有董事会成员均参加政策的讨论和审议，但是4名无投票权的联络员不能参加正式投票。现有董事会成员构成情况如表5-5所示。

表 5-5 ICANN 董事会现任成员

姓名	身份	来源	任期	国家/地区
Tripti Sinha	主席	提名委员会	2018 年 10 月至 2024 年年度大会	印度/美国
Danko Jevtović	副主席	提名委员会	2018 年 10 月至 2024 年年度大会	塞尔维亚
Alan Barrett	成员	地址支持组织	2021 年 10 月至 2024 年年度大会	南非
Maarten Botterman	成员	提名委员会	2016 年 11 月至 2025 年年度大会	荷兰
Becky Burr	成员	通用名称支持组织	2016 年 11 月至 2025 年年度大会	美国
Chris Chapman	成员	提名委员会	2022 年 9 月至 2025 年年度大会	澳大利亚
Edmon Chung	成员	提名委员会	2021 年 10 月至 2024 年年度大会	中国香港
Sally Costerton	成员	—	—	欧洲
Sarah Deutsch	成员	提名委员会	2017 年 11 月至 2023 年年度大会	美国
Avri Doria	成员	提名委员会	2017 年 11 月至 2023 年年度大会	巴西
Christian Kaufmann	成员	地址支持组织	2022 年 9 月至 2025 年年度大会	英国
Patricio Poblete	成员	国家和地区名称支持组织	2020 年 10 月至 2023 年年度大会	智利
Sajid Rahman	成员	提名委员会	2022 年 9 月至 2025 年年度大会	英国
León Sánchez	成员	一般会员咨询委员会	2017 年 11 月至 2023 年年度大会	墨西哥
Katrina Sataki	成员	国家和地区名称支持组织	2021 年 10 月至 2024 年年度大会	拉脱维亚
Matthew Shears	成员	通用名称支持组织	2017 年 11 月至 2023 年年度大会	英国
Harald Alvestrand	联络员	IETF	2018 年起	挪威
Nico Caballero	联络员	政府咨询委员会	2023 年起	巴拉圭
James Galvin	联络员	安全性和稳定性咨询委员会	2021 年起	—
Wes Hardaker	联络员	根服务器系统咨询委员会	2022 年起	美国

2. 地址支持组织

地址支持组织（Address Supporting Organization，ASO）成立于1999年，是 ICANN 章程中要求建立的三个支持组织之一，其宗旨是审查和制定关于 IP 地址政策的建议，并就与 IP 地址运营、分配和管理有关的政策问题向 ICANN 董事会提出建议。地址支持组织不制定与互联网号码资源本身有关的政策，而是确保"全球政策制定流程"（Global Policy Development Process）在每个区域的互联网注册机构得到正确遵循。全球共有五大区域互联网注册机构，分别是非洲互联网信息中心、亚太互联网信息中心、美洲互联网号码注册管理机构、拉丁美洲和加勒比互联网信息中心，以及欧洲互联网协议资源网络协调中心。

3. 国家和地区名称支持组织

国家和地区名称支持组织（country code Names Supporting Organisation，ccNSO）是 ICANN 为国家和地区顶级域名管理者创建的机构，成立于2023年。它不仅为促进国家和地区顶级域名之间的管理共识、技术合作和技能建设提供了一个平台，还负责制定并向 ICANN 董事会推荐与国家和地区顶级域名有关的全球政策，如引入国际化域名（IDN）或国家和地区顶级域名（ccTLDs）。政策制定流程由国家和地区名称支持组织的理事会负责，该理事会由18名理事组成，其中的15名由组织成员选举产生，3名由 ICANN 提名委员会任命。国家和地区名称支持组织的成员资格向所有负责管理 ISO 3166 国家和地区顶级域名的管理者开放。

4. 通用名称支持组织

通用名称支持组织（Generic Names Supporting Organization，GNSO）为通用顶级域名（如.com、.org、.biz）制定政策。通用名称支持组织致力于使通用顶级域名在全球互联网上以公平、有序的方式运作，同时促进通用域名管理创新和竞争。

5. 一般会员咨询委员会

一般会员咨询委员会（At-Large Advisory Committee，ALAC）成立于1999年3月，原名为会员咨询委员会（Membership Advisory Committee，

MAC），是一个自下而上的社群组织。一般会员咨询委员会由 15 名代表组成，其中，一般会员咨询委员会在五大区域各选 2 名代表，另外 5 名代表由 ICANN 提名委员会任命。该咨询委员会关注互联网个人用户利益，并为世界各地活跃的互联网个人用户提供一种参与 ICANN 的方式。

6. 政府咨询委员会

政府咨询委员会（Governmental Advisory Committee）是政府和政府间组织在 ICANN 多利益相关方框架下参与互联网治理的一个平台。根据 ICANN 的章程，政府咨询委员会的建议具有特殊地位。ICANN 董事会必须适当考虑其建议，如果董事会提出的行动与政府咨询委员会的建议不一致，则必须说明理由，并努力达成双方都能接受的解决方案。政府咨询委员在 ICANN 董事会中占有一个席位，但是没有表决权。该咨询委员会现有 181 名政府代表和 30 个组织观察员。

7. 根服务器系统咨询委员会

根据 ICANN 的章程，根服务器系统咨询委员会（Root Server System Advisory Committee，RSSAC）是一个由负责运营全球根服务器的组织代表组成的机构。它向 ICANN 董事会和社区提供关于根服务器系统的运行、管理、安全性和完整性的咨询意见。

表 5-6　根服务器系统咨询委员会代表

根服务器运行者	代表	备选人	任期
美国 Cogent 通信公司	Paul Vixie	Brad Belange	2023 年 12 月 31 日
美国国防信息系统局	John Augenstein	Jill Place	2025 年 12 月 31 日
ICANN	Matt Larson	Terry Manderson	2024 年 12 月 31 日
互联网系统协会	Jeff Osborn	Robert Carolina	2024 年 12 月 31 日
美国国家航空航天局艾姆斯研究中心	Barbara Schleckser	Tom Miglin	2025 年 12 月 31 日
瑞典 Netnod 公司	Lars-Johan Liman	Patrik Fältström	2024 年 12 月 31 日
欧洲互联网协议资源网络协调中心（RIPE NCC）	Hans Petter Holen	Paul de Weerd	2023 年 12 月 31 日

续表

根服务器运行者	代表	备选人	任期
美国马里兰大学	Karl Reuss	Gerry Sneeringer	2025 年 12 月 31 日
美国南加州大学信息科学研究所	Wes Hardaker	Suzanne Woolf	2023 年 12 月 31 日
美国陆军研究实验室	Howard Kash	Kenneth Renard	2025 年 12 月 31 日
美国 Verisign 公司	Brad Verd	—	2024 年 12 月 31 日
日本广泛集成分布式环境项目	Jun Murai	Hiro Hotta	2023 年 12 月 31 日

8. 安全性和稳定性咨询委员会

安全性和稳定性咨询委员会（Security and Stability Advisory Committee，SSAC）成立于 2002 年，主要就与互联网命名和地址分配系统的安全性和完整性有关的事项向 ICANN 社群和董事会提出建议。这些事项包括运行事项、行政事项和注册事项。安全性和稳定性咨询委员会由一群技术熟练、经验丰富的专业技术人员构成。委员会就一系列问题撰写报告、信函和评论，报告聚焦安全、稳定和可靠性问题的技术方面；信函包括关于行政、社群和其他非安全、稳定和可靠性技术问题的通信；评论是针对向安全性和稳定性咨询委员会提出的明确问题或要求而准备的，或作为对 ICANN 公共评论论坛的回应。

9. 技术联络组

技术联络组（Technical Liaison Group，TLG）由四个组织构成：欧洲电信标准协会（ETSI）、国际电信联盟的电信标准化部门（ITU-T）、万维网联盟（W3C），以及互联网架构委员会（IAB）；每个组织派两名代表，共计 8 名成员。建立技术联络组的目的是在 ICANN 的具体活动事项中，将 ICANN 董事会与适当的技术咨询来源联系起来。所有的技术联络组成员也是 ICANN 技术专家组成员。

10. 互联网工程任务组（IETF）

根据 ICANN 的章程，互联网工程任务组（IETF）应在董事会中派驻一名联络员（无表决权）。

（三）ICANN 的问责机制

问责机制（Accountability Mechanisms）是 ICANN 成功运行的重要保障。为确保问责机制的成功实施，ICANN 的问责制被写入了 ICANN 的章程中，并且在每年的战略和运营规划中予以强调。ICANN 的问责机制主要由重审流程、独立审核流程、监察官和赋权社群四个部分组成。

1. 重审流程

ICANN 的章程中对重审流程进行了说明，规定受 ICANN 行动（包括不作为）严重影响的任何人或实体可以请求对董事会的行为进行审核或重审。重审请求由董事会治理委员会负责审核和评估。董事会治理委员会需在收到重审请求 30 日内作出最终裁决或向董事会提交建议。如果董事会治理委员会向董事会提交了建议，董事会则需要在收到重审请求后 60 日内或尽快发布其关于董事会治理委员会建议的决定。

2. 独立审核流程

ICANN 还设立了一个适用于第三方的独立审核流程。通过独立审核流程，第三方可以对那些受影响方提出的与 ICANN 的章程或《企业设立章程》相抵触的董事会行动（或不作为）进行独立审核。独立审核流程的相关内容也被写入了 ICANN 的章程中。

3. 监察官

监察官是 ICANN 组织架构中的重要组成部分，它也是确保 ICANN 问责制和透明度的重要工作机制。ICANN 监察官具有独立性和中立性特征。在重审流程和独立审核流程中，如果 ICANN 社群成员认为没有受到 ICANN 员工、ICANN 董事会、ICANN 区域机构的公平对待，则可以投诉。监察官负责对投诉进行独立的内部评估和处理。

4. 赋权社群

赋权社群①是一种机制，按照加利福尼亚州法律，通过该机制可以组织

---

① ICANN 官网，file：///C：/Users/posit/Downloads/Empowered_Community_11_ZH_web%20（1）.pdf。

成立 ICANN 支持组织（SO）和咨询委员会，从而使社群权力合法。ICANN 的章程和《企业设立章程》对赋权社群权力和规则进行了定义。

赋权社群由 ICANN 的所有支持组织（地址支持组织、国家和地区名称支持组织、通用名称支持组织）以及 4 个咨询委员会中的一般会员咨询委员会和政府咨询委员会组成。赋权社群拥有一套针对 ICANN 董事会或该组织的作为和不作为提出关切的流程，并享有九大社群权力：① 拒绝标准章程修订；②拒绝接受 ICANN 预算、互联网号码分配局（IANA）的预算、运营规划和战略规划；③拒绝公共技术标识符（PTI）的治理行动；④批准基本章程修订、条款修订和资产出售；⑤罢免整个 ICANN 董事会；⑥ 任命和开除某位 ICANN 董事（除总裁外）；⑦要求 ICANN 董事会重新审核其对 PTI 相关审核建议的拒绝；⑧启动社群重审请求、调解或独立审核流程；⑨拥有监督检查权和调查权。

赋权社群建立了一套工作流程，用以行使社群权力，监督 ICANN 董事会或组织采取的行动或不作为问题。该流程为 ICANN 的支持组织和咨询委员会提供了与 ICANN 董事会讨论解决方案的机会，共分为七个步骤：①在支持组织或咨询委员会中提出请求；②请求被支持组织或咨询委员会接受；③请求获得其他参与赋权社群的支持组织或咨询委员会的支持；④与 ICANN 董事会召开电话会议以讨论请求；⑤与 ICANN 董事会召开社群论坛以讨论请求；⑥如果社群希望行使社群权力，则建立赋权社群；⑦赋权社群将其决策告知 ICANN 董事会。如果某个步骤没能通过或没有找到解决方案，则可以终止进入下一步流程。

（四）ICANN 的缺陷

尽管 ICANN 在《企业设立章程》中指出，"互联网是一个国际性网络，它不属于任何一个国家、个人或组织"，但是管理它的机构 ICANN 的组建却需要以《加州非营利性公益社团法》（CNPBCL）为依据，而运营则需要遵循 1986 年美国《税收法典》；[①] 同时，由于 ICANN 的注册地在美国加利福尼

---

① ICANN 官网，https：//www.icann.org/resources/pages/governance/articles-en。

亚州，因此，还需遵守该州法律。一方面强调互联网不属于任何国家，另一方面其核心管理机构却要遵守单一国家法律。这种自相矛盾的说辞和安排导致 ICANN 在全球网络空间治理中的身份合法性问题存疑。尽管在俄乌冲突中，ICANN 暂时经受住了来自地缘政治冲突的考验[①]，但与此同时，对于仍处于不甚合理的全球互联网治理框架下的 ICANN 而言，其所具有的掌控互联网基础资源和基本运行的实际权力和能力仍然存在被滥用的风险。

五　关键互联网资源治理演进概况

关键互联网资源及其技术逻辑是互联网运行的前提条件，而合理的关键互联网资源治理，是互联网可持续发展的关键。关键互联网资源治理是一个复杂的问题。从技术维度分析，需要确保关键互联网资源通信的可行性、有效性及安全性等。从政治维度分析，涉及国家主权、社会公平，以及参与关键互联网资源治理的各层面机构主体的合法性等。从经济维度分析，涉及关键互联网资源分配效率，以及相关服务的定价等问题。从历史维度分析，关键互联网资源治理可以划分为三个演进阶段：第一阶段（1998 年前）是美国国防部与信息科学研究所之间长期合作，授权乔恩·波斯特尔负责域名和号码分配时期[②]；第二阶段（1998 年至 2016 年 9 月）是美国政府通过合同参与监管时期；第三阶段（2016 年 10 月至今）是美国政府将 ICANN 移交给全球社群时期。在上述演进过程中，将关键互联网资源分配纳入联合国框架的努力一直未能成功。从治理主体维度分析，目前多利益相关方组织机构担负着关键互联网资源分配与协调的重要职责。这些组织机构主要包括

[①] 2022 年乌克兰驻 ICANN 政府咨询委员会代表安德烈·纳博克（Andrii Nabok）通过电子邮件向 ICANN 总裁及近 180 名国家和地区的政府咨询委员会代表们转发了乌克兰副总理兼数字化转型部长米哈伊洛·费多罗夫（Mykhailo Fedorov）签署的信件。信中要求，ICANN 对俄罗斯采取严厉的制裁措施，撤销俄罗斯国家顶级域名，以及关闭位于俄罗斯的根域名服务器等。对此，ICANN 总裁在回信中予以拒绝，并表示 ICANN 没有制裁权力，作为互联网唯一标识符系统的协调者，ICANN 的建立是为了确保互联网的正常运行，而不是阻止其运行。

[②] 弥尔顿·穆勒：《从根上治理互联网——互联网治理与网络空间的驯化》，段海新、胡泳等译，电子工业出版社，2019。

ICANN、区域性互联网注册管理机构（RIRs）、注册运营商（registry）及注册管理机构（register）[①] 等。它们与美国政府之间有错综复杂的历史渊源，也造成了全球互联网治理权力结构失衡。

第二节　互联网的标准化

互联网是网络的网络，这些网络由不同的运营商运营，如果没有统一的技术标准，网络与网络之间就无法进行正常的通信。这些标准需要恰到好处，才能既保证网络间的互操作性，又促进市场扩大。而市场扩大不仅可以为企业带来规模效益，还可以降低用户网络使用成本，提升社会整体通信水平。互联网构成非常复杂，在其演进过程中，形成了一些专门负责互联网技术协调及标准制定的组织。本节将重点分析互联网标准化过程中形成的技术取舍原则，以及在此过程中发挥重要作用的组织。

一　互联网技术演进基本原则

互联网技术标准大致可以分为两种类型：事实标准和法定标准。事实标准是指那些已经形成但是没有任何正式计划的标准。"自下而上"是互联网成长的核心方式，因此，很多技术标准因获得广泛认可而形成事实标准。这种现象在互联网发展的早期尤为常见。例如，万维网使用的超文本传输协议（HTTP）和蓝牙都是事实标准的典型。法定标准则指通过一些正规国际性标准化组织的审批而采纳的标准。国际性标准化组织可以分为两类：国家政府间通过条约建立的组织和自愿的非条约组织。在互联网标准化中发挥作用的国际组织主要有互联网协会、万维网联盟、国际电信联盟、国际标准化组织、电气和电子工程师协会等。

无论是事实标准还是法定标准，互联网的技术取舍都有意或无意遵循了一

[①]　注册运营商为特定的顶级域维护域名数据库，而注册管理机构是向客户销售网络域名的机构。

些原则，从而形成了当今全球性网络的样貌。2012 年，在互联网协会（ISOC）成立二十周年之际，该协会曾在《互联网的恒量：什么是真正重要的》[①] 一文中总结了八条原则。2016 年，互联网协会（ISOC）对这些原则进行了完善。[②]

（1）全球性原则：互联网上的任何端点都可以向其他端点进行寻址。鉴于互联网全球的通达性，需要对其的节点进行统一寻址和命名安排。

（2）通用性原则：互联网支持广泛的使用需求，它不是为任何一种具体应用而建立的。各种应用和服务随时可能出现，并改变世界。

（3）创新性原则：任何个人或组织可以在遵循现有标准的基础上开创新的服务，并将其提供给互联网的其他部分，无须征得许可，即对于互联网应用而言采取无须批准即可创新的管理模式。

（4）可访问性原则：任何人都可以上网消费、贡献内容、架设服务器或连接新网络。

（5）互操作性原则：开放的技术标准性和自治域间相互协定是实现互联的关键。

（6）合作性原则：合作意愿是各利益相关方解决新问题的关键。

（7）可复用性原则：尽管很多技术最初是为了某个目的而在互联网上构建或部署的，但不应该限制该技术未来作为其他解决方案构建的可行性。

（8）无偏好原则：不存在对一款互联网应用或产品的永久偏爱。固守一种技术会阻碍进步。

这些原则有时也被研究者们简化为开放（全球性、通用性、可访问性、互操作性、合作性）和创新（创新性、可复用性、无偏好性）两种核心理念。然而，随着地缘政治冲突的加剧，互联网发展的开放性原则正受到威胁。近年来，有关互联网碎片化发展趋势备受担忧。相较而言，互联网的创新原则得到了更好的延续，并持续为世界带来颠覆性影响。

---

① ISOC，"Internet Invariants：What Really Matters，" https：//www.internetsociety.org/internet-invariants-what-really-matters/.

② ISOC，" Policy Brief： Internet Invariants，" https：//www.internetsociety.org/policybriefs/internetinvariants/.

二　互联网协会

一些由专业技术人员组成的非缔约国际性组织在互联网标准化过程中发挥了更大的作用。其中，互联网协会是最有影响力的组织之一。[①] 它是一个全球性非营利组织，成立于 1992 年，是支持互联网架构委员会（IAB）、互联网工程任务组（IETF）和互联网研究任务组（IRTF）的行政实体，[②] 主要职责是维护并推广互联网政策、标准和协议，以保证互联网的开放性、全球连接性、可信性和安全性。

（一）互联网协会发展简史

互联网协会是由一些长期参与互联网工程任务组（IETF）的人员创建的，其初衷是为互联网标准制定提供场所和财政支持。这个初衷至今仍然保持不变。1990 年，互联网工程任务组（IETF）的标准制定活动主要依赖于美国政府支持的研究机构，如 ARPA、国家科学基金会（NSF）、NASA 和 DOE。鉴于需要一种新的机制来整合来自多个渠道的资金，1991 年初，在互联网活动委员会（IAB）和互联网工程任务组（IETF）会议上讨论了成立 ISOC 的事项，并在 1991 年 6 月哥本哈根举行的国际网络会议（INET）上宣布了该计划。1992 年，互联网协会（ISOC）正式成立。

1992 年 6 月，在日本神户举行的互联网协会年会上，互联网活动委员会（IAB）提议将其活动与互联网协会（ISOC）业务联系起来，并更名为互联网架构委员会。从历史上看，互联网工程任务组（IETF）和互联网研究任务组（IRTF）一直被认为是 IAB 的两个分支机构。

（二）ISOC 组织概况

ISOC 在美国弗吉尼亚州里斯顿、瑞士日内瓦、新加坡、西班牙蒙得维的亚和荷兰阿姆斯特丹设有办事处，共有 126 个分会和特殊利益团体分布在 105 个国家，全球会员数量超过 10 万人，87 个组织会员来自科技、商业、

---

① 本节信息主要来自互联网协会官网，https：//www.internetsociety.org/。

② RFC8712，https：//www.rfc-editor.org/rfc/rfc8712.html#RFC2028。

学术等领域，以及非营利性组织。ISOC 的使命是确保互联网始终作为一种造福全人类的力量，"支持并促进互联网的发展，使其成为全球性的技术基础设施、丰富人们生活的资源和促进社会进步的力量"。

1. 互联网架构委员会

互联网架构委员会（IAB）[①] 起源于互联网配置控制委员会（ICCB），曾用名为互联网咨询委员会和互联网活动委员会，主要负责监督互联网架构和互联网协议。互联网架构委员会的使命是为互联网发展提供长期的技术指导，确保互联网成为可信赖的通信媒介，并为隐私和安全提供坚实的技术基础，尤其是在监控无处不在的情况下，为互联网确立技术方向，使数十亿人能够联网，支撑物联网的愿景，使移动网络蓬勃发展，同时促进开放互联网的技术演进，并防范那些可能妨碍增进网络信任的控制手段。

互联网架构委员会的主要组成部分有互联网工程任务组（IETF）和互联网研究任务组（IRTF）。前者主要负责传输控制协议/互联网协议（TCP/IP）的进一步发展和标准化，以及将其他协议集成到互联网操作中，如开放系统互联（OSI）协议。互联网研究任务组（IRTF）在互联网架构委员会指导下，在多个政府机构的支持下，继续探讨先进网络概念。

互联网架构委员会的监管权限体现在以下几个方面：批准提名委员提出的互联网工程指导小组（IESG）候选人；审查所有互联网工程任务组工作小组章程提案；监督互联网标准制定过程，并作为上诉委员会处理有关执行不当的投诉。互联网架构委员会的成员由互联网工程任务组提名委员会选出12 名成员，并由 ISOC 理事会确认。互联网工程任务组主席也是互联网架构委员会成员，同样由提名委员会选出。互联网研究任务组主席是互联网架构委员会当然成员人选。[②] 通常每年任命 6 名委员，任期两年。互联网协会（ISOC）、"RFC 编辑"、互联网号码分配局（IANA）和互联网工程指导小组（IESG）各派一名联络员。

[①] 互联网架构委员会（IAB）官网，https：//www. iab. org/。

[②] RFC9281 Entities Involved in the IETF Standards Process，https：//www. rfc – editor. org/rfc/rfc9281. pdf.

2. 互联网工程任务组

互联网工程任务组（IETF）成立于 1986 年，是负责制定和维护互联网标准的主要机构。[①] 互联网工程任务组是一个主要由来自世界各地的高素质工程师组成的志愿者组织。长期以来，法律、行政和财务等非技术问题一直是互联网工程任务组中"不受欢迎"但又不可避免的工作内容之一。为了解决这些问题，互联网工程任务组于 1995 年成立了"Poised95 工作组"。该工作组认为，ISOC 是代表互联网工程任务组处理这些非技术问题，并与互联网工程任务组密切合作的最佳组织。2018 年，在互联网工程任务组和 ISOC 的密切合作下，作为 ISOC 的子公司，互联网工程任务组管理有限责任公司成立了。ISOC 对互联网标准的技术内容没有任何直接影响。ISOC 对互联网工程任务组（IETF）的影响间接体现在以下四个方面。一是任命互联网工程任务组（IETF）提名委员会主席；二是确认由互联网工程任务组（IETF）提名委员会提名的 IAB 候选人；三是 ISOC 保留在其他标准组织和相关组织中会员资格，如 ISOC 是 ITU-T 的部门成员，这有利于互联网工程任务组（IETF）享有相应的会员权利；四是 ISOC 依托其他计划或项目支持互联网工程任务组（IETF）标准化进程，如 ISOC 推出的"IETF 政策制定者计划"，为专家提供了与互联网工程任务组（IETF）在技术社区直接进行互动的机会。[②]

互联网工程任务组没有会员制。任何人都可以通过注册邮件列表或注册 IETF 会议资格来参与。所有互联网工程任务组参与者均被视为志愿者，并被鼓励以个人身份参与，包括有偿参与。每年大概有超过 6000 人积极参与文档撰写、邮件列表讨论、参加 IETF 会议等活动。互联网工程任务组收取的唯一费用是会议注册费，并提供各种备选项，以防止缴费成为参与的障碍。互联网工程任务组通过 RFC 机制制定关于互联网的自愿性标准。现在，互联网工程任务组的 RFCs 文档版权归互联网协会（ISOC）所有。

---

① 互联网工程任务组（IETF）官网，https://www.ietf.org/。
② RFC8712，https://www.rfc-editor.org/rfc/rfc8712.html#RFC2028。

互联网工程任务组每年举行三次为期一周的会议，主要目的是帮助工作组完成任务，并促进工作组之间的交流。目前，参加互联网工程任务组会议的人数在 1000~1500 人。会议在亚洲、北美和欧洲轮流举行，偶尔也会在其他地区举行会议。互联网工程任务组会议期间的工作组会议不是决策会议，达成的任何共识都必须提交给工作组邮件列表，以确保得到所有工作组参与者的一致支持，而不仅仅是参加会议的人。

早在 20 世纪 80 年代，互联网工程任务组就已经发展成最重要的互联网标准组织，不仅表现在它对技术创新的推动，还有它类学术机构的性质。它被有意塑造成国家和政府间标准机构的替代模式。① 互联网工程任务组获得了广泛的认可，甚至国际电信联盟也曾认为它是"后工业时代最成功的典范之一"。②

3. 互联网研究任务组

互联网研究任务组（IRTF）③ 的主要任务是推进与互联网演进相关的重要协议、程序、架构和技术等领域的研究。互联网研究任务组是互联网工程任务组的平行机构，前者关注长期问题研究，后者侧重于关注工程和标准制定等短期任务。互联网研究任务组由研究任务组主席和研究指导小组协商管理。互联网研究任务组通常进行长期问题的研究，因此要确保参与成员的稳定性。目前，互联网研究任务组形成了 15 个有固定主题的研究组：加密论坛研究组、网络计算研究组、去中心化研究组、全球接入研究组、人权议定书研究组、互联网拥塞控制研究组、信息网络研究组、协议测量与分析研究组、网络管理研究组、路由感知网络研究组、隐私增强和评估研究组、量子互联网研究组、标准制定过程的研究与分析研究组、物联网研究组、可用正式方法提议组。

---

① Jeanette Hofmann，"Internet Governance：A Regulative Idea in Flux," *Global Internet Governance：Critical Concepts in Sociology*，edited by Laura DeNardis，Volume I，Routledge.

② Shaw Robert，"Reflection on Governments，Governance and Sovereignty in theInternet Age," http：//people. itu. int/~shaw/docs/reflections-on-ggs. htm.

③ IRTF 官方网址，https：//www. irtf. org/。

（三）互联网协会在网络空间国际治理中的作用

互联网协会致力于推动全球互联网的可持续发展，既包括互联网技术标准创新，也包括互联网应用的普及和公共政策的制定。

1. 促进互联网成长

互联网协会将缩小数字鸿沟作为其促进互联网成长的首要路径。目前全球还有 26 亿人无法访问互联网。为此，互联网协会采取了一系列措施，包括支持互联网基础设施发展、支持当地人技能提升、推动政策优化和促进融资等。此外，互联网协会还加入了"伙伴连接计划"（Partner2Connect），并承诺到 2025 年将培训 10000 名专业人员、运维 100 个网络，以助力全球范围内的互联网接入和普及。

促进可持续的、对等的基础设施发展是促进互联网发展的关键。为此，互联网协会长期致力于推动互联网交换点（IXP）建设。互联网交换点可以为互联网流量创造更短、更直接的路由。互联网协会计划到 2025 年通过互联网交换点建设将一般的互联网流量保持在本地，大大降低通过国际链接传输本地数据的成本。

通过测量互联网，及时掌握互联网的覆盖范围、可靠性和弹性等动态发展情况，是促进互联网发展的必要条件。为此，互联网协会建立了"互联网社会脉搏"（Internet Society Pulse）网站，负责提供有关互联网技术、互联网中端、互联网弹性和市场集中度的数据。该网站也为评估各地区互联网发展动态提供了数据支持。

2. 使互联网更强大

面对互联网发展中面临的各种安全威胁，各国政府均加强了对互联网的监管。有些监管措施影响了互联网的开放性和连通性。因此，互联网协会也致力于分享互联网前沿技术知识，帮助人们理解互联网的运作方式和价值。互联网协会也对政策可能带来的影响进行了评估，并给出了促进互联网更好地服务于人类社会发展的建议。

3. 塑造互联网未来

为了更好地发展下一代互联网，互联网协会也推出了相应的人才培育计划，如"领导力课程""青年大使计划""政策制定者计划"等。其中，"领导力课程"为互联网从业者提供"早期职业奖学金"和"中期职业奖学金"。按照"青年大使计划"，互联网协会每年遴选出 15 名 18～30 岁的青年，作为下一代互联网领导者的后备力量进行培养。"政策制定者计划"旨在帮助政策制定者提升政策的合理性，以确保政策的实施有利于为促进互联网发展提供开放性、全球连接性、安全性和可信度条件。自 2012 年以来，来自 110 个国家和地区的 300 多名政府官员参与了"政策制定者计划"。

三　万维网联盟

万维网联盟（World Wide Web Consortium，W3C）① 是 Web 领域最具权威和影响力的非营利性国际技术标准化组织，旨在促进 Web 的标准化发展，并满足 Web 的可访问性、国际化、隐私和安全性等要求。1994 年 10 月，万维网的发明者蒂姆·伯纳斯-李与欧洲核子研究中心（CERN）合作，在麻省理工学院计算机科学实验室（MIT/LCS）成立了万维网联盟，并得到了美国国防部高级研究计划局和欧盟委员会的支持。

在人员构成方面，万维网联盟的参与者分为全职雇员、会员单位和开发者三类。万维网联盟的收入主要来自三个渠道：会费、研究基金及捐赠，以支持大约 50 名全职雇员的日常工作运营。在全球范围内，超过 400 名会员推动着 Web 标准的制定与实施，同时，还有超过 12000 名的开发人员参与其中。

在行政管理方面，1994～2022 年，万维网联盟采取由 4 个签署联合协议的总部机构共同运营的托管模式。② 除美国麻省理工学院外，1995 年 4 月，法国国家信息与自动化研究所（INRIA）成立了欧洲第一个万维网联盟机构。1996 年，日本庆应义塾大学（湘南藤泽校区）成立了亚洲第一个万维网联盟机构。2003 年，欧洲信息学和数学研究联合会从法国国家信息与自动化研究所处接手了欧洲万维网联盟机构，并于 2006 年依托北京航空航天

---

① 万维网联盟官方网站，https：//www.w3.org/。
② 万维网联盟官网，https：//www.w3.org/about/history/。

大学设立中国办事处（同时撤销了 2003 年在香港科技大学设立的办事处），2013 年升级为"万维网联盟北航总部"（亦称"W3C 中国"）。2023 年 1 月，万维网联盟成立独立的法人实体——万维网公司（W3C Inc.），正式转型成为非营利性组织。董事会是万维网联盟的监管机构，拥有对战略发展方向的最终决定权，并对万维网联盟负有法律义务和受托责任。万维网的主要机构包括顾问委员会、咨询委员会、技术架构组和各个工作小组。

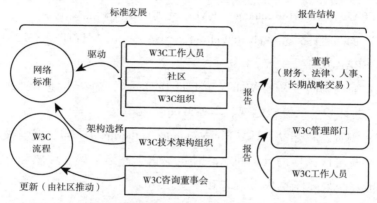

图 5-2　万维网联盟组织管理架构与标准开发流程（2023 年 6 月版）

资料来源：万维网联盟官网，https://www.w3.org/about/leadership/。

在标准制定方面，万维网联盟通过标准流程文档、会员协议、专利政策及其他文档形式确定了参与制定标准的相关方的权利与义务。截至 2022 年 10 月，W3C 设有 44 个标准工作组（Working Group）、9 个兴趣小组（Interest Group）、381 个社区组（Community Group），以及 3 个业务组（Business Group）。W3C 的 Web 标准工作可以分为以下七类。①

（1）Web 设计与应用（Web Design and Applications），如超文本标记语言（HTML）、层叠样式表（CSS）、可缩放矢量图形（SVG）、异步的 JavaScript 和 XML（AJAX）及其他构造 Web 应用（WebApps）的技术。

（2）Web 架构（Web Architecture），如统一资源标识符（URI）和超文

---

① W3C 中国，https://www.chinaw3c.org/standards.html。

本传输协议（HTTP）。

（3）语义 Web（Semantic Web），如资源描述框架（RDF）、SPARQL 协议与 RDF 查询语言（SPARQL）、Web 本体语言（OWL），以及简单知识组织系统（SKOS）等。

（4）可扩展标记语言（XML Technology），XML 相关技术包括 XML、XML 名字空间（Namespace）、XML 大纲（Schema）、XSLT、高效 XML 数据交换（Efficient XML Interchange，EXI）及其他相关标准规范。

（5）面向服务的 Web（Web of Services），如 HTTP、XML、SOAP、WSDL、SPARQL 等。

（6）面向访问设备的 Web（Web of Devices），包括智能手机及其他移动终端、打印机、交互式电视、车载 Web 终端等。

（7）浏览器和开发工具（Browsers and Authoring Tools）：此类技术旨在确保无论面对什么样的计算机、软件、语言、网络环境、传感和交互设备时，都能够获得同样的 Web 内容和体验。

目前，万维网联盟已经发布了 400 多项影响深远的 Web 技术标准及其实施指南，有效促进了 Web 技术的相互兼容，对互联网技术的发展和应用起到了基础性支撑作用。

四　国际电信联盟

国际电信联盟（ITU）成立于 1865 年，是电信领域历史最悠久的国际组织。1947 年，ITU 成为联合国专门负责信息通信技术（ICT）事务的专门机构，由 193 个成员国和 1000 多家公司、大学以及国际和区域组织组成。ITU 总部设在瑞士日内瓦，在各大洲均设有区域代表处。ITU 最初是制定国际电报交换标准的机构，现今已积极融入 ICT 环境，并始终在电信领域发挥着作用，其主要职责包括分配全球无线电频谱和卫星轨道、制定确保网络无缝连接的技术标准、弥合全球数字鸿沟等。[①]

---

① 国际电信联盟官方网站，https：//www.itu.int/en/about/Pages/default.aspx#/zh。

ITU 主要由总秘书处和电信标准化部门（ITU Telecommunication Standardization Sector，ITU-T）、无线电通信部门（ITU Radiocommunication Sector，ITU-R）和电信发展部门（ITU Telecommunication Development Sector，ITU-D）组成。其中，前两个部门在互联网标准化中的作用较为突出。

电信标准化部门主要关注电话和数据通信系统，标准化工作主要由各技术研究组完成。例如，第 13 研究组（SG13）作为"未来网络"研究组，其制定的国际标准涉及未来融合网络的要求、架构、功能和应用编程接口等；第 15 研究组（SG15）作为"传输、接入和入户"研究组，其制定的标准组成了全球通信基础设施的技术规范，主要涵盖光传输网络、接入网及家庭网络基础设施、系统、设备、光纤和电缆等领域，还包括相关的安装、维护、管理、测试、仪器仪表和测量技术，以及控制平面技术制定标准，以推动全球通信基础设施向智能传输网络演进；第 17 研究组（SG17）作为"安全"研究组，致力于推动网络安全、打击垃圾邮件、身份管理、个人身份信息保护、儿童上网保护等方面的技术标准化发展；第 20 研究组（SG20）作为"物联网、智慧城市和社区"研究组，主要是为物联网及其应用，以及智慧城市和社区的建设提供共同技术标准指导，通过物联网、数字孪生和人工智能等领域的解决方案支持城市和农村地区的数字化转型。

无线电通信部门（ITU-R）有两项重要职责：一是实施无线电频谱的频段划分、无线电频率的分配与指配，以及对地静止卫星轨道的相关轨道位置的登记，以避免不同国家无线电台之间的干扰；二是协调各方力量，消除不同国家无线电台之间的干扰，调整无线电频率和对地静止卫星轨道的利用。①随着移动网络和卫星网络在互联网通信格局中的影响力提升，无线电通信部门（ITU-R）也在互联网标准化过程中扮演着越来越重要的角色。无线电通信部门（ITU-R）的标准化工作主要涉及六个研究组：频谱管理、无线电波传播、卫星业务、地面业务、广播业务和科学业务。5000 余名来自世界各地的政府部门、电信行业和学术组织的代表参与了研究组的工作。

---

① 《ITU 使命陈述》，https：//www.itu.int/zh/ITU-R/information/Pages/mission-statement.aspx。

五　国际标准化组织

国际标准化组织（ISO）成立于 1947 年 2 月，总部位于瑞士日内瓦，是一个独立的国际非政府组织，成员包括 170 个国家标准机构。[①] 国际标准化组织制定的标准几乎涵盖所有技术领域，是世界上最大、最具权威性的国际标准化专门机构，并与 600 多个国际组织保持着协作关系。在电信标准制定领域，国际标准化组织（ISO）是国际电信联盟电信标准化部门（ITU-T）的成员。为确保所制定标准的一致性，二者在电信标准制定方面展开了密切的合作。

国际标准化组织曾开发了一个与传输控制协议/互联网协议（TCP/IP）齐名的七层协议结构的开放系统互联（Open Systems Interconnection，OSI）模型。该模型的七个层次为物理层、数据链路层、网络层、传输层、会话层、表示层和应用层。这些分层的逻辑主要遵循了以下原则：每一层负责执行一个明确的功能；每一层功能的选择应该向定义国际标准化协议的做法看齐；层与层边界的选择应该使通过接口的信息流最小化；层的数量要适当，既要避免不同层面功能的混杂，也要避免体系过于庞大；每一层都为其上面的层提供一些服务。该模型最大的贡献在于针对互联网分层提出了"服务""接口""协议"三个核心概念。[②] 然而，遗憾的是，国际标准化组织开发的开放系统互联网络架构并没有成为全球通用标准。一方面，开放系统互联模型提出时错过了互联网标准推广的最佳时机，当时传输控制协议/互联网协议（TCP/IP）已经被研究型大学广泛采用，学校和厂商都没有替换的动力。另一方面，开放系统互联模型设计过于复杂，很多设计并非出于非技术因素考虑。开放系统互联模型被认为是欧洲电信部门、欧盟与美国政府合作的成果，传输控制协议/互联网协议（TCP/IP）则被视为技术社群或学术界合作的成果，虽然也有缺陷，却仍备受青睐。

---

① ISO 官网，https://www.iso.org/about-us.html。
② 安德鲁·S. 特南鲍姆等：《计算机网络（第 6 版）》，潘爱民译，清华大学出版社，2022。

六 电气与电子工程师协会

电气与电子工程师协会（IEEE）[①] 最早可以追溯至 1884 年，至今已拥有 140 年的历史，是世界上最大的技术专业组织之一。该协会拥有 39 个技术协会和 8 个技术委员会，每年举办超过 10000 次本地会议。电气与电子工程师协会在 190 多个国家和地区拥有超过 460000 名会员，其中 66% 以上的来自美国以外的国家和地区。

电气与电子工程师协会出版了世界上大约 1/3 的电气工程、计算和电子技术文献。电气与电子工程师协会是国际标准的领先制定者，拥有近 1144 个标准的活跃组合和超过 1018 个正在开发的项目，包括用于本地、城域网和其他局域网络的著名 IEEE 802 ® 标准。这些标准支撑着当今许多电信、信息技术和发电产品及服务。例如，表 5-7 中的 IEEE 802.3™（以太网标准）和 IEEE 802.11™（无线局域网标准）对全球网络发展的影响巨大。

表 5-7 IEEE 802 ® 标准

编号	主题
IEEE 802 ®	无线局域网概述与体系结构
IEEE 802.1™	桥接与管理
IEEE 802.3™	以太网
IEEE 802.11™	无线局域网（Wi-Fi）
IEEE 802.15™	无线专业网络（WSN）
IEEE 802.16™	宽带无线局域网
IEEE 802.19™	无线共存
IEEE 802.21™	媒体独立切换服务
IEEE 802.22™	无线局域网

资料来源：IEEE 官方网站，https：//ieeexplore.ieee.org/browse/standards/get－program/page/series？id＝68。

[①] IEEE 官方网站，https：//www.ieee.org/about/ieee-history.html。

作为国际性专业技术组织，电气与电子工程师协会却未能避免受到国际政治博弈的影响。2019 年 5 月 16 日，美国商务部将华为公司及其 68 家关联公司列入了"实体清单"，实施出口管制。5 月 29 日，网络上曝光的一封电子邮件显示，电气与电子工程师协会旗下的通信学会通知所属刊物主编：禁止来自华为的员工担任同行评审过程的审稿人或编辑。电气与电子工程师协会（IEEE）在 5 月 30 日"遵守美国贸易限制对全球 IEEE 会员的影响应该很小"的声明中表示，这是对美国政府新规的回应，作为在纽约注册的非政治性非营利组织，它需要遵守美国政府法规。[①] 虽然电气与电子工程师协会（IEEE）也在声明中表示，除了评议和审稿权，来自华为成员的其他权益并不受影响，但是其做法还是令全球尤其是中国学术界震惊。先是，北大、清华有两名学者称电气与电子工程师协会的禁令超出了学术人可接受的底线，并表示退出电气与电子工程师协会编委会。[②] 中国计算机学会（CCF）也在 5 月 30 日发表声明称，"CCF 暂时中止与 ComSoc 的交流与合作；不建议 CCF 会员向任何 ComSoc 主办的会议和刊物投稿；建议 CCF 会员不参加 ComSoc 主办的刊物和会议的审稿及其他学术评价活动。"[③] 电气与电子工程师协会对华为的评议和审稿禁令显然违背了国际学术组织对于开放、平等和非政治化的承诺。来自电气与电子工程师协会（IEEE）的大量成员也表达了对此的不满和担忧。数日之后，时任电气与电子工程师协会（IEEE）主席何塞·穆拉向会员发送了一条个人信息，告知"IEEE 取消了对编辑和同行评审活动的限制"。IEEE 也在 6 月 2 日发表了取消限制的更新声明。[④]

---

① Stamatis Dragoumanos, " IEEE: Trade Restrictions Should Have Minimal Impact on IEEE Members," https://region8today.ieeer8.org/ieee-huawei/.

② Guo Meiping, Pan Zhaoyi, "Science without Borders? IEEE Bans Huawei Staff from Peer-review Journals," https://news.cgtn.com/news/3d3d674d7967544f34457a6333566d54/index.html.

③ 中国计算机学会：《CCF 关于 IEEE 通信学会不当行为的声明》，https://www.ccf.org.cn/c/2019-05-30/666160.shtml。

④ Stamatis Dragoumanos, " IEEE Updates Its Statement and Lifts Restriction from Huawei Employees," https://region8today.ieeer8.org/ieee - updates - its - statement - and - lifts - restriction-from-huawei-employees/.

从互联网标准化的历史演进中，我们可以看出与其他技术领域"自上而下"的标准化路径不同，大量专业互联网组织，如互联网架构委员会、互联网工程任务组、互联网协会、万维网联盟等采取了"自下而上"的路径，通过"征求意见"机制，遵循"大体一致"原则，制定了无数事实类标准。然而，近年来，互联网标准制定领域的地缘政治化发展趋势越来越明显。一方面，互联网与现实社会全方位地融合发展，使得互联网标准成为关乎国际经济竞争力、国际立法优势地位、国际政治话语权，以及意识形态和伦理价值塑造的重要影响因素，各国政府加强对互联网标准制定领域的话语权争夺；另一方面，随着中国在互联网标准制定领域能力和影响力的提升，美欧等西方国家试图维持国际标准既有制定秩序和格局以对中国进行压制。美国技术标准竞争意图已充分体现在其对华战略或政策中，如《保持美国在人工智能领域领导地位》（2019）、《促进美国 5G 国际领导力法案》（2020）、《促进美国无线领导力法案》（2020）、《芯片与科学法案》（2022）等。地缘政治冲突加剧对互联网标准最直接的威胁在于对统一国际标准制定体系的割裂，进而减弱互联网的互操作性和开放性。对此，技术领先的互联网强国尤其需要予以关注，防范因此可能引致的互联网碎片化发展趋势。

第六章　应用程序层治理

网络空间是依托于物理设备并由诸多应用程序构建出来的虚拟空间。应用程序既是人们进入网络空间的通道，也是人们在网络空间中进行各种操作和互动的工具，它使人们在网络空间中进行活动成为可能。与技术标准和协议不同，应用程序为人们在网络空间中的活动设置了规则，而技术协议和标准则决定了数据在网络中的传输方式。常见的应用程序可以分为两类：一类是安装在设备上的程序，如 Windows 操作系统等；另一类是为网页服务的应用程序，如 IE 浏览器、社交媒体应用、知识问答应用程序等。

应用程序层治理既是互联网治理的重点也是难点。它们通常隐含着价值观和规则，决定了网络空间的生态环境。例如，国际化程度极高的社交媒体应用脸书不仅颠覆了传统自上而下的信息传播模式，还改变了国际信息传播格局，甚至在某种程度上给部分国家的政治安全带来重大威胁。

第一节　应用程序安全与国际治理

应用程序是允许和限制网络行为的关键，因此，开发应用程序的工程师、互联网企业或公共机构以较为隐蔽的方式参与互联网治理活动。应用程序的影响力与其普及率和国际化程度成正比。美国企业在应用程序市场长期处于绝对优势地位。随着地缘政治博弈加剧，国家间的应用程序问题逐渐引起关注。

一　操作系统与国家安全

受经济发展水平、教育和科研投入、产业结构及发展规划等多种因素综合影响，各国软件研发能力差异巨大。美国是全球软件研发的领导者，硅谷汇聚了大量信息技术公司和研发机构，是全球软件创新的重要中心。欧洲地区整体信息化水平较高，但在软件领域对美国有较强的依赖，瑞典和芬兰在软件研发方面表现较为突出。在亚洲地区，日本和韩国的信息产业长期处于领先地位，在软件研发上也具有较强的实力。印度是全球最大的软件外包服务提供国，近年来其软件创新能力也有所提升。在过去的几十年里中国大力发展信息技术产业，软件创新能力快速提升，成为全球软件研发的主要国家之一。

操作系统是最重要的应用程序类型之一。网络空间是建立在无数硬件设备连接基础上的数字世界。操作系统既是用户进入数字世界的入口，也是其他应用程序与硬件设备的接口。它的主要功能是管理设备（通常是计算机系统）的硬件、软件和数据资源，控制程序运行，并提供和改善人机交互界面等。依据所应用的领域，操作系统可分为桌面操作系统、移动操作系统、服务器操作系统、云操作系统和嵌入式操作系统五个类别。其中，桌面和移动两个类别是普通用户可直接接触的两类操作系统。因此，下文将以桌面操作系统和移动操作系统为例，分析操作系统发展与国家安全之间的关系。

微软、谷歌和苹果等美国公司长期主导着桌面和移动操作系统市场，如表 6-1 所示。三家公司合计占有所有平台操作系统的 91.61%、桌面电脑的 84.3%、平板电脑的 99.83%、手机的 99.18%。在桌面操作系统市场，微软公司的 Windows 操作系统借助与英特尔（Intel）CPU 组成的 Wintel 联盟长期垄断了桌面操作系统市场。2013~2023 年，Windows 操作系统占有稳固的市场地位。在移动操作系统市场，谷歌公司的 Android 系统和苹果公司的 iOS 系统凭借各自的优势也形成了市场垄断。其中，Android 系统因开源、免费、可定制等特征，深受智能手机厂商和其他应用程序开发者喜爱，并随着时间的推移形成了生态性壁垒。iOS 系统因闭源模式在性能和安全性等方面形成了比较优势。Android 系统和 iOS 系统在移动操作系统市场形成了双寡头垄断格局。

表 6-1   2023 年全球操作系统市场份额统计

单位：%

所有平台	公司	Android（谷歌）	Windows（微软）	iOS（苹果）	OS X（苹果）	ChromeOS（谷歌）
	份额	34.78	29.28	16.94	8.93	1.68
桌面电脑	公司	Windows（微软）	OS X（苹果）	ChromeOS（谷歌）	Linux *（—）	FreeBSD（—）
	份额	61.87	18.87	3.54	2.69	0
平板电脑	公司	iOS（苹果）	Android（谷歌）	Linux（—）	Windows（微软）	BlackBerry（黑莓/加拿大）
	份额	55.89	43.92	0.12	0.02	0.01
手机	公司	Android（谷歌）	iOS（苹果）	Samsung（三星/韩国）	KaiOS **（KaiOS 公司）	Windows（微软）
	份额	67.56	31.6	0.43	0.2	0.02

注："*"Linux 是一种自由和开放源码的类 UNIX 作业系统。该操作系统的内核由林纳斯·托瓦兹于 1991 年 10 月首次发布。"**"KaiOS 于 2017 年诞生，是基于 Linux 的移动操作系统，由美国公司 KaiOS Technologies 开发。其仅在一年时间内就在印度市场得以普及，成为印度市场中仅次于安卓系统的第二大移动操作系统。

资料来源：https://gs.statcounter.com/os-market-share。

在数字产业高速全球化的过程中，软件和硬件市场垄断的风险和危害一直以潜在形式存在。操作系统对国家的安全隐患主要体现在停止服务、禁用、后门、漏洞等方面。

操作系统的更新换代不仅会产生经济后果，也会产生某些政治后果。随着市场份额的减少（见表 6-2），旧的版本将逐渐退出市场，同时开发者也会选择一个时间节点停止对该版本的安全维护。因此，为确保系统的安全性，用户不得不被动地选择系统升级，否则系统将面临病毒侵袭、数据泄露等安全风险。当 2014 年微软停止对 Windows XP 提供服务时，根据我国计算机病毒应急处理中心发布的《Windows XP 系统安全状况调研报告》，对政府企业用户的抽样数据显示 XP 系统电脑设备所占比例高达 72.6%。[1]

这种数字市场格局失衡给国家安全带来的威胁逐渐显露。为遏制华为公司在全球快速提升的影响力，2019 年 5 月美国商务部工业和安全局将华为公司列入了"实体清单"。随后，谷歌、英特尔、高通、博通等企业相继收到了禁令，禁止对华为供货。其中，谷歌直接限制华为使用 Android 系统，以至于谷歌应用商店、谷歌邮箱、谷歌地图、谷歌旗下视频产品油管（YouTube），以及谷歌云端的应用和服务都无法继续在华为手机上使用。为应对美国政府禁令，华为公司于 2019 年推出了自主研发的操作系统——鸿蒙系统。该系统的目标是成为一个跨设备平台，可以在智能手机、智能电视、智能汽车和其他物联网设备上运行。鸿蒙系统已经在操作系统自主创新之路上迈出了重要一步，但是操作系统发展本质上是软件生态培育，非一朝一夕之功可以改观。

表 6-2　全球操作系统市场概况

企业	国别	类型	产品	市场方向
微软	美国	桌面操作系统	Win10（71.9%）、Win11（22.95%）、Win7（3.61%）、Win8.1（0.72%）、Win8（0.37%）、WinXP（0.32%）	个人电脑、移动设备、服务器、增强现实、游戏机
谷歌	美国	桌面操作系统	ChromeOS 是由谷歌设计基于 Linux 内核的操作系统，并使用谷歌 Chrome 浏览器作为主要用户界面	支持 Web 应用程序，2016 年起开始陆续兼容 Android 应用程序和 Linux 应用程序
		移动操作系统	Android10（47.25%）、Android11（13%）、Android13（12.16%）、Android12（11.79%）、9.0 Pie（5.23%）、8.1 Oreo（3.31%）	智能手机、平板电脑、智能电视、车载系统、智能手表等

[1]　方兴东等：《安全操作系统"中国梦"——中国自主操作系统战略对策研究报告》，《中国信息安全》2014 年第 4 期。

续表

企业	国别	类型	产品	市场方向
苹果		桌面操作系统	macOS Catalina（91.9%）、macOS Mojave（1.81%）、macOS High Sierra（1.74%）、其他（4.55%）	个人电脑
		移动操作系统	iOS 16.4（39.2%）、iOS16.3（15.31%）、iOS16.1（9.66%）、iOS15.7（5.83%）、iOS16.2（5.36%）、iOS16.0（5.06%）	智能手机、平板电脑

注：数据截至 2023 年 5 月。

资料来源：https://gs.statcounter.com/os-version-market-share/windows/desktop/worldwide。

从表 6-3 中可以看出，当前中国操作系统市场主要有微软、谷歌、苹果三家公司。鸿蒙系统的市场份额还非常小。这说明在操作系统领域，我国企业离自主可控的目标还有差距。

表 6-3　2023 年 5 月中国操作系统市场份额统计

单位：%

所有平台	公司	Android（谷歌）	Windows（微软）	iOS（苹果）	OS X（苹果）	Linux（—）
	份额	45.95	32.91	14.2	2.22	0.47
桌面电脑	公司	Windows（微软）	OS X（苹果）	Linux（—）	ChromeOS（谷歌）	FreeBSD（—）
	份额	83.43	5.64	1.18	0	0
平板电脑	公司	iOS（苹果）	Android（谷歌）	Linux（—）	Windows（微软）	—
	份额	63.68	36.22	0.06	0.02	—
手机	公司	Android（谷歌）	iOS（苹果）	Samsung（三星/韩国）	Windows（微软）	SymbianOS*（诺基亚）
	份额	76.44	22.86	0.02	0.01	0.01

注："＊"诺基亚公司开发的一种应用于诺基亚手机上的移动操作系统，2013 年暂停发展。

由于市场的网络外部效应和技术依赖惯性，新操作系统很难取得突破。出于安全考虑，很多企业曾推出过自主操作系统，如韩国的 TmaxWindows、古巴的 Nova、法国的 SliTaz GNU/Linux、俄罗斯的 ALT Linux、日本的 TRON，以及中国的红旗 Linux 和中标麒麟等，但是无一例外的是，它们的市场影响力都非常小，难以形成支撑市场的软件应用生态系统。[①]

二　应用商店与国际治理

应用商店是苹果公司于 2008 年开创的一种应用程序分发的新模式。该模式很快被其他品牌智能手机、平板电脑、桌面电脑等电子设备效仿，并成为应用程序重要的流通渠道。各种电子设备应用商店的市场分布情况存在一定差异，但在国际治理中面临的问题较为相似。以智能手机应用商店为例，2023 年全球手机用户已达 54.4 亿，占全球总人口的 68%，超过互联网用户的数量（51.6 亿）。[②] 手机及其应用商店的发展已成为网络空间治理的重要影响因素之一。

世界上第一部智能手机的面世可追溯至 1994 年开始销售的 IBM Simon。除了电话功能，IBM Simon 配有电子邮件、日历、时钟等一些基本应用程序，但不能访问互联网，出厂后也无法安装其他应用程序。2007 年，苹果公司发布的第一代 iPhone 开启了智能手机新时代。除了提供访问互联网的便利，iPhone 于 2008 年首创了应用商店模式，用户可在自己的手机上自行下载其他程序。智能手机、应用商店、移动网络的发展促使应用程序爆发式增长，不仅改变了人们进入网络空间的方式和行动能力，也极大地改变了网络空间的生态环境。智能手机应用程序从初期的娱乐功能，已拓展为覆盖信息传播、经贸、教育、医疗等领域，成为影响社会公共事业的载体。

应用商店国际治理问题不仅仅是经济问题，也是政治问题。近些年，各

---

① 方兴东等：《安全操作系统"中国梦"——中国自主操作系统战略对策研究报告》，《中国信息安全》2014 年第 4 期。

② DataReportal，"Digital 2023：Global Overview Report，" https：//datareportal.com/reports/digital-2023-global-overview-report，2023-1-26.

国对数据安全和个人隐私的关注度大幅提升，应用程序被别国禁用的事例屡见不鲜。其中有两个事件引起了人们对应用商店国际治理的关注。

一是"清洁网络计划"提出的"清洁应用商店"要求。美国在 2020 年 8 月发布的扩展版"清洁网络计划"中提出了六个清洁领域。其中一个即"清洁应用商店"。要求从应用商店中移除所谓不受信任的应用程序。① 该计划发布的第二天，美国总统特朗普即根据《国际紧急经济权力法案》② 签署了《应对 TikTok 威胁行政令》③ 和《应对微信威胁行政令》两项行政令，④以国家安全为由，禁止任何人或涉任何受美国管辖的财产，使用微信或 TikTok 进行交易。但这两项行政令因遭到美国用户的反对和公司的抗争而没能顺利执行。虽然拜登政府上台后取消了两大行政令，但是后续以国家安全为由对 TikTok 展开的各类审查和责难并未就此停歇，使得 TikTok 一直面临着较大的生存威胁。直到 2024 年 4 月，拜登政府仍在试图通过新签署的《保护美国人免受外国对手控制的应用程序侵害法案》，要求 TikTok 从字节跳动公司剥离，否则将在美国被禁止使用。

二是美国"国会大厦暴力事件"中应用商店下架 Parler 的行为。2020 年 1 月，总统选举失败后特朗普的支持者冲进国会大厦，致使正在进行的国会参众两院联席会议确认大选最后结果的程序被迫中止，并导致 5 人丧生、多人受伤，令全球为之哗然。事后，除脸书、推特等十几家社交媒体对特朗普采取了联合禁言行动外，谷歌和苹果从应用商店下架了标榜不监管言论的社交媒体应用程序 Parler。

可以看出，应用商店本身也是一种运行在硬件操作系统上（如 iOS 系统或 Android 系统）的应用程序，但在系统形成与构建中，应用商店处于一个重要节点位置。在当前治理中，应用商店事实上扮演着重要的"守门人"

---

① Mike Pompeo, "Announcing the Expansion of the Clean Network to Safeguard America's Assets," https：//www. state. gov/announcing - the - expansion - of - the - clean - network - to - safeguard - americas-assets/.

② International Emergency Economic Powers Act, IEEPA.

③ Executive Order on Addressing the Threat Posed by TikTok.

④ Executive Order on Addressing the Threat Posed by WeChat.

角色（见图6-1），并享有事关其他应用程序存续与否的独特裁量权。这种裁量权作用力大小与应用商店用户数量成正比。

图6-1　基于应用商店的应用程序流通示意

　　全球应用商店数量很多，但发展极不平衡。iOS系统和Android系统在手机操作系统中占据主导地位，促使苹果应用商店和谷歌应用商店形成了双寡头垄断地位。截至2023年5月，手机操作系统市场份额情况为Android占67.56%、iOS占31.6%、Samsung占0.43%、KaiOS占0.2%、Windows占0.02%。Android和iOS操作系统共计为99.2%的智能手机提供服务，[①] 苹果和谷歌的应用商店中的应用程序数量分别约为355万个和164万个，排第三位的亚马逊应用商店应用程序数量约为48万个，[②] 与前两者差距非常明显。苹果和谷歌应用商店塑造的应用生态几乎决定了智能手机的功能。应用商店市场格局失衡意味着网络空间国际治理的重要权力分配同样处于失衡状态。应用商店普通的管理权不仅可以成为商业竞争中的排他性非正当竞争手段，也可能成为一种制裁手段（如俄乌冲突事件）或执法途径（如美国"国会大厦暴力事件"）。

　　苹果商店和谷歌商店的运营模式略有差别。苹果的iOS系统是闭源的，除了官方的应用商店，系统禁止用户通过其他渠道向自己的数字设备"侧载"应用程序。苹果公司声称这样做的初衷是确保用户下载的应用程序符合安全标准，有利于保护用户隐私，并降低遭受病毒攻击风险。但禁止"侧载"相当于赋予了苹果应用商店垄断应用程序在苹果操作系统生态中流

---

①　App Store Governance：Implications，Limitations，and Regulatory Responses，Telecommunications Policy 47（2023），https：//gs.statcounter.com/os-market-share/mobile/worldwide.

②　https：//www.statista.com/statistics/276623/number-of-apps-available-in-leading-app-stores/.

通的权力。对于用户而言，苹果应用商店里很多应用是收费的，因此，禁止"侧载"可能限制了用户从其他途径免费或低价获得相同应用的可能。与苹果的 iOS 系统不同，Android 操作系统核心代码基于开源软件，由开放手机联盟开发和维护。该联盟由超过 84 家软件和硬件设备商组成，并于 2007 年宣布 Android 操作系统是"第一个真正开发和全面的移动设备平台"。因此，理论上，它允许用户从谷歌应用商店以外的其他渠道（如浏览器）"侧载"应用。然而，由于 Android 操作系统从一开始就是在谷歌公司主导下开发的，事实上，默认状态下"侧载"是被禁止的，使用过程并不方便。大多数使用 Android 操作系统的智能手机都预装了谷歌的专有应用程序，如谷歌的跨平台浏览器，以及谷歌应用商店。谷歌应用商店显然成了用户最为便捷的下载路径。[①]

苹果和谷歌的应用商店的影响力巨大，除了其对应用下载路径的控制引发关注，其收费标准也一直备受诟病。苹果的应用商店费用分为两部分：一是将应用上架到苹果商店需要开通开发者账号，个人开发者需要支付 99 美元/年，企业则是支付 299 美元/年。二是苹果商店还将从应用收入中分成，2020 年 11 月之前，苹果统一抽取 30%作为佣金。因被指责收取费用过高，苹果公司做出了调整：应用年度收入 100 万美元及以上时，收取 30%；针对年度收入低于 100 万美元的小企业或个体开发者，收取 15%。谷歌与苹果的收费标准类似，最初也是收取 30%，但自 2021 年 7 月起，也将收费标准从 30%有条件地降至 15%，即每年低于 100 万美元收入的服务费率为 15%，100 万美元及以上收入的部分的服务费率为 30%。

每个应用商店有自己的审核标准。因此在治理中，应用商店发挥着"准监管机构"的作用。首先，应用商店根据法律要求制定审核政策，并对那些不符合政策要求或者违反法律法规的应用程序采取禁止上架或删除下架等措施。它们的作用主要体现在安全治理、内容治理和隐私治理三个方面。

---

① App Store Governance: Implications, Limitations, and Regulatory Responses, Telecommunications Policy, 47 (2023).

在安全治理方面，应用商店可以对不安全或已知的恶意应用采取删除下架措施，或者对应用提出相应安全标准要求。例如，苹果公司通过《苹果开发者程序许可协议》（Apple Developer Program License Agreement）提出了安全标准要求，禁止应用程序包含恶意、有害代码，或者其他内部组件（如计算机病毒、"特洛伊木马""后门"，以及有害广告软件等）。该协议还要求应用程序被批准前必须接受安全检查，并且苹果公司保有在应用程序进入商店后进行安全检查的权利。

在内容治理方面，针对内容生成型应用程序的治理是应用商店治理的重点和难点。应用商店主要采取了直接治理和委托治理两种方式。直接治理是指由应用商店直接判定应用程序是否违反其所规定的条款要求。例如，2018年，苹果商店曾以未充分过滤虐待儿童信息为由，删除了 Tumblr 应用；2021年，美国国会大厦发生骚乱后，谷歌和苹果商店相继删除了 Parler 应用。委托治理是指应用商店通常要求应用程序首先进行自我管理，遵从应用商店内容管理政策，并建立内容过滤和审核等机制。这种方式主要适用于脸书和推特这种影响力较大的应用程序。有时应用商店也会责成应用程序建立和完善内容治理机制。例如，应苹果和谷歌要求，Telegram 应用增加了关于"不宣扬暴力、不传播色情、不侵犯公共广播频道版权"的内容管理条款；2021年，苹果应用商店在删除 Parler 应用前曾要求其在24小时内提供一个"审核改进计划"，但被 Parler 拒绝，苹果随后对其采取删除下架措施。

在隐私治理方面，应用商店要求开发者采取数据最小化、知情同意等措施。2022年4月，谷歌公司从谷歌 Play 商店下架了天气、高速公路雷达等数十款侵犯用户数据隐私的应用程序。这些应用程序被内置了一个能够秘密获取数据的"软件开发工具包"（SDK）代码，该代码可获取剪贴板、电话号码、电子邮件地址、GPS 位置等用户数据。部分应用程序的下载量甚至超千万次，严重威胁了用户隐私安全。尽管应用商店已经在隐私治理方面变得更主动，但是隐私安全仍然未能得到有效保障。

尽管应用商店及其所属公司采取了一些自律性的治理措施，但对于应用商店市场的垄断格局，以及自律措施存在的不确定和不透明问题，很多国家和地区试图通过立法来解决。例如，澳大利亚竞争和消费者委员会（Competition and Consumer Commission）已经在酝酿促使苹果和谷歌制订开放智能手机生态系统的政策。韩国 2021 年修订的《电信业务法案》（Telecommunications Business Act）要求苹果和谷歌允许使用替代性支付系统。欧盟推出的《数字服务法》（Digital Services Act）和《数字市场法》（Digital Markets Act）中提出了一些适用于应用商店的条款。《数字市场法案》提出了一些旨在解决用户难以从其他途径下载应用程序问题的可行方案，主要包括：禁止应用程序商店经营者阻止用户从应用程序商店以外的渠道订阅服务或购买内容，以及要求对开发者适用公平和非歧视性的应用程序商店准入条件，还要求"守门人"（包括苹果和谷歌等）"允许并在技术上促成"第三方应用程序商店的安装和有效使用等。《数字服务法案》的目标是"确保一个安全和负责任的网络环境"。根据应用程序在网络空间中的作用、规模和影响，法案将它们分为四个类别：中介服务（如域名注册商）、托管服务、在线平台和超大在线平台。应用商店被明确认定为"在线平台"。根据法案要求，应用商店需要提高透明度、安全性和加大监管力度。当被告知存在托管非法内容时，必须将其删除；建立非法内容的报告机制和删除投诉机制；定期评估其服务所产生的系统性风险；向研究人员提供数据，以便对此类风险进行独立调查。①

三　后门问题与国际治理

后门是研发者故意设置在操作系统或某种应用程序中的功能。它可以绕过正常的认证过程，使未经授权的用户能够访问系统或数据。设置后门的目的通常是便于软件的维护或调试，或被用于执法。但它也可能被黑客或恶意用户用于非法活动。后门通常以非公开的形式存在，故会对用户隐私和数据安全构成潜在威胁。

① App Store Governance: Implications, Limitations, and Regulatory Responses, Telecommunications Policy, 47（2023）.

后门可能带来的潜在国家安全风险主要表现在以下两个方面：一是在关键基础设施领域，各国的通信、电力、医疗、交通、金融等关键基础设施越来越依赖于通过计算机系统进行管控。如果这些关键基础设施系统的软件和硬件存在后门，就可能被攻击者利用，对基础设施乃至国家安全造成威胁。二是在信息安全方面，攻击者可能利用后门获取个人信息、商业秘密以及政府机密等，从而危害国家安全。后门的存在可能对任何一个国家的网络安全带来威胁，但目前并没有专门针对后门问题的国际治理协调机制。在国际社会，解决后门问题主要是通过制定信息安全和数据保护技术标准来实现的。例如，国际标准化组织（ISO）和国际电工委员会（IEC）联合制定的 ISO/IEC 27000 系列标准，也被称为"信息安全管理系统标准族"。这个系列标准是通过对最佳实践的总结而形成的对信息安全管理的建议。

为应对后门问题可能带来的国家安全风险，最常见的举措就是建立国家层面的审查制度。尽管美国企业在软件研发领域有绝对优势，但美国政府并没有忽视或淡化此问题。相反，美国政府对于软件安全问题非常重视，其相关治理机制的完善程度在全球首屈一指，主要包括法规和标准体系、软件供应链安全审查机制、源代码审查机制、第三方审查机制等。在法规和标准体系方面，美国政府通过多种法规和标准对软件安全提出了要求。在软件供应链安全审查机制方面，美国政府对软件供应链安全非常关注。供应链安全包括审查软件的来源，确保没有被恶意代码或后门污染。这方面的工作可能涉及审查软件的开发和分发过程，以及审查开发者的信誉。在源代码审查机制方面，对于关键的信息系统，政府可能要求进行源代码审查。源代码审查可以找到可能的安全漏洞和后门。在一些情况下，政府可能要求软件开发者提供源代码，以便于审查。在第三方审查机制方面，美国有多家专门的安全审查公司，可以为政府或企业提供安全审查服务。这些公司使用静态代码分析、动态分析、模糊测试等手段来查找安全漏洞和后门。当然，上述制度并不足以保证绝对安全，在技术上辅以加密认证和最小化权限等也是常见的安全保障手段。

四　漏洞问题与国际治理

漏洞通常源于设计、编程或配置的错误，是软件或硬件上存在的缺陷或错误。漏洞可能被黑客或恶意用户利用，绕过安全防护系统访问数据，甚至进行网络攻击，如拒绝服务攻击、代码注入攻击、僵尸网络攻击等。漏洞是网络空间存在已久但又无法根除的安全隐患。通常，软件和硬件开发者会通过版本更新的形式来修复漏洞。

与后门问题相似，漏洞问题可能会在关键基础设施、信息安全和网络安全等领域给国家安全带来威胁。与后门问题不同的是，关于漏洞问题国际层面已经建立了一些共同应对机制。

一是漏洞信息共享和公开机制。一些机构致力于收集、分类和公开漏洞信息，帮助用户和厂商了解和处理漏洞问题。例如，美国的国家漏洞数据库（NVD）和全球漏洞报告系统（CVE）都提供了详细的漏洞信息。

二是漏洞披露政策。许多公司和机构都制定了漏洞披露政策，详细规定了如何报告和处理漏洞问题。这些政策有助于确保漏洞问题能够及时、正确地得到处理。

三是漏洞奖励计划。许多公司设立了漏洞奖励计划，鼓励研究者发现并报告漏洞问题。这不仅有助于找出并修复漏洞，还有助于企业和研究者之间建立良好的关系。

第二节　社交媒体国际冲突与治理

在互联网发展的不同时期，均出现过风靡一时且影响广泛的应用程序类型，如浏览器、电子邮件、门户网站、电子公告板（BBS）、博客等。如今，在各种网站和应用程序中，"聊天和通信""社交网络"分别以 94.7% 和 94.3% 的占比位列榜首。[①] 自智能手机和移动网络兴起，社交网络应用在信

---

① DataReportal, "Digital 2024: Global Overview Report," https://datareportal.com/reports/digital-2024-global-overview-report, January, 2024.

息传播生态中的影响力快速提升。它的功能早已从个人社会交往媒介发展为一种影响力巨大的大众媒介和国际传播媒介。如今，以社交网络应用为基础形成的信息传播媒介通常被称为社交媒体。进入 21 世纪第二个十年后，社交媒体所带来的国际冲突愈演愈烈，并成为互联网治理中颇为重要的议题之一。

一　社交媒体含义及其发展现状

社交媒体（social media），也称"社会化媒体"，前者强调社交的属性和目的，即以社交为目的，基于人际网络为信息传播路径的互联网应用；后者则侧重于表达媒介演化过程中的社会化发展趋势，突出互联网对个体信息传播的赋能，强调区别于报刊、广播电视等"自上而下"的大众传播模式在传播主体和传播效果方面的显著变化。随着分享式信息传播方式的普及，"社交媒体"的称法更为普遍。此外，社交媒体有广义和狭义之分。广义的社交媒体是指人类社会交往中用来传递信息的媒介。而狭义的社交媒体主要是指进入 Web2.0 时代，由用户主导内容生产（UGC）的应用程序，本部分探讨对象为狭义的社交媒体。

知名社交媒体应用脸书、YouTube 和 X（原推特）分别诞生于 2004 年、2005 年和 2006 年。经过约 20 年的发展，社交媒体在用户规模、媒介形态和应用普及率等方面都发生了显著变化。在用户规模方面，截至 2024 年 1 月，全球社交媒体用户数量从 2004 年的 2.3 亿增长到 2024 年的 50.4 亿，占互联网用户的 94.2%、全球人口的 62.3%。[①] 在媒介形态方面，社交媒体已成为一种融文字、图片、音频、视频等所有传播手段于一体，集（自我、人际、群体、组织、大众……）传播、政治（电子/数字政务、政治动员、政治参与、政治互动……）、经济（营销、支付、金融、保险……）、文化（文学、影视、游戏……）、社会生活（工作、学习、出行……）等功能于

---

① Wearesocial, "Digital 2024: Global Overview Report," https://datareportal.com/reports/digital-2024-global-overview-report, 2024-03-09.

一体的平台型媒体。在应用普及率方面，社交媒体是 Web2.0 阶段最为流行的大众应用程序之一。根据《2024 全球数字评估报告》，在所有类型的网络访问和应用程序中，社交媒体以 94.3% 的占比排名第 2 位。

社交媒体发展带来的颠覆性影响突出表现为对国际传播格局的深刻改变。首先，国际传播参与主体多元化，大大削弱了传统媒体时代国际主流媒体的影响力。进入 Web2.0 阶段以前，国际传播话语权主要掌控在国际新闻通讯社（如美联社、路透社和法新社等）、国际传媒集团（美国的迪斯尼、德国的贝塔斯曼、法国的维旺迪等）或运维大型门户网站的企业（如雅虎等）手中。如今，具有跨国能力的社交媒体使政府机构、非媒体企业和普通个人等各类主体均可参与国际传播。其次，国际传媒市场垄断态势进一步加剧。在传统媒体时代，美国、英国、法国、德国等国家都位于国际传播强国之列。然而，进入互联网时代，市场力量一度高度向美国汇聚，欧洲国家在国际传媒市场中的份额则明显下降。在 2021 年顶峰时期，全球用户数量最多的 5 家社交媒体均为美国品牌：Facebook（27.4 亿）、YouTube（22.9 亿）、WhatsApp（20 亿）、FB Messenger（13 亿）、Instagram（12.2 亿）。[1] 其中，脸书的用户覆盖 228 个国家和地区，[2] 拥有极高的国际化程度。此外，排名第一位的脸书还收购了排第三位的 WhatsApp 和排第五位的 Instagram 两款社交媒体应用程序，进一步提升了自己在社交媒体领域的整体影响力；谷歌则就 YouTube 等旗下 11 款应用程序与安卓系统（Android）达成预安装协议，以实现优先接触用户、提升市场占有率和获得竞争优势等目标。最后，国际传播成本降低。社交媒体普及之前，国际传播通常由经过专业训练的驻外记者完成信息生产。如今，普通人在社交媒体上分享的日常内容也可能成为国际传播的重要组成部分。

---

① Wearesocial，"Digital 2021 Global Overview Report," https：//wearesocial - cn. s3. cn - north - 1. amazonaws. com. cn/common/digital2021/digital - 2021 - global. pdf.

② "Facebook Users by Country 2021," https：//worldpopulationreview. com/country - rankings/ facebook - users - by - country。

二　社交媒体与国际冲突

社交媒体的出现不仅为人们日常沟通提供了便利，也改变了人们的信息获取方式。作为一个国际信息交汇和交融的平台，社交媒体引起的政治、经济和文化等国际冲突也呈加剧态势。

（一）政治冲突

1. 政治干预

社交媒体赋予了个体极强的信息生产和传播能力，因此，社交媒体自诞生起便与言论自由等议题高度相关。社交媒体所引起的国际冲突最初主要表现为美国将其作为推行所谓美式民主的重要工具。例如，在"2009 年伊朗总统大选事件"中，社交媒体不仅为伊朗改革派对外发布信息、彼此联络、协调行动提供了重要渠道，也为境外力量干预内政提供了便利的工具。首先，美国中情局通过社交媒体散播革命派穆萨维获胜的假消息，加剧了伊朗革命派与保守派之间的冲突。其次，在反动派举办示威活动期间，为确保服务不中断，美国还要求推特公司推迟系统升级计划。推特则接受了美国政府的建议，为革命派提供了技术支持。这次大规模示威活动被反对派称为"绿色革命"，西方国家普遍称其为"社交媒体革命"。为了应对来自以社交媒体为代表的互联网政治安全风险，伊朗政府 2009 年推出了《计算机犯罪法》，对于在网络上传播反政府言论、破坏公共秩序和诋毁宗教信仰等行为予以处罚，并对脸书、推特及谷歌旗下的一些网站采取了封禁措施。社交媒体在政治干预中的颠覆性力量在随后发生的"阿拉伯之春"事件中更是展现得淋漓尽致。2010 年 12 月，突尼斯年轻商贩因抗议警察执法而选择在街上自焚，引起了该国大规模的反政府示威活动。随后，突尼斯的抗议浪潮通过社交媒体传播被迅速放大，并快速蔓延至北非和西亚其他国家。"阿拉伯之春"运动深刻重塑了阿拉伯世界的格局。叙利亚、伊拉克、利比亚和也门等国在外国势力的介入下也陷入了长期的内战或混乱状态。导致这一局面的原因是多方面的，并且也是错综复杂的。但社交媒体在其中所起到的

"催化剂"作用也是显而易见的。在此期间，美国高调发布了"公共外交2.0"战略，在全球竭力宣扬所谓"互联网自由"，并得到了西方盟友的积极响应。美国借助社交媒体在阿拉伯世界展开了猛烈的西式民主宣传攻势，成为离岸政治干预的成功案例。

然而，让西方政客们始料未及的是社交媒体政治干预的颠覆性危害很快出现了反噬现象。从 2011 年 8 月的"伦敦暴乱事件"到 2011 年 10 月"占领华尔街运动"再到 2016 年的"意大利修宪公投""英国脱欧公投"，表明西方发达国家也未能幸免于社交媒体所引起的国际冲突。如今，社交媒体操纵已经成为各国选举中面临的最大安全隐患之一。

2. 战争参与

将社交媒体首次直接用于战争大致可以追溯到 2012 年的"巴以冲突"。以色列率先通过社交媒体宣布了进攻的消息。在整个冲突的过程中，巴以双方利用社交媒体吸引了全球舆论关注。此后，社交媒体参与地缘政治冲突便成为一种常态。社交媒体在其中发挥了宣传、动员、沟通，以及舆论引导与博弈等作用。

俄乌冲突全面展现了社交媒体与军事冲突的深度融合，具体表现为：一是社交媒体成为俄乌冲突的"第二战场"。俄乌双方及其支持者们积极利用社交媒体开展舆论战。乌克兰利用推特等国际社交媒体寻求国际社会关注和援助；美欧等国家政府机构，以及北约等国际组织则利用社交媒体谴责俄罗斯，以引导国际舆论；俄罗斯也试图利用社交媒体呈现自己的战争叙事。二是社交媒体成为新的制裁工具。谷歌、Meta（原脸书）等美国社交媒体公司在俄乌冲突中再次毫不避讳地上演"双重标准"。它们不仅禁止俄罗斯政要、政府、主流媒体在其平台上发声（见表 6-4），还修改了平台规则，大肆传播反俄信息，构建了一个失衡的国际舆论环境。

表 6-4 社交媒体对俄制裁措施统计概览

应用名称	封禁内容/措施等
YouTube	禁止俄罗斯官方媒体在 YouTube 上投放宣传广告 宣布暂停所有在俄广告业务 宣布在全球范围内阻止用户访问俄罗斯官方媒体频道
推特	宣布对 300 多个俄罗斯政府机构账号采取限流措施,包括俄罗斯总统普京的账号 对平台内所有来自俄罗斯国有媒体的内容进行标记
谷歌翻译	俄媒称在谷歌翻译输入"亲爱的俄罗斯人"系统会自动建议替换为"死去的俄罗斯人"
脸书	临时调整平台仇恨言论相关限定政策,允许部分国家用户发表针对俄罗斯的仇恨言论 在欧盟成员国的要求下,Meta 限制了欧盟范围内对俄罗斯国有媒体的访问
TikTok	在欧盟成员国的要求下,Meta 限制了欧盟范围内对俄罗斯国有媒体的访问

面对美国社交媒体在俄乌冲突中对俄乌双方的不公正态度,俄罗斯政府也采取了反制措施。2022 年 3 月,由于纵容用户发布仇恨俄罗斯言论以及煽动对俄军使用暴力,社交媒体脸书和 Instagram 被俄罗斯法院裁定为"极端组织"。5 月 1 日,因多次拒绝删除俄罗斯政府禁止发布的内容,俄罗斯联邦法警局对谷歌进行立案并强制执行 73 亿卢布的罚款。

此外,社交媒体的政治化、武器化、军事化趋势,在巴以冲突中也再次得到了印证。巴以冲突爆发后,为了控制叙事,相关方在社交媒体上散播了大量虚假信息。

（二）经济冲突

1. 垄断问题

社交媒体垄断现象主要是指少数几家公司的社交媒体应用占据较大市场份额的情况。社交媒体有典型的网络效应,即社交媒体的价值与用户数量和网络规模呈正相关关系。一旦超过临界值,其他社交媒体应用便很难进入该市场。因此,无论是在国家层面还是在全球层面,社交媒体垄断现象的出现都是一种必然。由于社交媒体市场结构性垄断难以改变,各国当前在社交媒体垄断治理中主要针对的是滥用市场支配地位的行为。

当前社交媒体垄断行为主要表现在以下几个方面:一是话语权垄断,即社交媒体凭借其作为信息分发渠道的优势，封禁与自身价值观不一致的账号；二是数据垄断，即处于优势地位的社交媒体利用其所汇聚的用户数据优势，阻止他人使用数据的行为；三是扼杀性收购，指社交媒体公司为维护自身优势地位而对可能威胁其垄断地位的企业采取的恶意收购行为；四是限制应用程序编程接口（API）访问，如脸书拒绝向对其可能产生威胁的竞争对手开放 API。

2020 年底以来，社交媒体公司在中、美、欧等国家和地区面临的反垄断压力均与日俱增。然而，俄乌冲突中社交媒体的表现，却使社交媒体公司在美国的境遇出现了些许转机。美国一些科技公司表示，允许美国公司在各自的领域中保持市场主导地位有助于维护美国国家安全。Meta 首席执行官马克·扎克伯格就曾表示，拆分大型科技公司意味着将失去操控美国地缘政治影响力的主要杠杆。许多人认为扎克伯格是以此来袒护 Meta 具有的支配性市场力量。

2. 版权争议

社交媒体为用户提供了一个便捷地生产内容、传播信息的平台，自其诞生起，内容的版权问题便是一个焦点问题，特别是社交媒体公司与传统媒体之间的新闻版权冲突问题。2018 年 6 月，欧洲议会法律事务委员会通过投票表决，接受了两条备受争议的欧洲版权法修改建议，包括：第 11 条，要求在线平台为其链接新闻内容的行为向出版商支付费用。第 13 条，要求网站承担更多审查版权的职责。此前，包括"互联网之父"温顿·瑟夫和蒂姆·伯纳斯-李在内的 70 名科技领军人物曾签署联名信反对第 13 条，称此条款是对"互联网未来的严重威胁"。而第 11 条被反对者们称为"链接税"条款。表决通过后，美国著名的非营利组织"知识共享"在推特上表示"这是开放式互联网黑暗的一天"，而包括独立音乐公司协会在内的出版商组织对此却表示欢迎。

2021 年初，澳大利亚传统媒体与脸书公司的博弈备受瞩目。随后，澳大利亚众议院通过《新闻媒体和数字化平台强制议价法》，要求大型科技公司向新闻出版商付费。加拿大和美国紧随其后，纷纷表示将推出类似立法。

2022 年 4 月，加拿大正式宣布拟议《在线新闻法》，要求谷歌、脸书等公司为新闻内容付费。然而，类似立法虽然可以限制社交媒体的平台垄断权力，确保传统媒体的利益，但是也有可能导致社交媒体平台因不愿付费而拒绝为收费媒体服务，进一步恶化社交媒体平台信息生态。因此，法案能否达到预期目的仍有待进一步观察。

三　国别与区域视域下的社交媒体治理进路

在社交媒体发展早期，西方国家普遍以"保护言论自由"为由，对社交媒体采取弱监管态度。如今，社交媒体给国家安全、社会稳定和个人隐私所带来的威胁已经引起了各国监管部门和相关国际组织的高度关注。由于各国在战略目标、社交媒体资源禀赋、安全优先事项，以及治理文化与传统等方面存在较大差异，针对社交媒体并没有形成统一的监管框架。

（一）美国

美国社交媒体治理经历了从"以行业自律为主"到"政府强力干涉"的转变过程。社交媒体在美国被视为具有新闻媒体和网络中介服务商双重属性，并因此受到双重保护。作为新闻媒体，社交媒体受美国《宪法第一修正案》的保护，享有言论和出版的自由。作为网络中介服务商，它又受1996 年《通讯规范法案》第 230 条条款及 1998 年《数字千年版权法案》的保护。根据 1996 年美国《通讯规范法案》规定，互联网服务提供者无须为第三方传播的信息负责；同时，互联网服务提供者无须对"出于善意自愿采取的任何限制信息获取的措施"负责任。一方面，这种双重保护不仅赋予了社交媒体极大的信息传播自由，使其迅速发展壮大，成为社会信息系统的重要"集散器"；另一方面，也赋予了它参与治理的权力，而社交媒体及其公司规则也随着社交媒体普及率的提高逐渐成为国家规范乃至国际规则的一部分。

"维护全球霸权"和"美国利益优先"是美国国家网络战略的两个重要目标。美国社交媒体企业凭借先发优势和网络效应，长期维持着极高的市场占有率，并因此形成有利于美国的国际传播局势。作为社交媒体国际发展格局下的最大受益者，美国政府曾在国际社会上长期公开主张"不干涉"的治理原则，并利用社交媒体广泛开展公共外交。美国的社交媒体治理理念一定程度上导致了全球社交媒体治理进程迟滞，以及虚假信息泛滥的困境。

无论是 2011 年的"占领华尔街"事件，还是 2016 年"俄罗斯涉嫌利用社交媒体干预美国大选"事件，抑或 2021 年美国大选中"特朗普社交媒体禁言"事件，诸多证据表明美国亦不能幸免于社交媒体的"副作用"。在此背景下，美国政府对社交媒体的治理趋紧。如表 6-5 所示，2015 年以来有关社交媒体治理的立法明显增多，覆盖了国家安全、儿童保护、隐私/数据保护、打击色情、广告规范等领域。

表 6-5　美国社交媒体治理法规政策统计

年份	名称	相关分析	内容类型
1789	《宪法第一修正案》	是美国保护言论和出版自由的总则。1997 年，最高法院重申网络言论受到宪法保护。大部分社会化媒体是用户可参与内容生产的平台，该法案一度成为平台不得干预用户发布内容的依据	言论保护
1996	《通讯规范法案》	对于第三方发布到社会化媒体平台上的内容引发的责任，平台享有广泛的豁免权。该法案已保护了社会化媒体 20 余年，是社会化媒体快速发展的重要保障。然而，随着社会化媒体治理的挑战增加，要求修改《通讯规范法案》，使平台承担责任的呼声越来越高。为了解决网络上容易发生的性交易问题，2018 年 4 月颁布的 SESTA/FOSTA 削弱了对平台责任的保护	基本法
1998	《数字千年版权法案》	为社会化媒体提供了另一个安全港，侵犯知识产权不在《通讯规范法案》豁免范围内，但根据《数字千年版权法案》，社会化媒体在不知情或知情后将涉嫌侵权的材料撤下的情况下可免于责任	版权保护
2008/2018	《外国情报监视法案》（2008）、《外国情报监视修正法案》（2018）	根据 2018 年修正法案，美国国家安全局将授权期延长至 2024 年，继续获得授权监听境外的外籍人士。其中也获得授权收集美国用户信息。由于可能侵犯用户隐私，政府对网络通信的监控再次成为人们关注的焦点	国家安全/情报

续表

年份	名称	相关分析	内容类型
2015	《打击恐怖主义使用社会化媒体法》	明确规定了对恐怖分子和恐怖组织使用社交媒体的状况进行分类评估和管制。2016 年该法修正案,进一步细化了相关规则,旨在打击恐怖主义利用社会化媒体进行宣传的行为	反恐
2015	《社交媒体广告指南》	2015 年 12 月,联邦贸易委员会发布了一项与原生广告(混淆于信息流中难以识别的广告)有关的指南,提出人们在浏览网站、使用社交媒体或观看视频时,有权知道其是否在浏览广告。不允许运营商混淆广告与内容推送	广告规范
2015	《美国自由法案》	允许美国政府在程序合法的前提下对公民通信情况进行监控	国家安全
2016	《波特曼—墨菲反宣传法案》	旨在帮助美国和盟国反制来自外国政府的政治宣传(包括利用社会化媒体)。第一,制定反政治宣传和谣言战略。第二,力图和非政府专业人士与团体合作,形成更具可行性的美国战略选择	国家安全
2017/2018	《移民社交媒体审查通知》	美国国土安全部 2017 年 9 月发布通知,表示将开始收集与移民使用社交媒体相关的某些信息,作为国家档案跟踪记录系统的一部分 2018 年 3 月,国务院发布通知,要求收集与申请非移民签证相关的社交媒体信息	国家安全/移民
2018	《打击在线性交易法案》	为避免遭受处罚,该法案可能促使社会化媒体平台先行采取自我内容审查措施	打击色情
2018	《社会化媒体隐私保护和消费者权利法案》	要求社会化媒体在完善用户服务条款的基础上,建立保护用户个人隐私的安全程序,进而保护用户隐私。该法案没有强制性的规范要求,对美国社会化媒体的治理没有太大意义	隐私保护
2018	《明确海外合法使用数据法》	向美国公司发送的用户数据执法请求适用于公司拥有的所有数据,无论这些数据被存储在何处,包括海外。同时,允许外国政府直接请求美国公司交出用户数据。对通常跨国运营的社会化媒体而言,该法案无疑扩大了执法部门获取用户数据的范围	国家安全/情报

年份	名称	相关分析	内容类型
2019	《防止在线审查的行政令》	主要针对《通讯规范法案》，要求限制社交媒体的内容免责待遇。根据行政令，联邦机构将研究是否可以对推特、脸书和谷歌等科技巨头实施新的监管举措	平台监管
2019	《父母责任和儿童保护法案》	要求运营社交媒体网站或应用程序的互联网公司，必须获得其"实际知道"的 13 岁以下加州儿童的"可核实的父母同意"，才允许为这些儿童创建账户和使用社交媒体	儿童保护
2019	《社交媒体意见领袖广告信息披露 101 规约》	就意见领袖何时以及如何向粉丝披露广告赞助信息作出了一系列规定，并给出了有效和无效披露的范例。意见领袖在与品牌有任何财务、聘用、私人关系时，都应该披露其合作信息。其中，财务关系不仅限于金钱关系，还包括意见领袖通过提及品牌产品获得任何有价值的东西的情况	广告规范
2020	《2020 加州隐私权法案》	针对出售或共享个人信息的企业增加了其义务，并赋予消费者额外权利（较 CCPA）。保护敏感的个人信息，对侵犯儿童数据的公司处以 3 倍罚款，建立执法机构	隐私保护
2021	《安全技术法议案》	针对《通讯规范法案》中的豁免权新设置了两个例外，即当平台上发布的内容以骚扰、歧视或其他形式的虐待威胁到个人权益时，平台不再免责；免责情况并不适用于平台上的广告或其他付费内容	平台监管
2021	《社交媒体平台法》	旨在限制大型社交应用程序和网站对用户生成内容的控制，要求社交媒体平台的内容审核流程保持透明，并在审核政策改变时告知用户。违反《反垄断法》的科技公司将被列入"反垄断违法者黑名单"；禁止科技公司采取措施让本州的政治候选人退出社交媒体平台	平台监管

续表

年份	名称	相关分析	内容类型
2021	《信息透明度与个人数据控制法案》	FTC应当在该法生效后1年内出台相关规定,规范运营商(包括社交媒体企业)收集、使用、销售、共享或以其他方式使用敏感的个人信息或数据的行为。其中"运营商"是指以商业目的运营网站或提供在线服务,收集使用个人信息的实体,包括不与用户直接交互但购买或销售个人信息的实体。"敏感的个人信息"是指与已识别或可识别的个人相关的财务信息、健康信息、关系信息、13岁以下的儿童信息、社交号码、生物信息、性取向信息等	数据保护
2021	《打击国内恐怖主义国家战略》	将网络平台监管纳入反恐范畴,认定在线平台在"将暴力思想带入主流社会"方面发挥了关键作用,甚至将社交媒体网站称为美国国内恐怖主义战争的"前线"。美国联邦政府将明确各部门任务、划拨资金,并将与社交媒体和科技公司合作,打击网络虚假信息,清除网络恐怖主义和暴力极端内容,以缓解美国社会的两极分化现象	反恐/国家安全
2021	《社交媒体隐私保护和消费者权益法案》	旨在提高在线平台的透明度,在数据泄露时支持消费者的选择,并确保公司遵守保护消费者隐私的政策。用户有权通过禁用数据跟踪和收集来保障其信息的私密性,并要求平台为用户提供其隐私保护偏好的选项及在线平台的使用条款	隐私保护
2022	《得克萨斯州社交媒体法》	允许得克萨斯州居民起诉大型社交媒体平台的审查制度,规定任何拥有5000万以上美国用户的社交媒体平台"阻止、禁止、移除、取消、限制、拒绝平等访问,或以其他方式表达歧视"都是非法的。允许得克萨斯州居民在其内容或账户被社交媒体平台封禁时可提起诉讼	平台监管

续表

年份	名称	相关分析	内容类型
2022	《美国数据隐私保护法案》	旨在通过为个人提供广泛的保护，并对被保护实体提出严格的要求，为保护个人数据创建一个强有力的监管框架。法案明确了联邦对州隐私法的优先权，要求公司尽量减少其数据收集行为，只收集业务运作所需的数据。禁止平台实体向用户收取费用以访问用户自己的个人数据	隐私保护
2022	《打击社交媒体有害行为法案》	该法案主要包含三项目标：一是保护社交媒体中儿童个人隐私数据；二是对 TikTok 施加压力，要求其采取措施保护儿童个人隐私信息；三是要求 Snapchat 和 Instagram 等社交媒体平台协助打击毒品交易等违法行为	平台监管
2022	《儿童和青少年在线隐私保护法案》《儿童在线安全法案》	《儿童和青少年在线隐私保护法案》将予以特殊在线隐私保护的儿童年龄提升至 16 岁。同时，禁止 TikTok、Snapchat 等公司未经同意向儿童投放针对性广告 《儿童在线安全法案》中将"未成年人"定义为 16 岁及以下的个人，并规定平台（应用程序和服务）有责任防止未成年人因接触宣扬自我伤害、自杀、饮食失调、药物滥用、成瘾和掠夺性营销行为的内容而遭受伤害。平台还必须保护其收集的未成年人数据	儿童保护
2022	《将社交媒体用于公共事务目的的官方用途》	是美国国防部发布的第一个针对社交媒体用于公共事务的全部门指令，包括国防部内部使用社交媒体的原则、关于社交媒体账户记录管理程序的指导，以及确保个人社交媒体账户不被歪曲或误解为官方账号等内容	国家安全

续表

年份	名称	相关分析	内容类型
2022	《社交媒体平台：服务条款法》	要求提高社交媒体的透明度，社交媒体应"在其平台上公开披露有关仇恨言论、错误信息、骚扰和极端主义的内容审核政策，并报告有关政策执行情况"，以保护人们免受在线传播的仇恨和虚假信息的影响	平台监管
2022	《2023 财年国防授权法案》	以"社交媒体威胁分析"名义寻求对社交媒体数据进行更大力度的审查；以"全球互联网自由"名义，向国务院和美国国际开发署增拨 7500 万美元，向全球媒体署增拨 4500 万美元，以加强"民主活动人士"的数字安全培训和能力建设以及研发"互联网自由与规避技术"	国家安全
2023	《S.686 限制法案》(也称"抖音法案")	要求商务部部长识别并解决对信息和通信技术产品和服务构成威胁的外国竞争对手。同时授予行政部门广泛的安全权力，以控制信息和通信技术的相关商业行为，总统依托广泛的民事和刑事选择权来执行相关措施。该法案赋予了行政部门添加其他外国企业为对手的权力，国会需以两院多数才可推翻行政部门的决定。该法案被美国公民自由联盟等机构反对，认为其可能侵犯公民的言论自由权	平台监管

（二）欧盟

由于本土没有大型社交媒体企业，欧洲国家对美国的社交媒体应用较为依赖。美国社交媒体治理滞后也对欧盟成员国产生诸多负面影响。由于社交媒体资源严重匮乏，欧盟采取了"以立法为主"的强监管治理举措，并形成了布鲁塞尔效应。欧盟和美国的社交媒体立法存在明显差异，主要表现在以下几个方面：一是欧盟的立法更加注重用户隐私和数据保护。在《欧盟基本权利宪章》中，"尊重个人隐私"和"保护个人数据"被列为基本人权；二是允许政府出于公序良俗或保护弱势群体利益的目的移除网络内容，而且其在优先级上一般高于言论自由；三是相比于美国缺乏治理在线内容的法律框架而言，欧洲有非常严苛的关于网络仇恨、暴力言论的立法。此外，与美国在社交媒体内容治理方面强调企业自律不同，欧洲一直在强化政府监管。2020年欧盟发布了《数字服务法》草案，主要针对那些在欧洲拥有超过4500万用户的社交媒体。该草案明确了社交媒体审查和限制非法内容传播的义务，如未履行将被视作违规。非法内容包括：恐怖主义宣传、儿童性虐待、使用机器人操纵选举、散播有害公共健康的言论等。草案也对平台删帖行为做出了较为详细的要求。根据草案，社交平台在做出删除内容的决定后，必须通知该内容的发布者，并告知其删除理由。这种理由必须是具体的，如是不是根据用户投诉做出的该删除决定、相关内容违反了什么法律规定、为什么违反了法律规定等。删除决定及其理由将会被公布在由欧盟委员会管理的数据库中。此外，草案还要求平台为用户就删除决定提供申诉渠道，其中既包括内部申诉渠道，也包括外部争端解决机制。根据该草案，欧盟成员国将设置数字服务协调员，负责为符合资质的机构颁发证书，以期其能够公正客观地受理用户和平台之间的删帖争端。

2022年4月，欧洲议会与欧盟成员国就《数字服务法案》签订了协议。2022年6月，法案以压倒性优势（36票同意、5票反对、1票弃权）在欧盟内部市场委员会通过，并已于2023年8月25日起正式生效。

（三）中国

美国社交媒体治理对中国的负面影响主要表现在"双重标准"方面，脸书、X（原推特）、YouTube等美国社交媒体的国际化程度较高，已成为国际舆论传播的重要场域，但在涉华问题上，其"双重标准"事例屡见不鲜。一是国外社交媒体运营规则几乎没有明确的统一标准可言，对华言论更是采用"双重标准"。例如，当可能影响美国的安全问题时，推特以反对特朗普煽动暴力的名义使其禁言，但在关乎中国安全问题时，推特却让佩洛西、蓬佩奥等美国政客美化中国香港大规模暴力事件的言论大行其道。二是一些所谓"与中国政府有关"的账号出现被美国社交媒体禁言的现象。美国社交媒体平台此前已多次封禁支持中国的账号,并将中国的官方媒体贴上了"官媒"的标签。例如,推特曾以所谓涉嫌"舆论操控"为由,在 2020 年 6 月关闭了 17 万个"与中国政府有关联"和"传播对中国政府有利的虚假信息"的账号。意识形态冲突的风险在未来一段时期内可能仍将呈现上升态势。这意味着舆论战或将常态化,而社交媒体禁言现象也将更加普遍。

中国和欧盟对社交媒体的治理理念本质上是相同的,即强调主要的监督角色不是"数字寡头"。目前,中国已经建立了以《网络安全法》《个人信息保护法》《数据安全法》等法律为主,《网络信息内容生态治理规定》《互联网新闻信息服务管理规定》等部门规章和《互联网新闻信息服务单位约谈工作规定》《即时通信工具公众信息服务发展管理暂行规定》《微博客信息服务管理规定》规范性文件为辅的治理体系(见表 6-6)。这些法律法规从社交媒体的基本功能、技术特征、社会影响等维度明确了社交媒体企业的主体责任和义务。

表 6-6 中国社交媒体治理法规体系

类型	时间	名称	相关内容
法律	2016 年	《网络安全法》	社交媒体企业应当遵守宪法法律,遵守公共秩序,尊重社会公德,不得危害网络安全,不得利用网络从事危害国家安全、荣誉和利益,煽动颠覆国家政权、推翻社会主义制度,煽动分裂国家、破坏国家统一,宣扬恐怖主义、极端主义,宣扬民族仇恨、民族歧视,传播暴力、淫秽色情信息,编造、传播虚假信息扰乱经济秩序和社会秩序,以及侵害他人名誉、隐私、知识产权和其他合法权益等活动

续表

类型	时间	名称	相关内容
行政法规	2021 年	《个人信息保护法》	社交媒体企业不得非法收集、使用、加工、传输他人个人信息；处理个人信息应当取得个人同意；处理个人信息应当取得个人同意
		《数据安全法》	社交媒体企业必须履行数据安全保护义务
	2023 年	《未成年人网络保护条例》	社交媒体服务提供者应设置未成年人模式，在使用时段、时长、功能和内容等方面按照国家有关规定和标准提供相应的服务
部门规章	2017 年	《互联网新闻信息服务管理规定》	通过社交媒体等形式向社会公众提供互联网新闻信息服务的，应当取得互联网新闻信息服务许可，禁止未经许可或超越许可范围开展互联网新闻信息服务活动
	2019 年	《网络信息内容生态治理规定》	社交媒体应用提供者应当履行信息内容管理主体责任、建立治理机制，防范和抵制非法信息传播
	2022 年	《互联网用户账号信息管理规定》	社交媒体应用服务提供者应履行主体责任，依法依规管理互联网用户账号信息，应制定和公开互联网用户账号管理规则、平台公约，与互联网用户签订服务协议，明确账号信息注册、使用和管理相关权利义务；鼓励加强行业自律
		《互联网信息服务算法推荐管理规定》	社交媒体应用不得利用算法推荐服务传播非法信息；如社交媒体企业为算法服务提供者，需落实算法安全主体责任；应坚持主流价值观
		《互联网信息服务深度合成管理规定》	社交媒体不得发布和传播利用深度合成制作的法律、行政法规禁止的信息
规范性文件	2014 年	《即时通信工具公众信息服务发展管理暂行规定》	可提供即时信息交流服务的社交媒体应当落实安全管理责任
	2015 年	《互联网新闻信息服务单位约谈工作规定》	如社交媒体应用存在重大违法行为时，由国家互联网信息办公室单独或联合属地互联网信息办公室实施约谈

续表

类型	时间	名称	相关内容
	2016 年	《移动互联网应用程序信息服务管理规定》	应当履行信息内容管理主体责任,积极配合国家实施网络可信身份战略,建立健全信息内容安全管理、信息内容生态治理、数据安全和个人信息保护、未成年人保护等管理制度,确保网络安全,维护良好网络生态
	2016 年	《互联网直播服务管理规定》	以视频、音频、图文等形式向公众持续发布实时信息的社交媒体应当遵守法律法规,坚持正确导向;落实主体责任,建立信息安全保障制度。提供互联网新闻信息服务的,应当依法取得互联网新闻信息服务资质
		《互联网群组信息服务管理规定》	社交媒体应用提供群体在线交流信息空间的,应当落实信息内容安全管理主体责任,不得传播非法信息
	2017 年	《互联网论坛社区服务管理规定》	提供互动式信息发布社区平台服务的社交媒体应落实主体责任,建立健全信息审核、公共信息实时巡查、应急处置及个人信息保护等信息安全管理制度
		《互联网跟帖评论服务管理规定》	提供跟帖服务的社交媒体应用应落实和履行管理主体责任和义务,对新产品、新应用和新功能开展安全评估
	2018 年	《微博客信息服务管理规定》	以简短文字、图片、视频等形式实现信息传播、获取的社交网络服务主体应当依法取得法律法规规定的相关资质;应当落实信息内容安全管理主体责任,建立健全用户注册、信息发布审核、跟帖评论管理、应急处置、从业人员教育培训等制度及总编辑制度,采取安全可控的技术保障和防范措施,配备与服务规模相适应的管理人员
	2019 年	《网络音视频信息服务管理规定》	提供音视频服务的社交媒体应当遵守网络音视频信息服务管理规定,不得传播非法信息
政策文件	2019 年	《App 违法违规收集使用个人信息行为认定方法》	社交媒体应用程序应公开收集个人信息的使用规则,并明示使用目的、方式和范围;未经用户同意不得收集使用个人信息;不得违反"必要原则"收集与其提供服务无关的个人

续表

类型	时间	名称	相关内容
	2021 年	《关于加强网络直播规范管理工作的指导意见》	具有网络直播功能的社交媒体应落实主体责任，并确保导向正确和内容安全，建立健全制度规范
	2022 年	《互联网弹窗信息推送服务管理规定》	提供互联网弹窗信息推送服务的社交网络应用应当落实信息内容管理主体责任，建立健全信息内容审核、生态治理、数据安全和个人信息保护、未成年人保护等管理制度

第七章　信息层治理

　　传递信息是互联网研发的初衷。因而，信息层既是基础设施层、技术协议和标准层、应用程序层三个层面相互协调运行的目的所在，也是其运行最终结果的集中呈现。在互联网的四层框架分析模型中，信息层是可见度最高、争议最多的一个层面。①

　　首先，互联网的信息层已成为影响人们认知世界和价值观形成的重要载体。根据《数字2024：全球概览报告》，用户使用互联网的五大原因皆与"信息"相关，依次为"寻找信息""与朋友或家人保持联系""观看视频、电视剧或电影""更新新闻与事件情况""研究如何做事情"。②

　　其次，鉴于信息层的影响力，各利益相关方对该层的治理问题普遍比较关注。参与互联网信息层治理的主体有国家政府、提供信息传播和交互产品的互联网企业、互联网服务提供商（ISPs）等。此外，在Web2.0时代，用户也成为信息治理行为体之一。

　　再次，有害信息的评判标准制定往往会牵涉一个国家的历史、文化和价值观等问题，因此，在互联网治理中，信息层的争议由来已久，并普遍存在。对于信息传输"干涉与否"的争议甚至可以追溯至互联网核心的底层技术协议——传输控制协议/互联网协议（TCP/IP）的设计、采用与推广。

---

① 罗伯特·多曼斯基：《谁治理互联网》，华信研究院信息化与信息安全研究所译，电子工业出版社，2018。

② DataReportal，"Digital 2024：Global Overview Report，" https：//datareportal. com/reports/ digital-2024-global-overview-report，January，2024.

为了促进信息尽可能地被传播，该协议组合采取了"不干涉"原则。互联网也因此被赋予了强烈的理想主义和自由主义色彩，并深刻影响到各国政府针对互联网信息治理的政策选择。

最后，迫于近年来信息层的安全风险急剧攀升，各国已基本达成关于信息层国际治理的必要性和重要性共识。尤其是在虚假信息治理领域，主要大国均加大治理力度。

第一节　信息层国际治理演进概况

在互联网各层的治理中，信息层的国际治理赤字最为严重，主要表现为：一是议题长期边缘化。虽然信息传播带来的安全威胁毋庸置疑，但是受西方所谓信息传播"自由论"的影响，直到 2016 年发生俄罗斯涉嫌利用社交媒体干预美国大选后，与信息层相关的治理议题才快速被纳入互联网治理议程。二是国际治理机制严重缺位。与网络空间其他层面相比，尚无相应国际组织或机构专职于信息治理工作。三是国际合作难以开展。目前，在绝大部分国家或地区，信息治理仍高度依赖于国家内部性举措。四是各国立法普遍滞后。与信息治理相关的立法探索刚刚兴起，远不能满足现实治理需求。移动互联网和社交媒体的快速普及，使互联网信息传播带来的安全风险快速攀升。当前，互联网信息层的治理已成为国际社会关注的焦点。

一　信息层国际治理理念变迁

受美国及其西方盟友所推广的所谓"互联网自由"思潮影响，信息层的国际治理曾长期是一个边缘、敏感乃至禁忌议题。对于"违法"或"有害"信息的国际治理一度仅涉及色情信息及儿童保护领域。

第二次世界大战后，美国一直有意识地将其媒介治理理念强加于其他国家：一是信息自由流通；二是信息机构的"客观性"和"中立性"；三是拒绝旨在使跨国传播集团承担社会责任的国际协议。① 其结果是国际信息呈现出由发达国家向发展中国家流动的不平衡格局。为此，20 世纪 70 年代末，不结盟运动国家曾发起了一场声势浩大的"世界信息和传播新秩序"运动，要求改变世界新闻传播不均衡、不平等状况。但遗憾的是，这场运动以失败告终，而不公平、不合理的媒介治理理念则从传统媒体时代延续到互联网时代，并在一定程度上阻碍了信息层国际治理进程。

冷战结束后，互联网技术应用快速转向民用和市场化发展道路。与此同时，赢得了冷战的美国霸权主义思想快速滋长，并凭借信息传播技术手段向外输出意识形态，试图长期维护美国霸权。"9·11"事件后，美国于 2002 年制定了"战略信息技术计划"，提出开展基于互联网平台的外交活动。2006 年，美国建立了"快速反应小组"以监控和引导网络社区的舆论。同年，美国众议院还提出《全球互联网自由法案》草案，拟对美国公司在"限制网络自由的国家"参与网络审查的行为予以处罚。推特和脸书等社交媒体诞生后，美国又提出了"公共外交 2.0"概念。美国在 2010 年发布的《国家安全战略》中将"信息自由流动""互联网自由"等概念与维护国家安全、维持国际秩序，以及保障信息获取权利等问题相关联，并大力进行宣传。②

在美国强力推广下，各国针对互联网信息层的治理长期处于被动应对状态。首先，"信息自由流通"理念使信息层治理长期被视为一种"政治不正确"，以美国为首的西方国家时常据此谴责那些对互联网信息层采取治理措施的国家。其次，在信息机构的"客观性"和"中立性"乌托邦理想掩护下，谷歌和脸书等互联网公司也一度宣称自己是"价值无涉"的科技公司而非媒体公司，并拒绝为其平台上第三方传播的信息负责。上述两种状况直到 2016 年前后欧美国家陆续遭受"互联网自由"的反噬后才有所改变。而"拒绝旨在使跨国传播集团承担社会责任的国际协议"则持续

① 赵月枝：《传播与社会：政治经济与文化分析》，中国传媒大学出版社，2011。
② 汪晓风：《美国互联网外交：缘起、特点及影响》，《美国问题研究》2010 年第 2 期。

至今，使得互联网公司同传统的跨国媒介集团一样，免于承担国际社会责任。

信息层的治理赤字使其迅速成为滋生国际冲突的温床，例如，2010 年席卷北非和阿拉伯世界的"阿拉伯之春"运动，以及 2011~2012 年发生在俄罗斯的"为了诚实的选举运动"等。在互联网助推全球"颜色革命"的背景下，出于维护国家安全的需要，那些与西方有着不同政治制度安排的国家不得不率先采取治理行动。

2016 年发生了"意大利修宪公投""英国脱欧公投""俄罗斯涉嫌干预美国大选"等利用互联网对国家安全造成威胁的"黑天鹅"事件。这促使西方国家迅速摒弃了此前曾极力宣扬的"不干涉"互联网信息治理理念，转而采取行政处罚、设立监管机构、加强税收调节、发布治理指南、进行立法规制等举措。然而，因互联网所引起的国际冲突并未因各国加强监管而呈现减缓趋势。随着互联网信息层安全生态持续恶化，与信息层国际治理相关的议题快速增加，包括恐怖主义信息与仇恨言论、假新闻/虚假信息/信息操纵/舆论战、反平台垄断、新闻版权纠纷等，并已成为互联网治理领域的热点议题。

二 信息层国际治理的必要性

随着各种类型社交媒体应用的普及，国际传播生态已被深刻改变。信息生产主体多元化、信息传播渠道垄断化和信息生产目的"武器化"等，给各国安全带来的威胁显著加剧。

（一）信息生产主体多元化

互联网打破了传统媒体机构对国际传播能力和权力的垄断。首先，互联网演进至 Web2.0 阶段后，参与国际传播的准入门槛大幅下降，用户生成内容（UGC）类应用程序赋予个体空前的国际传播能力，海量国际传播主体的涌入导致国际舆论场域的信息供给良莠不齐。尤其是 Meta（原脸书）、X（原推特）、TikTok、微博、微信等社交媒体应用程序的普及使得互联网上信息生产主体达数十亿。社交媒体也因此成为国际舆论斗争的新场域。其次，新型专业信息生产者强势崛起，并严重威胁传统国际传播主体的话语权。在资本和技术的支撑下，越来越多的互联网科技公司成为信息生产和国际传播的主力军。脸书、谷歌、YouTube、奈飞等互联网企业在国际舆论中的议程设置能力和影响力日渐与传统国际传媒集团相抗衡。最后，人工智能公司作为互联网信息生产新主体所产生的影响引起各界的高度关注。机器人所生产的新闻、诗歌、小说等内容所占比例快速攀升。尤其是 ChatGPT 上线之后，数据库对国际舆论及国家安全的影响得到了广泛的关注。

信息生产主体多元化给国家安全带来的威胁主要表现在两个方面：一是国家利用传统大众媒体传播国家意志和凝聚社会共识的能力明显减弱，不利于维护国家政权的稳定性；二是有害信息激增，对国家的信息治理能力提出巨大挑战。如今，泛滥的虚假信息导致全球深陷"后真相"的泥潭。媒介的"拟态"功能弱化导致社会整体认知能力下降甚至出现倒退。

（二）信息传播渠道垄断化

Web2.0 时代，社交媒体已成为人们信息的重要来源。社交媒体应用在信息传播系统中的快速崛起对国际传播格局也产生了深刻的影响。社交媒体市场的垄断问题进一步加剧了国际传播不平衡现象。传统国际传媒集团为提升信息到达率，普遍采取了入驻社交媒体的措施。这使得少数科技巨头成为分发国际信息的关键渠道。现今，国际化程度较高的社交媒体应用主要集中在美国。因而，出现了国际传播力量由西方国家集团向美国聚拢的趋势。根据《数字 2023：全球概览报告》，全球用户数量最多的社交媒体中居前 4 的均为美国品牌：脸书（29.58 亿）、YouTube（25.14 亿）、WhatsApp（20亿）、Instagram（20 亿）。[①] 其中，脸书的用户覆盖 226 个国家和地区，拥有极高的国际化程度。[②]

---

① DataReportal，"Digital 2023: Global Overview Report," https://datareportal. com/reports/digital-2023-global-overview-report, January 26, 2023.

② World Population Review，"Facebook Users by Country 2023," https://worldpopulationreview. com/country-rankings/facebook-users-by-country.

（三）信息生产目的"武器化"

互联网时代信息空前繁荣，但同时有害信息也极度泛滥。大量无用、劣质、商业性甚至是有害内容（误导、欺骗、虚假、色情等）充斥于网络空间。更甚至，部分有害内容的生产系有意为之。近年来，在 2016 年美国大选、新冠疫情、俄乌冲突等事件中，信息生产呈现出明显的"武器化"趋势。所谓的"武器化"是指利用互联网进行社会操纵，即通过有目的地生产和传播或真或假的信息（操纵舆论），影响信息接收者的信仰、态度或行为，以实现对目标国家和地区的政治、经济和社会等造成实质影响。[①] 其中，政治目标包括瓦解信任、制造冲突、煽动暴力、颠覆政权等。[②] 根据牛津大学互联网研究院发布的研究报告，2010~2017 年，存在"有组织的社交媒体操纵"现象的国家有 28 个。[③] 到 2020 年，存在社交媒体操纵现象的国家增加到 85 个。[④] 对于国家间信息安全冲突的发展趋势，克林顿·希拉里在 2017 年 10 月斯坦福大学的"数字技术与民主"研讨会上表示，"2016 年俄罗斯涉嫌利用社交媒体操纵美国大选"一事已达到"新冷战"的程度。在俄乌冲突中，社交媒体上的舆论博弈已经成为影响冲突走向的重要因素。

三　信息层国际治理的主要途径

（一）推动信息层国际治理理念变革

自 2016 年发生西方国家多起社交媒体威胁国家政治安全事件后，互联网信息层治理议题在国际社会日益公开化、合法化，各国就"信息层需要

---

① Gabriel Cederberg, Jordan D'Amato, et al., "National Counter-Information Operation Strategy,", https：//www. belfercenter. org/publication/national - counter - information - operations - strategy, February, 2019.

② Michael J. Mazarr, Ryan Michael Bauer, et al., "The Emerging Risk of Virtual Societal Warfare: Social Manipulation in a Changing Information Environment," https：//www. rand. org/content/dam/rand/pubs/research_ reports/RR2700/RR2714/RAND_ RR2714. pdf.

③ Troops, Trolls and Troublemakers: A Global Inventory of Organized Social Media Manipulation.

④ Samantha Bradshaw, Hannah Bailey, et al., "Industrialized Disinformation: 2020 Global Inventory of Organized Social Media Manipulation," https：//demtech. oii. ox. ac. uk/wp-content/uploads/sites/127/2021/02/CyberTroop-Report20-Draft9. pdf.

治理"和"相关互联网企业应该承担社会责任"两个关键问题达成了基本共识，并在国家层面展开了各类治理行动。这为进一步推进信息层国际治理合作奠定了重要的基础。然而，如果想解决当前国际治理协调机制不健全、国际治理协调赤字、国际传播格局不平衡等问题，还需要深化以下共识：一是尊重各国网络主权。各国历史文化传统、社会现实情况，以及互联网资源迥异，唯有尊重各国网络主权、因地制宜地进行治理，方能促进国家层面信息传播生态的和谐与稳定。与此同时，抵制网络霸权，反对通过互联网干涉别国内政，方能抑制信息生产目的"武器化"态势。二是共建网络空间命运共同体。无国界的网络空间对各国的政治、经济、文化和生活等方方面面产生着广泛而深刻的影响，唯有共享、共治，方能共同营造一个安全、稳定、繁荣的国际公共空间。三是构建互联网时代全球信息传播新秩序。信息传播技术日新月异，全球传播格局严重失衡，唯有构建公平合理的全球信息传播新秩序，方能实现互联网良性运转与可持续发展。

（二）加快推进联合国框架下的治理进程

发挥联合国的基础性和主导性作用。联合国是全球规模最大、最具权威性的政府间组织。它也是较早开始关注信息通信技术发展与国际安全问题的政府间国际组织。联合国下属的多个机构和治理机制在全球互联网发展与治理中发挥了重要作用，如联合国大会第一委员会和第三委员会、经济及社会理事会、教科文组织、国际电信联盟等组织和机构，以及联合国政府信息安全专家组和开放式工作组、互联网治理论坛和信息社会世界峰会等。

在互联网信息层治理方面，可从以下几方面加快推进联合国的工作：一是尽快推进信息层治理议题被纳入联合国正式议程；二是在联合国层面就信息层治理的原则达成基本共识，如网络主权原则、维护和平原则、公开透明原则等，并在此基础上推动相应国际治理规则的制定；三是鉴于信息生产目的"武器化"的严峻态势，应推动开放式工作组就互联网信息传播达成负责任国家行为规范共识；四是在开放式政府间专家特别委员会正在起草的

《联合国网络犯罪条约》中，将类似不得利用互联网进行国家政权颠覆、恐怖主义等有害信息传播条款纳入其中。

近年来，联合国在互联网信息治理方面已经有所行动，聚焦仇恨言论治理和虚假信息治理两个方面。

在仇恨言论治理方面，联合国主要采取了三项行动。首先，2019年6月，联合国发布了"关于仇恨言论的战略和行动计划"，呼吁社交媒体公司采取力所能及的行动"支持联合国应对和打击仇恨言论的原则和行动"。其次，2020年5月，联合国大会发布了《数字合作路线图：执行数字合作高级别小组的建议》秘书长报告，指出社交媒体已成为传播仇恨言论、错误信息、性别歧视、恐怖主义、种族主义等有害信息的工具，呼吁社交媒体企业、国家政府和民间组织等利益相关方合作治理。报告还强调，当前社交媒体的盈利模式变相地鼓励收集个人数据，不利于数据和隐私的保护，应予以改变。最后，2022年，联合国教科文组织出版了由牛津大学互联网研究所编写的《反击社交媒体上的仇恨言论：当代的挑战》，回应了2019年行动计划中"监控和分析仇恨言论"的关键承诺，梳理了可用于监测社交媒体仇恨言论的技术和工具，如机器学习、关键词、情感分析、自然语言处理等技术，以及美国反诽谤联盟开发的"网络仇恨指数"工具和韩国开发的仇恨言论检测工具等。

在虚假信息治理方面，联合国针对虚假信息治理密集发声始于全球新冠疫情期间。2020年2月，联合国世界卫生组织在其第13份新型冠状病毒疫情报告中用"信息疫情"（infodemic）一词描述全球出现的大规模虚假信息泛滥现象。随后有关虚假信息和突发公共卫生事件相互之间的关系和影响研究迎来了一轮高峰。2020年5月，联合国启动了一项名为"已验证"（Verified）的倡议，试图通过增加准确、可靠的信息来缓解错误信息对全球新冠疫情防控产生的严重负面影响。2020年9月，联合国国际电信联盟与联合国教科文组织联合出版了《平衡之术：在尊重言论自由的同时应对数字虚假信息》，对虚假信息进行定义，并基于虚假信息生命周期提出了评估虚假信息的方法——"IAMIT"，即煽动者

（Instigators）、代理人（Agents）、信息（Messages）、中介（Intermediaries）和目标/解释者（Targets/Interpreters）（见表7-1）。① 这五个评估步骤旨在帮助虚假信息治理者锁定虚假信息，并针对制造和传播虚假信息的关键主体（煽动者、代理人和中介等）展开调查，帮助受影响者采取正确的回应行动。2021年6月，促进和保护意见与表达自由权特别报告员——伊雷内·汗（Irene Khan）向联合国人权理事会第四十七届会议提交了《虚假信息与意见和表达自由》研究报告，论述了虚假信息对人权、民主制度和发展进程构成的威胁。报告从四个维度提出了应对措施：国家政府调整本国应对虚假信息的措施；公司审查自身的商业模式；提升自由、独立和多元媒体的作用；在媒体和数字素养方面加大投入，增强个人权利和能力，并重建公众的社会信任。② 2021年12月联合国第七十六届大会通过了关于《打击虚假信息 促进和保护人权与基本自由》的决议。该决议对联合国秘书长提出制定"促新闻诚信的全球行为守则"的呼吁表示赞同，同时希望促成打击虚假信息方面的国际合作。③ 根据此决议，2022年8月，联合国秘书长提交了《打击虚假信息 促进和保护人权与基本自由》秘书长报告。该报告强调国家在打击虚假信息中应负首要责任，同时应以尊重表达自由权为基础，确保在提升媒体和信息素养方面持续投入，促进媒体多元化。报告也对企业如何应对虚假信息也提出了相应建议，如提高打击虚假信息相关政策和措施的透明度，并确保内容审核流程在企业运营的所有地点保持一致等。

---

① Kalina Bontcheva, Julie Posetti, "Balancing Act: Countering Digital Disinformation While Respecting Freedom of Expression," https://www.broadbandcommission.org/Documents/working-groups/FoE_ Disinfo_ Report. pdf.

② Irene Khan, "Disinformation and Freedom of Opinion and Expression," https://documents.un.org/doc/undoc/gen/g21/085/64/pdf/g2108564. pdf? token=2xaoTnsidhOEvZWn8s&fe=true .

③ The General Assembly, "Countering Disinformation for the Promotion and Protection of Human Rights and Fundamental Freedoms," https://documents.un.org/doc/undoc/gen/n21/416/87/pdf/n2141687. pdf? token=Qdk3BIlUfCxBEoc6e5&fe=true.

表 7-1　基于虚假信息传播生命周期的评估应对方法

步骤	评估内容
1. 煽动者	・谁是虚假信息的直接或间接煽动者，以及谁是直接或间接受益者？ ・煽动者或受益者与下一环节中的代理人之间的关系？ ・传播者的动机是什么（政治意图、经济意图、提高地位、利他主义、被误导、意识形态等），是否有伤害意图或误导意图？
2. 代理人	・谁是虚假信息制造和传播的运作者？ ・运作者的类型（机构、公司、团体、官员、个人等），运作者的组织水平，运作者的自动化水平（是否使用机器人、傀儡网络、虚假账号等）？
3. 信息	・传播了什么内容（如虚假信息或叙述、篡改过的图像或视频、深度伪造等）？ ・回复信息是否涉及虚假信息问题（如政治/选举内容）？ ・是否包含潜在有害、有害或紧急性有害信息？ ・虚假或误导性内容与其他类型的内容（如真实信息、仇恨信息、娱乐信息或观点性信息等）是如何混合的？ ・虚假信息传播过程中如何利用未知领域？ ・信息传播中是否试图转移或诋毁真实内容提供者（如记者或科学家等）的努力？
4. 中介	・虚假信息是经由哪些网站、应用程序或新闻媒体进入主流或大众视野的？ ・如何传播的，即作为中介的网站或应用程序的算法在虚假信息的传播过程中是否发挥了作用，是否存在"病毒式"传播操纵？ ・中介是否采取了负责任且透明的措施处理虚假信息？
5. 目标/解释者	・谁是虚假信息传播的目标对象（个人、记者、科学家、社区、机构或组织，甚至也包括制度，即试图通过传播虚假信息影响选举程序、公共卫生应对或国际规范等）？ ・目标对象的态度如何（采取或不采取行动、视为认可的分享、视为反驳的分享等）？

（三）拓展信息层国际治理合作

近年来，国家政府在信息层治理领域出现了强势回归趋势，发挥了规制者、协调者、引导者的重要作用。然而，鉴于当前国际政局动荡、意识形态斗争激烈的现实，深度的国际治理合作较难展开。因此，在具体操作层面，可采取按议题渐次推进国际合作的策略，即在共识度较高的议题上可加快推进多边合作，如儿童色情信息、仇恨言论、虚假信息等有害信息传播领域。对于那些有分歧但可进一步协商的议题，如社交媒体隐私保护、数据的跨境流动、税收等，可由双边合作或区域合作逐渐向更大范围的多边合作拓展，适时分享和推广优秀国际合作案例。对于认知分歧较大的领域，如政治意识形态、宗教观念、敏感文化问题等，在治理中采取遵循网络主权原则，尊重属地合法政府的治理举措。

1. **合作打击在线儿童色情**

相对而言，保护儿童是信息层国际治理共识度较高的领域，也是开展国际合作较早的领域。联合国《儿童权利公约》（1989）和《〈儿童权利公约〉关于买卖儿童、儿童卖淫和儿童色情制品问题的任择议定书》（2000）均表示，传播儿童色情信息是对儿童权利的侵犯，各缔约国应采取一切适当的国家、双边和多边的防止措施。2013 年 10 月，在中美两国警方的联合推动下，20 个国家和地区的警方经过半年合作完成了"天使行动"，摧毁了四个系列儿童色情网站。这次联合执法行动对进一步完善信息层国际治理合作机制具有重要意义。截至 2022 年 3 月，共有 16 家互联网公司表示遵循《打击在线儿童性剥削和虐待自愿原则》。①

2. **仇恨言论治理合作**

网络暴力、恐怖主义和仇恨言论等是信息层国际治理的新兴热点领域。自 2001 年美国"9·11"事件以来，防范和打击恐怖主义分子利用互联网传播恐怖和暴力信息就逐渐成为各国共识。在联合国的倡议和引导下，仇恨言论国际治理取得了一些进展。2017 年 3 月，欧洲委员会在《互联网治理——欧洲委员会战略 2016—2019 年》中将"打击互联网极端主义和激进言论"作为优先事项，同时也将解决"仇恨言论和在线对儿童进行性剥削的问题"列入计划。② 同年 5 月，七国集团在峰会上发表了联合声明，呼吁加大力度治理在线恐怖主义问题。此外，2017 年微软、推特、脸书和 YouTube 等科技巨头还创立了全球网络反恐论坛，旨在增强合作治理能力，禁止传播恐怖主义和暴力极端信息。目前，全球网络反恐论坛成员已由 4 个

---

① "Voluntary Principles to Counter Online Child Sexual Exploitation and Abuse," https：//www. gov. uk/government/publications/voluntary－principles－to－counter－online－child－sexual－exploitation－and－abuse.

② Council of Europe, "Internet Governance－Council of Europe Strategy 2016－2019," https：//search. coe. int/cm/Pages/result_ details. aspx? ObjectId＝09000016805c1b60.

创始成员扩展为 30 多家不同的平台企业。①

2019 年 3 月 15 日，在新西兰克赖斯特彻奇清真寺发生了一起具有恐怖主义性质的枪击案。两个月后，在新西兰和法国的推动下，英国、加拿大等 18 国政要与脸书、微软等 8 家社交媒体和互联网企业代表共同签署了《克赖斯特彻奇倡议》。倡议呼吁政府和科技企业联合打击在线恐怖主义和暴力极端主义活动。② 当时美国并没有签署该倡议，特朗普政府担心美国遵守该倡议可能会与其宪法中的保护言论自由发生冲突。拜登政府上台后于 2021 年加入《克赖斯特彻奇倡议》。截至 2024 年，已有 130 个国家、科技公司和组织等成员加入了克赖斯特彻奇倡议社群组织。③ 2019 年 6 月，二十国集团领导人在大阪峰会上发表了《关于防止利用互联网从事恐怖主义和暴力极端主义活动的声明》，强调保护公民安全，打击恐怖主义势力是国家政府的重要职责，各国政府有责任加强与网络平台的合作，审核网络内容，防止恐怖主义势力利用网络进行恐怖主义活动。

克赖斯特彻奇清真寺枪击事件发生后，全球网络反恐论坛成员还签署了"九点计划"，包含"五项独立行动"和"四项合作行动"两个部分。其中，"五项独立行动"的承诺是：①使用条款禁止传播恐怖主义和暴力极端内容；②提供用户参与举报恐怖主义和暴力极端内容的渠道；③增强检测内容的技术能力；④对平台直播活动进行适当监督；⑤定期发布有关检测和删除在线平台和服务上恐怖主义或暴力极端主义内容的透明度报告。"四项合作行动"是：针对恐怖主义和暴力极端内容，致力于推动跨行业、政府、教育机构和非政府组织合作，共享技术、制定应急合作协议、合作开展教育活动、线上和线下联动与仇恨和偏执言论作斗争。④

---

① 全球网络反恐论坛官网，https：//gifct.org/about/。

② Christchurch Call，https：//www.christchurchcall.com/assets/Documents/Christchurch - Call - full-text-English.pdf.

③ https：//www.christchurchcall.com/.

④ "News：G7 Government and Tech Industry Leaders Meet in Paris，" https：//gifct.org/2019/05/15/actions-to-address-the-abuse-of-technology-to-spread-terrorist-and-violent-extremist-content/.

3. 虚假信息国际治理合作

面对全球虚假信息威胁，2017 年 3 月，四位重要的国际组织的代表在维也纳联合发表了《关于表达自由与假新闻、虚假信息和宣传的联合声明》。这四位代表分别是：联合国言论和表达自由问题特别报告员、欧洲安全与合作组织媒体自由问题代表、美洲国家组织言论自由问题特别报告员，以及非洲人权和人民权利委员会言论自由和获取信息问题特别报告员。联合声明强调了 8 项一般原则，并对政府、信息传播机构和媒体等相关者的权利和义务进行了说明。例如，政府应该明确监管框架，同时构建多样化的信息传播环境，不助推虚假信息的传播等；对信息传播机构的约束条款应保持透明度和一致性，其自动程序的应用仅限于合法的竞争和运营需要；媒体则应加强自律，将对虚假信息的批评性报道作为新闻服务的一部分，以发挥社会监督的作用。

欧美国家的虚假信息应对举措有一个共同的特征，即源于确保选举安全的需求。为此，2018 年，美国与欧洲合作成立了跨大西洋选举诚信委员会。委员会由来自政府、媒体和私营部门的十几位知名人士组成，北约前秘书长兼丹麦首相安德斯·福格·拉斯穆森和美国前国土安全部部长迈克尔·切尔托夫，担任委员会主席。[①] 委员会呼吁美国和欧洲的政治候选人和政党签署承诺，不援助和怂恿干涉别国选举，不在国内竞选中传播虚假信息。此外，委员会也声称致力于为全球提供一个关于选举干预和虚假信息辩论的平台。委员会发起的《选举诚信承诺》共有以下六条内容[②]：①不得出于虚假信息或宣传目的捏造、使用或传播伪造、捏造、人肉搜索或窃取的信息或数据。②不得捏造、使用或传播合成（人工智能篡改的）媒体内容，例如使用深度伪造技术创建的，以及在未经其他候选人同意的情况下冒充其他候选人。③确保不使用任何，特别是基于人工智能的网络活动（所谓的"机器人"）来传播信息的透明度；避免利用此类网络攻击对手和其他选举利益

---

① "The Transatlantic Commission on Election Integrity," https：//www. allianceofdemocracies. org/ transatlantic-commission-on-election-integrity/.

② The Pledge for Election Integrity, https：//www. electionpledge. eu/.

攸关方，或通过第三方、代理人或虚假账户采取这些行动；避免在任何社交网络上对选民进行不道德的微定位。④确保国内外竞选资金来源的透明度，特别是在线政治广告购买，以最大限度地提高公众对选举进程的信任度。⑤采取积极措施保持竞选活动的良好网络环境，例如定期进行网络安全检查和密码保护，对竞选工作人员进行数字素养和数字风险意识方面的培训。⑥在竞选活动开始时，请告知负责维护选举公正性的当局和机构，任何涉嫌影响选举的企图都应向这些当局和机构报告。

《选举诚信承诺》的前三条直接涉及承诺在选举中不使用虚假信息及其相关手段。截至 2024 年 4 月，包括美国总统拜登在内的 357 名寻求公职的政治候选人签署了该承诺书。2024 年，美国、欧盟、印度、南非、墨西哥、印度尼西亚等 70 多个经济体将举行选举活动，2024 年也因此被称为"超级选举年"。委员会已将"人工智能"和"深度伪造"技术作为本年度选举监测的重点。

此外，还有两个值得关注的虚假信息国际治理合作实践案例——欧洲反混合威胁中心和七国集团快速反应机制。欧洲反混合威胁中心成立于 2017 年，总部位于芬兰赫尔辛基。所有欧盟和北约国家都可以参加该中心的活动，截至 2024 年 4 月，参与国已增加到 35 个。① 2019 年，欧洲反混合威胁中心主办了关于抵制虚假信息的法律应变能力研讨会。七国集团快速反应机制创建于 2018 年 6 月，主要任务是通过协调、识别、分析、理解来应对威胁。虚假信息被认为是关键威胁之一。

4. 数字版权问题国际治理

信息通信技术的发展颠覆了传统的信息传播模式，也使版权问题面临诸多新挑战，数字版权问题成为网络空间内容治理中的一个难题。欧盟较早对这一问题做出了回应，2016 年 9 月，欧盟提出了新版权法草案。经过多轮修订，2019 年 4 月欧洲议会和欧盟理事会签署了《数字单一市场版权指令》，并于 2019 年 6 月 6 日起正式生效。欧盟成员国已于 2021

---

① https://www.hybridcoe.fi.

年 6 月完成了相应国内立法适配工作。① 该指令对 2001 年通过的欧盟版权法进行了大幅修订，也是继 1998 年美国的《数字千年版权法案》之后，国际上首次涉及互联网企业与内容产业版权纠纷的重要立法实践。根据《数字单一市场版权指令》，生产新闻的媒体机构有权与互联网企业进行授权许可谈判，原创者有权分享新链接带来的额外收入。同时，该指令还要求互联网企业对上传到其平台上的内容进行版权审查，并就未能及时制止的侵权行为承担责任。尽管欧盟的版权法修改方案备受争议，被反对者诟病为实施"链接税"和网络内容审查，但仍引领了全球数字版权改革风向。中国加快推进数字版权保护进程，2019 年中国版权保护中心发布了中国数字版权唯一标识标准联盟链。该标准联盟链是我国数字版权体系建设的最新成果，是以国家版权登记为支撑的版权领域权威公信的标准区块链，利用区块链技术为作者提供"发布即版权"的版权登记服务。

2021 年初，澳大利亚众议院通过了旨在缓解传统新闻媒体和互联网企业间权力不平衡的专项法规《新闻媒体和数字平台强制议价法》，要求谷歌、脸书等大型互联网公司向澳大利亚生产新闻的媒体企业付费。加拿大和美国也紧随其后，纷纷表示将推出类似立法。2022 年 4 月，加拿大正式公布了《在线新闻法》草案，要求谷歌、脸书等公司为新闻内容付费。然而，类似立法虽然可以限制社交媒体平台的权力，并试图确保传统媒体的利益，但同时也有可能导致社交媒体平台因不愿付费而拒绝为收费媒体服务，进一步恶化社交媒体平台信息生态。因此，这类法案能否实现预期目标仍有待进一步观察。

---

① Official Website of the European Union, Directive (EU) 2019/790 of the European Parliament and of the Council of 17 April 2019 on Copyright and Related Rights in the Digital Single Market and amending Directives 96/9/EC and 2001/29/EC, https://eur-lex.europa.eu/legal-content/EN/ALL/? uri=CELEX：32019L0790.

第二节 欧盟虚假信息治理研究

2014 年，世界经济论坛在研究报告中将"错误信息"在互联网上的快速传播列为现代社会十大趋势之一。[①] 10 年之后，根据世界经济论坛发布的《2024 年全球风险报告》，"错误信息和虚假信息"已成 2024 年全球最大风险，并且未来 10 年仍会高居前列。[②] 面对日益严峻的虚假信息威胁，联合国已经推出了一些关于虚假信息治理的研究报告和决议，联合国秘书长也就加强虚假信息治理的国际合作进行了多次呼吁，但国家间的治理合作仍较难推进。欧盟是在超国家层面进行虚假信息治理的一个范例。虽然很难评价欧盟的虚假信息治理成效，但其确实为推进虚假信息国际治理进程提供了一些宝贵经验。

一 欧盟信息治理监管机构

与单一国家不同，欧盟网络信息安全治理体系具有显著的独特性。管理 27 个成员国超过 4 亿人的网络社区，欧盟的各个部门需要进行更多的协调工作。在欧盟统筹协调之下，除需要成员国落实网络安全措施外，还需公共和私营部门的积极参与，以及每位欧盟网络用户的配合。

在超国家层面，欧盟的网络管理机构负责政策制定、人力资源调配、政策实施效果评估。网络治理机构分为宏观、中观和微观三个层面。宏观层面，欧盟委员会、欧盟理事会、欧洲议会和对外行动署负责制定策略。欧盟委员会中的通信网络、内容和技术总司，欧盟理事会中的交通、电信和能源理事会，欧洲议会中的工业、研究和能源委员会等，专门负责电信和网络领域的形势研判及政策制定工作。对内事务总司也负责欧盟网络数据安全工

---

① "Outlook on the Global Agenda 2014," http：//reports. weforum. org/outlook－14/top－ten－trends－category－page/10－the－rapid－spread－of－misinformation－online/.

② WEF，"Global Risks Report 2024," https：//www. weforum. org/publications/global－risks－report－2024/.

作，信息情报总司负责网络间谍的监控工作。对外行动署作为欧盟共同的外交部门，负责欧盟网络外交。它下属的战略传播和信息分析司，按地域设立了专门的工作组，负责地区宣传与情报分析工作。中观层面，欧盟设立了不同职能的网络安全管理局，如欧洲网络与信息安全局负责欧盟网络的调研和普及工作。微观层面，欧盟各个成员国的电信部门、司法部门、情报部门相互协调，执行欧盟和本国的网络治理政策，与本国的私营部门进行合作。

（一）通信网络、内容和技术总司

通信网络、内容和技术总司的前身是信息社会与媒体总司，2012年，在合并了教育文化总司的"媒体"板块后，新的总司得以成立。其宗旨是利用网络信息技术，创造就业机会，促进经济增长，并致力于创造一个更美好的网络空间。总司的职责包括对内和对外两部分。对内的具体任务是推进"欧洲数字议程"建设，为此明确了网络文化、经济和社会目标，并制定了信息和通信技术与媒体政策法规。该司在《2020～2024年战略计划》中，将"打击虚假信息"列为第六项目标。其工作大多数是技术性的，如网络和关键基础设施保护、信息和通信技术市场监管、调查特定技术固有的安全风险、维护信息和通信技术产品及服务市场安全等。对外合作方面，总司积极加强与全球合作伙伴的沟通，支持构建开放的互联网。

（二）欧盟网络与信息安全局

欧盟网络与信息安全局是独立于欧盟委员会和欧洲理事会的网络安全专门机构，总部位于希腊雅典，成立于2004年，并于次年正式运行。其宗旨是维护欧盟网络空间安全，切实保护欧盟用户、企业和公共部门组织在网络中的权益，促进欧盟网络有序运行和网络文化健康发展。欧盟网络与信息安全局设有以下机构：管理委员会负责监督和决策；执行董事会负责预算和行政；执行董事则执行具体的政策；永久的利益相关组是重要的监督机构；特设工作组由执行董事与利益相关组协商建立，由相关专家组成，解决具体的网络科技问题。

（三）欧盟视听媒体服务监管工作组

根据2014年2月提出的决议，欧盟委员会成立了欧盟视听媒体服务监管工作组。该工作组主要职责是召集各国视听领域监管机构负责人或高级代表就欧盟《视听服务指令》的实施向委员会提供建议。2018 年修订后的《视听服务指令》进一步加强了监管工作组的责任，包括四项：确保指令在成员国范围内的一致性；促进监管经验交流；向成员提供与指令相关的信息；就解决问题的技术和方式给出建议。根据《反虚假信息行动计划》，工作组负责监督《反虚假信息行为守则》在成员国一级的实施情况，并进行效果评估。

二　欧盟网络信息治理历史沿革

虚假信息泛滥对欧盟成员国造成了威胁，备受关注。调查显示，83% 的欧洲人认为虚假信息威胁民主，51% 的欧洲人表示在互联网上接触过虚假信息，63% 的欧洲年轻人表示每周不止一次接触过假新闻。[①]

（一）综合监管阶段（2015 年以前）

欧盟的成员国基本是全球互联网先发国家，到 20 世纪末，整体普及率处于全球前列。随着互联网与现实社会融合发展的逐渐深入，欧盟较早意识到了对互联网进行监管的必要性和重要性。1997 年 7 月，欧盟主持了在德国波恩举办的全球信息网络部长级会议，发表了针对全球信息发展的波恩宣言。其中，涉及互联网信息内容发展及安全问题。1999 年 1 月，欧盟启动了与互联网安全相关的"行动计划"，对如何使用分级和过滤系统进行有效监管进行了探讨，是欧盟较早关注信息内容治理的举措。[②] 进入 21 世纪，欧盟先后出台了《欧洲议会与欧盟理事会关于电子商务的法律保护指令》（以下简称《电子商务指令》，2000）、《电子通信网络与服务的统一监管框架》（2002）和《视听媒体服务指令》（Audiovisual Media Services Directive，2007）等政策法规对互联网企业进行监管。2015 年以前，虚假信息虽然已经存在，但欧盟尚未对其采取专项治理举措。虚假信息治理的主要依据是与

---

① Eurobarometer Survey, "Final Results of the Eurobarometer on Fake News and Online Disinformation," https://digital-strategy.ec.europa.eu/en/library/final-results-eurobarometer-fake-news-and-online-disinformation.

② 丁懿南等：《欧盟及成员国对互联网信息内容的治理》，《信息网络安全》2007 年第 10 期。

互联网或传媒相关的综合性法规。2000 年颁布的《电子商务指令》的监管重点是在互联网上开展的经济活动。通过互联网进行的信息传播服务被归入"信息社会服务",仅对信息的自由流动和用户的隐私保护等问题做出了规定。在《视听媒体服务指令》颁布以前,互联网平台传播的内容在欧盟被视为信息服务,规制方式与印刷出版相类似。2007 年颁布的《视听媒体服务指令》则将互联网平台传播的内容等同于传统的广播电视,同样禁止传播仇恨言论和歧视性言论,并限制色情和暴力等信息内容。彼时尚未有虚假信息概念,所以在该指令中并没有相应表述,但已将保障国家信息安全纳入法规。

在 21 世纪第一个十年的末期,智能手机和移动互联网快速发展,用户参与内容生产类的应用程序呈爆发式增长态势,虚假信息威胁风险随之攀升。为此,欧盟开始采取防御虚假信息的措施。但与美国的治理理念类似,最初欧盟也对于传播信息的互联网平台采取"责任豁免"的态度,即互联网企业和平台只需要配合欧盟要求,快速删除有害信息即可,并不需要承担第三方发布违法信息的责任。

(二)专项监管阶段(2015年至今)

为了应对日益加剧的虚假信息威胁,自 2015 年起欧盟开启了专项监管,主要表现是成立应对虚假信息的专门管理机构、组建专家工作组、开展专项研究、制定针对性治理措施等。

2015 年,欧洲对外行动署战略传播和信息分析司成立了"东部战略传播工作组"。根据欧盟《战略传播行动计划》,该工作组的成立源于应对俄罗斯虚假信息行动的需求。除东部战略传播工作组外,该司还设有西巴尔干工作组、南部工作组,以及聚焦紧急威胁、数据分析、政策发展和国际合作的平行工作小组,并建有"欧盟虚假信息快速预警系统"。① 工作组负责定

---

① 欧盟虚假信息快速预警系统(EU's Rapid Alert System on Disinformation)是欧盟理事会于 2018 年 12 月批准的《打击虚假信息行动计划》中的四大举措之一。为提升应对虚假信息的能力和效率,欧盟机构和成员国之间建立了快速预警系统。该系统以开源信息为基础,通过学术界、事实核查人员、在线平台和国际合作伙伴合作提供危机应对、网络安全、混合威胁等方面的解决方案。https://www.eeas.europa.eu/node/59644_en。

期报告虚假信息传播趋势，并分析虚假信息传播使用的叙事框架、工具、技术和动机，提高公众对虚假信息的鉴别能力。① 东部战略传播工作建立了一个虚假信息案例数据库。截至 2024 年 4 月，该数据库首页显示已收集了16997 个虚假信息案例。②

2016 年 1 月欧洲研究委员会设立"计算宣传研究项目"以资助牛津大学研究社交媒体上的信息操纵行为。2016 年 10 月，欧盟外交事务委员会安娜·伊丽莎白·佛迪格提交了《关于欧盟打击第三方反欧盟宣传的战略传播问题》研究报告。11 月，在此报告基础上，欧盟通过了《关于欧盟打击第三方反欧盟宣传的战略沟通的决议》，将反欧盟宣传和虚假信息传播行为上升到混合战争的高度。决议提出投入更多资金以优化媒体生态环境，并确保高质量的新闻教育和培训，以及加强欧盟各机构、欧洲民主基金会、欧洲安全与合作组织、欧洲委员会和成员国之间在打击虚假信息上的合作。

为防范外国利用网络虚假信息操纵 2019 年欧洲议会选举，2017 年 6 月欧洲议会通过了一项决议，呼吁欧盟委员会深入分析假新闻现状及相应法律框架，讨论立法禁止虚假信息传播的可能性。2017 年 9 月，欧盟委员会发布了《打击网络非法内容 加强网络平台责任》（也称"社交媒体的自我管理指导原则"），为欧洲议会、欧洲经济和社会委员会等加强网络平台监管合作提供了一套指导方针和原则。③

2018 年 1 月，欧盟委员会组建的高级别专家组制定了打击网络假新闻和虚假信息传播的策略④。2018 年 3 月，高级别专家组发布了《多维度应对虚假信息的方法——独立高级别专家组关于假新闻和网络虚假信息的研究报

① East Strategic Communication Task Force, East Stratcom Task Force, https：//www. eeas. europa. eu/eeas/questions-and-answers-about-east-stratcom-task-force_ en.

② 东部战略传播工作组虚假信息案例数据库官网，https：//euvsdisinfo. eu/。

③ European Commission, "Communication on Tackling Illegal Content Online - Towards an Enhanced Responsibility of Online Platforms," https：//digital - strategy. ec. europa. eu/en/library/communication - tackling-illegal-content-online-towards-enhanced-responsibility-online-platforms.

④ European Commission, "Next Steps Against Fake News: Commission Sets up High-level Expert Group and Launches Public Consultation," https：//ec. europa. eu/commission/presscorner/detail/en/IP_ 17_ 4481.

告》（以下简称《高级别专家组报告》），① 建议先解决紧迫问题，并提出了应对虚假信息的长期措施。4 月，欧盟委员会发布了《应对网络虚假信息——欧洲方法》。10 月，欧盟发布了《反虚假信息行为守则》，② 这是一个具有创新意义的行业自律工具。为加强对虚假信息的依法治理，欧盟对《视听媒体服务指令》进行了修订，并要求成员国 2020 年 9 月之前将其纳入国家立法。修订后的指令，为欧洲数字十年发展战略提供了一个媒体发展监管框架。2018 年 12 月，欧盟委员会提出了《打击虚假信息行动计划》，③ 提出到 2019 年议会选举前，欧盟、各成员国、媒体企业、公众等主体需要落实的 10 项应对虚假信息的具体行动。

除了欧盟层面在虚假信息治理上取得了显著的进展，许多成员国也采取了具体行动。例如，德国于 2018 年 1 月批准了《网络执行法》，要求社交网络平台应及时删除、屏蔽违法信息，需要在 24 小时内屏蔽被其他用户举报的、明显而严重的非法内容；当内容合法性有争议时，时限可延长至 7 天。西班牙成立了一个打击虚假信息的工作组，由来自国家安全部、国家通信秘书办公室和其他部门的专家组成。瑞典采取了全面的措施：对 1 万多名政府官员进行了应对虚假信息的培训；改革了中小学教育，增加媒介素养相关课程；民事应急机构为公共部门编写了《应对信息影响活动》手册。

新冠疫情全球蔓延期间，虚假信息威胁加剧。2020 年 6 月，欧盟发布了《应对 COVID-19 虚假信息认清事实》，分析了虚假信息给欧盟的疫情防控带来的挑战，并提出了应对办法。同年 9 月，欧盟对《反虚假信息行为守则》实施两周年来的成效进行了评估，并发布了《对〈反虚假信息行为守则〉的评估报告》。在评估基础上，欧盟于 2021 年 5 月推出了《加强〈反虚假信息行为守则〉的指南》。此外，欧盟也意识到仅通过《反虚假信息行为守则》强调企业自律的方式无法遏制虚假信息泛滥

---

① Report of the Independent High Level Group on Fake News and Online Disinformation.
② Code of Practice on Disinformation.
③ Tackling Online Disinformation: A European Approach.

的趋势，为此，于 2020 年 12 月发布了《数字服务法案》提案，提出大型在线平台应履行"守门人"责任。《数字服务法案》于 2022 年 11 月正式获得通过。

表 7-2 欧盟打击虚假信息行动

时间	行动举措
2015 年 3 月	欧洲对外行动署成立东部战略传播工作组
2016 年 4 月	欧盟委员会和欧盟外交与安全政策高级代表发布关于应对"混合威胁"的联合框架
2017 年 9 月	欧盟委员会发布《打击网络非法内容　加强网络平台责任》
2018 年 3 月	欧盟委员会通过《关于有效治理网络非法内容的措施建议》
	高级别专家组发布报告
2018 年 4 月	欧盟委员会发布《假新闻和网络虚假信息公众咨询概要报告》
	欧盟委员会《应对网络虚假信息——欧洲方法》
2018 年 9 月	欧盟委员会进行关于确保自由和公正的欧洲选举的沟通
2018 年 10 月	欧盟发布《反虚假信息行为守则》
2018 年 12 月	欧盟委员会提出《打击虚假信息行动计划》
2019 年 3 月	启动打击虚假信息的快速预警系统
2020 年 6 月	应对 COVID-19 虚假信息并启动 COVID-19 虚假信息检测计划
	启动欧洲数字媒体观察站
2020 年 12 月	《数字服务法案》提案
2021 年 5 月	欧盟委员会发布《加强〈反虚假信息行为守则〉的指南》
	启动欧盟数字媒体国家观察站国家级站点
2021 年 6 月	启动 2018 年《反虚假信息行为守则》修订工作
2021 年 11 月	关于政治广告透明度和针对性的立法提案
2022 年 6 月	44 家签署方完成《2022 年加强版反虚假信息行为守则》

资料来源：European Commission，"State of the Union 2018：European Commission Proposes measure for Securing Free and Fair European Election，" https：//ec. europa. eu/commission/presscorner/detail/en/ip_ 18_ 5681。

三　欧盟虚假信息治理举措分析

（一）战略筹备：高级专家组及其治理建议

2017 年 11 月 13 日，欧盟委员会启动了"假新闻和网络虚假信息的高级别专家组"公开申请工作（2017 年 11 月中旬至 12 月中旬）和公众意见咨询（2017 年 11 月 13 日至 2018 年 2 月 23 日）。[1] 2018 年 1 月欧盟治理假新闻和网络虚假信息的高级别专家组成立，由来自学术界、网络平台、新闻媒体和非政府组织的 40 名专家代表组成。2018 年 3 月，高级专家组发布了研究报告。同月，欧洲晴雨表调查项目也公布了"关于假新闻和网络虚假信息"的电话调查结果，共 26000 名民众参与了调查，人们对欧洲网络虚假信息传播现状表示担忧。[2] 4 月，欧盟委员会公布了《假新闻和网络虚假信息公众咨询概要报告》。这些研究成果为制定欧盟层面的应对虚假信息战略奠定了基础。

高级别专家组[3]对虚假信息进行了界定：一切形式的不真实、不准确或误导性信息，其设计、提出和宣传的目的是故意造成公众伤害或牟利。该定义没有涉及在网上制作和传播非法内容（特别是诽谤、仇恨言论、煽动暴力）所产生的问题。专家组强调，依据欧盟或其他国家法律，上述内容可以得到监管。

虚假信息是一种远远超出"假新闻"的现象。欧盟虚假信息产生的驱动因素可能是经济利益或意识形态目的，不同受众和社区的接收、参与和放大可能会加剧该现象。欧盟的虚假信息问题具有显著特征：①政治团体可能是虚假信息的提供者。外国政府或国内团体可以主动破坏欧洲的媒体系统和政治进程的完整性。在欧盟，并非所有政治家都同样尊重媒体的自由和独立，有些人积极寻求办法直接或间接地控制私营部门和新闻媒体。②并非所有新闻媒体都保持同样的专业水平和独立性。虽然新闻媒体可以在打击虚假信息和加快社会民主进程方面发挥重要作用，但一些新闻媒体助长了虚假信

---

[1] European Commission, "Next Steps Against Fake News: Commission Sets up High-Level Expert Group and Launches Public Consultation," https://ec.europa.eu/commission/presscorner/detail/en/IP_17_4481.

[2] Eurobarometer Survey, "Final Results of the Eurobarometer on Fake News and Online Disinformation," https://digital-strategy.ec.europa.eu/en/library/final-results-eurobarometer-fake-news-and-online-disinformation.

[3] European Commission, "Report of the Independent High Level Group on Fake News and Online Disinformation," https://digital-strategy.ec.europa.eu/en/library/final-report-high-level-expert-group-fake-news-and-online-disinformation.

息问题，从而削弱了欧洲公民对媒体的信任。③虽然公众在许多领域发挥着重要的监督作用，但一些虚假信息是由公民个人或集体分享虚假和误导性的内容引起的，而高度两极分化的低信任社会为此类信息传播提供了空间。④随着越来越多的欧洲公民转向平台产品和服务来寻找和获取信息，以及参与公共事务，平台公司作为信息的传播者和把关者变得愈加重要。它们提供工具、创造新的途径、传递和接收来自不同方面的信息和观点。

高级别专家组建议的多维方法是基于一系列相互关联和相互加强的策略。这些方法包括以下要点：①提高网络信息的透明度，在加强隐私保护的前提下，在开放式的对话空间和网络空间中分享事实，以实现打击"假新闻"的目标；②提高媒体的信息素养，以应对虚假信息，并帮助用户适应数字媒体环境；③开发并改进工具，帮助用户和媒体提高鉴别虚假信息的能力；④维护欧洲新闻媒体生态系统的多样性；⑤推动对欧洲虚假信息影响的持续性研究，以评估不同参与者采取的措施，并不断调整相应的策略。

虚假信息的成因是多方面的，没有一个简单的解决之道。因此，高级别专家组认为，一方面，由多个利益相关方合作制定治理策略，并且所有相关方的应对措施都不应对互联网的技术运作造成有害后果；另一方面，确保旨在解决虚假信息问题的举措不会因意外或设计缺陷而使公共或私人部门言论自由受到限制。公共部门应提供一个有利的环境，促进媒体实质性多元化，包括适当对能够提供高质量的信息私营媒体进行支持，以对抗虚假信息。

（二）战略部署：《应对网络虚假信息——欧洲方法》

在高级别专家组研究报告、公众咨询分析报告和欧洲晴雨表民意电话调研报告的基础上，2018 年 4 月欧盟委员会发布了《应对网络虚假信息——欧洲方法》，① 提出了欧盟应对网络虚假信息的总体原则和目标，并列出了欧盟在应对网络虚假信息方面将要采取的具体措施。欧盟希望这些举措能够

---

① European Commission, "Tackling Online Disinformation: A European Approach," https：//eur-lex. europa. eu/legal-content/EN/TXT/? uri＝CELEX：52018DC0236.

提高公众对网络虚假信息的辨识能力，有效治理网络虚假信息泛滥现状。

鉴于虚假信息传播的复杂性以及数字技术的迅速发展，网络空间的治理应是多角度、全方位的，不能期望通过单一方案的制定，就一劳永逸地解决网络虚假信息泛滥问题。因此，欧盟委员会认为，应采取基于多方考虑、涉及多方利益的全面治理措施，实时评估虚假信息治理成效，并及时调整措施，以提高治理水平。首先，提高信息来源的透明度，便于用户评估网络内容的真实性。让用户了解信息制作、发布和传播的过程，能够发现网络信息背后隐藏的舆论操纵意图。其次，提升用户媒介素养，帮助用户做出正确选择。需要支持媒体生产高质量的内容，平衡信息生产者和传播者之间的关系，增加网络信息的多样性，避免用户因只接收到虚假信息而做出错误判断。再次，为信息添加可信度标识，根据发布者信用度评估信息的可信度。此举一方面可以增强信息的可追溯性，另一方面将信息与发布者联系起来，明确发布者责任。最后，制定具有包容性和多方参与的治理措施。网络平台、广告商、用户及媒体应共同参与网络虚假信息治理，致力于净化网络生态环境。

1. 建设透明、负责、可信的网络生态

当前虚假信息的生产、传播主要是由于现有网络生态缺乏透明度和可追溯性，依赖于广告和算法驱动。因此，有必要利用新技术改进信息在网上的制作和传播方式，提升信息核查能力，建立更加透明、负责任、可信的网络生态系统。

首先，要求网络平台认识其核心作用并承担适当的责任，确保网络空间的透明、可信。平台要加大清理虚假信息的力度，保护用户免受虚假信息的误导；为用户提供多样化的信息，便于其思考和判断信息真伪；加强对广告的审查，限制政治广告的投放，提高广告赞助商及其赞助内容的透明度，以便用户了解广告背后的意图。平台还应加强对用户的管理，将信息与发布者联系起来，关闭非法账号，为信息加注可信度标识，增强信息的可追溯性，减少虚假信息在网络上传播的可能性。

其次，要加强对虚假信息的监测和审查能力。第一步，选择能够遵守道德标准、具有专业审查能力且能够保持独立性的审查员，构建起全面的事实核查网络；通过新技术实时监测网络信息，识别和筛选出虚假信息并及时删除；通过与利益攸关方协商制定公正可靠的信息透明度标识，增加信息的多样化，提高用户对虚假信息的辨别能力。第二步，建立欧洲网络虚假信息平台，为审查者和研究者提供跨境数据收集和分析工具。一方面，帮助审查者进一步审查网络信息，净化网络空间；另一方面，平台为研究虚假信息治理问题的专家提供数据和技术支持，助力专家根据治理成效制定网络治理创新战略。

最后，实行问责制度。欧盟将要求用户在网络上实名认证，同时加快IPv6 部署。此外，欧盟还将与 ICANN 协作，努力提升域名和知识产权WHOIS 系统中信息的可用性和定位功能。总而言之，这些措施将有助于增强网络信息的透明度和可追溯性，以此来定位虚假信息来源，为实行问责制度打下基础。欧盟将进一步提升新技术在虚假信息治理中的作用，通过合理的设计使得网络技术成为虚假信息治理的重要工具。

2. 制定安全的选举程序

选举程序安全是民主的基础。目前网络虚假信息泛滥正在威胁民主选举的安全性，虚假信息被用于影响选举进程，进而操纵选举结果。在选举活动中，由于持续时间较短，虚假信息无法被及时发现，公众通常会受到错误的舆论影响，最终影响选举结果。

鼓励成员国制定一系列防止选举遭受网络攻击的措施，帮助成员国提高应对网络攻击和虚假信息威胁的能力，具体措施包括：加强成员国之间的交流，进一步完善选举制度，提高各国应对网络攻击的能力；加强与欧盟网络和信息安全局的合作；举办有各成员国参加的网络安全选举高级别会议，组织专家和技术人员向欧盟提供针对各国实际的应对策略和建议。

3. 推广网络安全教育，提升公民媒介素养

网络虚假信息泛滥与公民媒介素养缺乏有极大的关系。公民缺少辨别信息真伪的能力，面对信息无法做出独立的判断。所以，开展网络安全教育，提升公民媒介素养是治理虚假信息泛滥问题的重要途径之一。

2018 年 1 月欧盟委员会通过的《数字教育行动计划》指出，面对网络威胁学校应以正规和非正规教育方式提升老师和学生应对网络威胁的能力。此外，委员会还制定了《公民数字能力框架》，明确公民需要学习的信息辨识、数字内容创作、内容分享等网络知识，强化公民在网络环境中的批判性思维。

此外，委员会将鼓励事实审查人员和民间组织为学校和教师提供网络安全教育资料和培训；面向社会各界发布欧盟用户媒介素养报告；进一步支持提升欧盟媒介素养的工作；定期组织交流活动，倡导网络安全共同价值观，鼓励公民自觉提升网络素养；设立"欧洲媒介素养周"，加强相关方的跨界交流。

4. 扶持优质内容生产商

传统媒体在向公民提供高质量和多样化信息方面发挥着重要作用，多元化的媒体环境和多来源的信息可以提升公民辨别虚假信息的能力。欧盟将加大扶持优质内容生产商的力度，鼓励其探索创新。欧盟还将加快版权制度改革，提升传统媒体的地位，确保传统媒体和平台之间的收益公平分配，解决传统新闻业可持续发展问题。欧盟还将进一步加强对媒体人员的培训，提升其必要的创作和审查技能，使其具备使用数据库和分析社交媒体的能力，加强自媒体从业者的信息验证和审查能力。

委员会还鼓励成员国制定横向协作计划，向其他成员国提供记者培训等援助。委员会将参考国家援助计划和相关案例，在网上公开数据库，定期更新成员国提供的信息，提高信息的透明度。

5. 通过战略合作来应对虚假信息的威胁

鉴于存在不少国外组织向欧盟传播虚假信息、意图影响欧盟机构运作和决策的情况，欧盟委员会将与欧盟对外事务部合作，增强其战略传播能力，抵御网络攻击。2016 年欧盟情报与信息中心成立了欧盟联合小组。该小组将与欧洲反混合威胁应对中心共同作为欧盟应对网络威胁的基础组织。

（三）战略实施之行业自律：《反虚假信息行为守则》

无论是高级别专家组给出的建议，还是欧盟委员提出的应对办法，都强调了网络平台企业在应对虚假信息中的关键作用。因此，欧盟在全球率先提出了应对虚假信息的行业自律标准《反虚假信息行为守则》（以下简称《守则》）。① 经过监督、评估、修订等一系列工作，《守则》已成为欧盟治理虚假信息的重要举措之一。

1. 《守则》的制定与主要内容

2018 年 10 月，欧盟委员会发布了《守则》，并要求谷歌、脸书、推特等社交平台及广告公司共同遵循。首批共 16 家企业做出了 21 项反虚假信息的承诺。

在审查广告投放方面，承诺制定政策和流程，停止为制造虚假信息者提供广告推广和资金激励。例如，提倡使用品牌安全和品牌验证工具；促进与第三方验证公司的合作；帮助/允许广告主评估媒体采购策略和网络信誉风险；为广告主提供必要的访问权，使其可以访问用户的特定账号，帮助其监测广告投放情况，从而确定投放目标。

在政治广告透明化方面，承诺遵守欧盟和各成员国的法律以及自律性守则，将广告内容与编辑内容（如新闻故事）显著区分开来，当在新闻中呈现广告时，应当采取可识别的方式；承诺公开披露政治广告（即含有拥护或反对选举某位候选人、请愿书等内容的广告），包括披露实际赞助商的身份和赞助金额；探索披露"基于议题的广告推广"的方法，允许报道政治争论和发表政治意见，并且排除商业广告，考虑到言论自由，探索既能提升透明度又能保障基本权利的途径。

在限制使用自动化工具方面，承诺在提供服务的过程中，实施清晰的身份政策，防止滥用自动机器人；禁止使用自动化系统，并且在其平台上向欧盟用户公布该政策。

在向用户赋能方面，承诺提供产品、技术和项目等支持，帮助人们在面对可能的虚假信息时能够做出"有依据的判断"；承诺通过技术手段，在搜索、输入或其他模块中，使可信、权威、相关的信息优先被展示；承诺开发

① European Commission，file：///C：/Users/posit/Downloads/2018_ Code_ of_ Practice_ on_ Disinformation_ l4DbpCSGHOu3e1vYe0Dbzq669k_ 87534%20（1）.pdf.

相关工具，使人们具备多样化的视角来探讨公共话题；承诺与民间团体、政府等合作，提高人们的数字媒体阅读能力；承诺采用某些工具，帮助用户理解其为何会看到特定的广告这一问题。

在向科研团体赋能方面，承诺支持基于善意而开展的关于追踪虚假信息和分析其影响的研究工作；承诺不禁止或不阻碍在其平台上进行基于善意的虚假信息和政治广告推广研究；承诺鼓励针对虚假信息和政治广告推广的研究。承诺召开年度会议，促进学术界、事实审核组织、价值链的各成员之间的交流。

2.《守则》实施情况评估

《守则》包含一套监督和评估反虚假信息承诺的措施。

首先，《守则》提出了一个多方监督体系。一是签署方履约情况的自评，签署方每年需撰写一份关于反虚假信息的自评报告，并且公开发布，接受第三方的审阅。自评报告必须包含签署者所采取的所有措施及其实施进展。二是广告主评估，世界广告主联合会将追踪和识别各个广告主品牌的动态及其策略，并且发布汇总报告。三是广告代理商评估，欧洲通信机构协会将追踪和识别广告代理商的动态及其策略，并且发布汇总报告。四是交互式广告评估，欧洲交互式广告局将追踪和识别交互式广告动向及其策略，并且发布汇总报告。五是第三方评估，签署方承诺选择客观的第三方组织，对自评报告进行审查，并评估其履行承诺的程度。

其次，《守则》明确了评估周期。《守则》签署7个月后将进行一次评估。在评估时间节点之前，签署方将定期举行会议，讨论运作情况。评估结束后，各签署方将举行会议，评估《守则》在治理虚假信息上的有效性，并酌情制定后续完善或推进计划。

2019年10月，欧盟委员会收到了各签署方的年度自我评估报告。① 在

---

① European Commission, "Annual Self-assessment Reports of Signatories to the Code of Practice on Disinformation 2019," https://wayback.archive - it.org/12090/20201215231950/https://ec.europa.eu/digital-single-market/en/news/annual-self-assessment-reports-signatories-code-practice-disinformation-2019.

自我评估报告中，签署方总结了《守则》实施第一年期间其为履行承诺而采取的政策、流程和行动。总体而言，在向用户赋权和向研究团体赋权等方面与委员会的中期监测目标还有差距；各签署方为确保履行承诺而采取的措施也存在明显差异；各会员国在平台政策的制定方面也存在差距。评估报告显示，网络平台与其他利益相关方，如事实核查人员、研究人员、非政府组织及国家监管机构之间的互动与合作明显增强。

2020 年 9 月，欧盟委员会发布了《〈反虚假信息行为守则〉评估报告——成就与缺陷》。[①] 评估报告肯定了《守则》实施两年来在遏制虚假信息方面取得的成就。在成就方面，评估者一致认为《守则》是落实欧盟委员会《应对网络虚假信息——欧洲方法》和《打击虚假信息行动计划》的具体部署，并且《守则》已为网络平台、广告公司、广告主等相关利益方以及欧盟委员会和欧盟视听服务监督工作组建立了结构性对话框架，提高了欧盟内部平台反虚假信息政策的透明度。《守则》得到了澳大利亚、加拿大等合作伙伴的认可。在缺陷方面，《守则》在不同会员国中执行进度不一对"错误信息""影响行动"等相近的概念以及"广告投放审查""政治广告""不真实行为""可信度指标"等业务术语，缺乏统一的定义；《守则》覆盖范围有待扩大，如网上操纵行为、政治广告的精准目标定位和网络政治广告的公平性等问题；《守则》自律性质本身存在局限性，如签署方可能会选择性地执行承诺。此外，两周年评估结束时，还未找到合适的第三方组织来监测签署方在处理虚假信息方面的执行情况。

3. 《守则》的完善与强化

在《守则》系列评估报告的基础上，欧盟委员会于 2021 年 5 月发布了《加强〈反虚假信息行为守则〉的指南》，[②] 提出以下建议：①依据签署方

---

① European Commission, "Assessment of the Code of Practice on Disinformation-Achievements and Areas for Further Improvement," https://digital-strategy.ec.europa.eu/en/library/assessment-code-practice-disinformation-achievements-and-areas-further-improvement.

② European Commission, "Guidance on Strengthening the Code of Practice on Disinformation," https://digital-strategy.ec.europa.eu/en/library/guidance-strengthening-code-practice-disinformation.

特点提出个性化承诺，扩大覆盖范围；②降低通过付费方式（广告）传播虚假信息的可能性；③确保服务的完整性；④加强向用户赋能；⑤扩大事实核查覆盖面，为研究人员提供更大的数据访问权；⑥创建更强大的监管框架。此外，委员会还呼吁签署方建立透明度中心，用以说明他们采取了哪些政策来履行《守则》中的承诺，以及这些承诺是如何被执行的，并显示与关键绩效指标相关的所有数据和指标。

2022 年 6 月，在签署方的共同努力下，《2022 年加强版反虚假信息行为守则》（以下简称《加强版守则》）① 发布，签署方增加至 44 个。《加强版守则》包含 44 项承诺和 128 项具体措施，并在以下几个方面采取了加强性措施：①在降低虚假信息传播者获利可能性方面，签署方承诺采取强有力的措施避免在虚假信息页面放置广告，以及传播包含虚假信息的广告。②在政治广告方面，采取更严的措施提升政治广告的透明度，如设置有效的政治广告标签和建立可搜索的政治广告库，并承诺披露赞助商、广告支出和展示时间等信息，使用户能够轻松地识别出政治广告。③在确保服务完整性方面，加强技术合作，减少用于传播虚假信息的操纵行为（如虚假账户、机器人冒充、恶意深度伪造等），并定期审查恶意行为者采用的策略、技术和程序清单。④在为用户赋能方面，通过增加识别、理解和标记虚假信息的工具，访问权威来源，以及实施媒体素养计划，使用户得到更好的保护，免受虚假信息的侵害。⑤在为研究人员赋能方面，为针对虚假信息的研究提供更好的支持，使研究人员能够更好地访问平台数据。⑥在为事实核查人员赋能方面，承诺把事实核查的覆盖范围扩大到所有欧盟成员国和语种，并确保平台在其服务中更一致地落实事实核查工作。此外，《加强版守则》还致力于确保为事实核查员的工作提供财政支持，并让事实核查员更好地获得信息。⑦在透明度中心和工作组方面，承诺所有公民都可以进入透明度中心，以便轻松了解《守则》实施情况，并定期更新相关数据。常设工作组将通过论

---

① European Commission，"2022 Strengthened Code of Practice on Disinformation," https：//digital-strategy. ec. europa. eu/en/library/2022-strengthened-code-practice-disinformation.

坛，发布技术、社会、市场和立法等信息，审查和调整承诺，使《守则》经得起考验。工作组由签署方、欧洲视听媒体服务监管机构、欧洲数字媒体观察站和欧洲对外行动署的代表组成，并接受欧盟委员会的管理。⑧在监测框架方面，除签署方年度自评报告外，2023 年 1 月，所有签署方需要向欧盟委员会提交第一份关于守则执行情况的报告，被《数字服务法案》认定为超大型在线平台的签署方在半年后需递交第二份报告。⑨在评价指标方面，将建立结构性指标体系以衡量《加强版守则》在应对虚假信息上的效果。⑩在为选举服务方面，承诺在选举期间加强协调与合作，签署方建立了"快速反应系统"，以确保平台、民间社会组织和事实核查员在选举期间迅速有效地开展合作。

（四）战略实施之法治保障：《数字服务法案》

《守则》曾因缺少法律支撑而导致虚假信息治理成效不理想。为此，欧盟委员会于 2020 年 12 月提出了《数字服务法案》草案，试图将网络平台对信息审核的责任合法化。该法案于 2023 年 8 月 25 日起正式生效，是网络平台监管的一个重要里程碑事件，意味着网络平台将对信息审核结果承担相应的法律责任和义务，违规企业将面临全年营收 6% 的高额罚款。

《数字服务法案》在一定程度上完善了《守则》中存在的不足。① 一是强调通过规则进行"内容审核"和处理"非法内容"，明确问责制；二是将"通知和删除程序"正式化为了具有约束力的法律，要求在线平台实施"受信任的举报者"制度，即举报者将非法内容通知平台后，平台应立即采取行动；三是明确了独立审计和共同监督机制，由欧盟独立监管机构对在线平台为社会造成的系统性风险进行定期评估和审计，并设立监管框架，以供不同服务商依据一系列行为准则开展工作，以减小虚假信息传播带来的负面影响。

---

① Sander Sagar and Thomas Hoffmann，"Intermediary Liability in the EU Digital Common Market from the E-Commerce Directive to the Digital Services Act，"IDP Revista de Internet Derechoy Política 2021（34），p. 3，https：//www. researchgate. net/publication/357140122 _ Intermediary _ Liability_in_the_EU_Digital_Common_Market.

　　但对于虚假信息治理而言，该法案仍存在以下问题：一是法案大多数与虚假信息相关的规定都仅使用"非法内容"，意味着可能会忽视很多"有害但合法"内容；二是法案只是在虚假信息产生危害后，要求平台予以删除处理，并没有从源头上消除虚假信息的负面影响；三是法案的落实依旧可能涉及个人基本权利、言论自由和公共监管之间的平衡问题。①

---

① Cendic Kristina, Gosztonyi Gergely, "Main Regulatory Plans in European Union's New Digital Regulation Package," Digital Transformation and Information Society, 2021.

参考文献

阿伦·拉奥：《硅谷百年史》，闫景立、侯爱华等译，人民邮电出版社，2016。

爱德华·斯诺登：《永久记录》，萧美惠、郑胜得译，民主与建设出版社，2019。

安德鲁·查德威克：《互联网政治学：国家、公民与新传播技术》，任孟山译，华夏出版社，2010。

安德鲁·S. 特南鲍姆等：《计算机网络（第6版）》，潘爱民译，清华大学出版社，2022。

蔡翠红：《中美关系中的网络政治研究》，复旦大学出版社，2019。

陈昌凤：《美国传媒规制体系》，清华大学出版社，2013。

大卫·D. 克拉克：《互联网的设计和演化》，朱利译，机械工业出版社，2020。

丹·席勒：《信息资本主义的兴起与扩张：网络与尼克松时代》，翟秀凤译，北京大学出版社，2018。

丁懿南等：《欧盟及成员国对互联网信息内容的治理》，《信息网络安全》2007年第10期。

方滨兴主编《论网络空间主权》，科学出版社，2017。

方兴东、陈帅、徐济函：《中国参与互联网治理论坛（IGF）的历程、问题与对策》，《新闻与写作》2017年第7期。

方兴东等：《安全操作系统"中国梦"——中国自主操作系统战略对策研究报告》，《中国信息安全》2014年第4期。

方兴东主编《路易斯·普赞：真正的"互联网之父"》，中信出版集团，2021。

胡泳：《全球开放互联网的歧途》，山西人民出版社，2023。

黄志雄等：《互联网监管：国际法和比较法的视角》，中国社会科学出版社，2023。

黄志雄：《网络空间负责任国家行为规范：源起、影响和应对》，《当代法学》2019年第33期。

黄志雄主编《网络主权论——法理、政策与实践》，社会科学文献出版社，2017。

惠志斌：《全球网络空间信息安全战略研究》，上海世界图书出版公司，2013。

杰克·L.伯班克：《无线网络：理解和应对互联网环境下网络互联所带来的挑战》，季新生、黄开枝等译，机械工业出版社，2017。

拉里·L.彼得森等：《计算机网络：系统方法》，王勇、薛静锋等译，机械工业出版社，2022。

郎平：《网络空间国际治理与博弈》，中国社会科学出版社，2022。

劳拉·德拉迪斯：《互联网治理全球博弈》，覃庆玲、陈慧慧等译，中国人民大学出版社，2017。

劳伦斯·莱斯格：《代码2.0：网络空间中的法律》，李旭、沈伟伟译，清华大学出版社，2009。

李星、包丛笑：《大道至简 互联网技术的演进之路——纪念APPANET诞生50周年》，《中国教育网络》2020年第1期。

李艳：《网络空间治理机制探索：分析框架与参与路径》，时事出版社，2018。

鲁传颖：《网络空间治理与多利益攸关方理论》，时事出版社，2016。

陆国亮：《国际传播的媒介基础设施：行动者网络理论视阈下的海底电

缆》，《新闻记者》2022 年第 9 期。

罗伯特·多曼斯基：《谁治理互联网》，华信研究院信息化与信息安全研究所译，电子工业出版社，2018。

马丁·坎贝尔-凯利等：《计算机简史》，蒋楠译，人民邮电出版社，2020。

马克·布尔金：《信息论：本质、多样性、统一》，王恒君、嵇立安等译，知识产权出版社，2015。

门罗·E. 普莱斯：《媒介与主权：全球信息革命及其对国家权力的挑战》，麻争旗等译，中国传媒大学出版社，2008。

弥尔顿·穆勒：《从根上治理互联网——互联网治理与网络空间的驯化》，段海新、胡泳译，电子工业出版社，2019。

尼古拉斯·格林伍德·奥努夫：《我们建构的世界：社会理论与国际关系中的规则与统治》，孙吉胜译，上海人民出版社，2017。

全国名词委信息科学新词审定组：《关于 Internet 的汉语定名》，《科技术语研究》1998 年第 1 期。

沈逸：《美国国家网络安全战略》，时事出版社，2013。

唐守廉：《互联网及其治理》，北京邮电大学出版社，2008。

汪晓风：《美国互联网外交：缘起、特点及影响》，《美国问题研究》2010 年第 2 期。

王明国：《全球互联网治理的模式变迁、制度逻辑与重构路径》，《世界经济与政治》2015 年第 3 期。

王秀卫：《论南海海底电缆保护机制之完善》，《海洋开发与管理》2016 年第 9 期。

隗永刚：《挪威地震台阵（NORSAR）的功能与布局》，《地震地磁观测与研究》2020 年第 6 期。

武琼等：《中美在海底光缆领域的战略竞争及影响》，《和平与发展》2022 年第 4 期。

徐培喜：《米歇尔 Vs. 米盖尔：谁导致了 UN GGE 全球网络安全谈判的破裂?》，《信息安全与通信保密》2017 年第 10 期。

徐培喜:《全球传播政策:从传统媒介到互联网》,清华大学出版社,2018。

徐培喜:《ICANN@十字路口:驾驭 IANA 职能管理权移交》,《汕头大学学报》2016 年第 6 期。

徐培喜:《网络空间全球治理:国际规则的起源、分歧及走向》,社会科学文献出版社,2018。

杨吉:《互联网:一部概念史》,清华大学出版社,2016。

约翰·诺顿:《互联网:从神话到现实》,朱萍、茅庆征等译,江苏人民出版社,2001。

约万·库尔巴里贾:《互联网治理(第七版)》,鲁传颖、惠志斌等译,清华大学出版社,2019。

詹姆斯·格雷克:《信息简史》,楼伟珊、高学栋等译,人民邮电出版社,2013。

詹姆斯·F.库罗斯:《计算机网络:自顶向下的方法》,陈鸣译,机械工业出版社,2022。

张伟:《因特网≠互联网——Internet 与 internet 是两个不同的名词》,《中国计算机学会通讯》2005 年第 3 期。

张宇燕主编《全球政治与安全报告(2023)》,社会科学文献出版社,2022。

赵月枝:《传播与社会:政治经济与文化分析》,中国传媒大学出版社,2011。

周钰哲、滕学强、彭璐:《6G 全球最新进展及启示》,《中国工业和信息化》2023 年第 7 期。

Anders Henriksen, "The End of the Road for the UN GGE Process: The Future Regulation of Cyberspace," https://academic.oup.com/cybersecurity/article/5/1/tyy009/5298865, 2019.

Allan H. Weis, "Commercialization of the Internet," *Internet Research*, Vol. 20, No. 4, 2010.

Brad Smith, "The Need for a Digital Geneva Convention," https：//blogs. microsoft. com/on-the-i ssues/2017/02/14/need-digital-geneva-convention/.

Château de Bossey, "Report of the Working Group on Internet Governance," https：//www. wgig. org/docs/WGIGREPORT. pdf.

Castells M. , *The Internet Galaxy*：*Reflections on the Internet, Business, and Society*, Oxford：Oxford University Press.

Cendic Kristina, Gosztonyi Gergely, "Main Regulatory Plans in European Union's New Digital Regulation Package," Digital Transformation and Information Society, 2021.

Christian Bueger, Tobias Liebetrau, Jonas Franken, "Security Threats to Undersea Communications Cables and Infrastructure Consequences for the EU," https：//www. europarl. europa. eu/thinktank/en/document/EXPO_IDA（2022）702557.

"Christchurch Call," https：//www. christchurchcall. com/assets/Documents/ Christchurch-Call-full- text-English. pdf.

Crowston K. , Howison J. , "The Social Structure of Free and Open Source Software Development," https：//doi. org/10. 5210/fm. v10i2. 1207.

Council of Europe, "Internet Governance-Council of Europe Strategy 2016-2019," https：//search. coe. int/cm/Pages/result_details. aspx? ObjectId=09000016805c1b60.

Daniel Stauffacher, "UN GGE and UN OEWG：How to Live with Two Concurrent UN Cybersecurity Processes," https：//ict4peace. org/activities/ ict4peace-at-the-jeju-peace-forum-how-to-live-with-two-concurrent-un- cybersecurity-processes/.

David R. Johnson, Susan P. Crawford, John G. Palfrey, "The Accountable Internet：Peer Production of Internet Governance," The Virginia Journal of Law and Technology 9, 2004.

"Digital Opportunities for All：Meeting the Challenge," https：//www. itu. int/net/wsis/docs/background/general/reports/26092001_dotforce. htm.

Data Reportal, "Digital 2023：Global Overview Report," January26,

2023, https://datareportal.com/reports/digital-2023-global-overview-report.

European Commission, "Communication on Tackling Illegal Content Online: Towards an Enhanced Responsibility of Online Platforms," https://digital-strategy.ec.europa.eu/en/library/communication-tackling-illegal-content-online-towards-enhanced-responsibility-online-platforms.

European Commission, "Tackling Online Disinformation: A European Approach," https://eur-lex.europa.eu/legal-content/EN/TXT/? uri = CELEX: 52018DC0236.

European Commission, "Next Steps Against Fake News: Commission Sets up High-level Expert Group and Launches Public Consultation," https://ec.europa.eu/commission/presscorner/detail/en/IP_17_4481.

European Commission, "Report of the Independent High Level Group on Fake News and Online Disinformation," https://digital-strategy.ec.europa.eu/en/library/final-report-high-level-expert-group-fake-news-and-online-disinformation.

European Commission, "Annual Self-assessment Reports of Signatories to the Code of Practice on Disinformation 2019," https://wayback.archive-it.org/12090/20201215231950/https://ec.europa.eu/digital-single-market/en/news/annual-self-assessment-reports-signatories-code-practice-disinformation-2019.

European Commission, "Assessment of the Code of Practice on Disinformation-Achievements and Areas for Further Improvement," https://digital-strategy.ec.europa.eu/en/library/assessment-code-practice-disinformation-achievements-and-areas-further-improvement.

European Commission, "Guidance on Strengthening the Code of Practice on Disinformation," https://digital-strategy.ec.europa.eu/en/library/guidance-strengthening-code-practice-disinformation.

European Commission, "2022 Strengthened Code of Practice on

Disinformation，" https：//digital － strategy. ec. europa. eu/en/library/2022 － strengthened－code－practice－disinformation.

"Facebook Users by Country 2023，" World Population Review，https：// worldpopulationreview. com/country－rankings/facebook－users－by－country.

Gabriel Cederberg，Jordan D'Amato，et al. ，"National Counter－Information Operation Strategy，" https：//www. belfercenter. org/publication/national － counter－information－operations－strategy，2019.

"Global Information Infrastructure and Global Information Society（GII－GIS），" https：//www. oecd－ilibrary. org/docserver/237382063227. pdf？ expires＝17062 53422&id＝id&accname＝guest&checksum＝897DA47F06A7C81014EF3DE7815 FEEC4.

"Governing AI：A Blueprint for the Future，" https：//query. prod. cms. rt. microsoft. com/cms/api/am/binary/RW14Gtw.

Grier D. A. ，Campbell M. ，"A Social History of Bitnet and Listserv，1985－1991，" IEEE Annals of the History of Computing. Volume：22，Issue：2，April－June 2000.

Guarnieri M. ，"The Conquest of the Atlantic，" *IEEE Industrial Electronics Magazine*，8（1），2014.

Michael Hauben，Ronda Hauben，"Behind the Net：The Untold Story of the ARPANET and Computer Science，" https：// firstmonday. org/ojs/index. php/ fm/article/view/612/533#31，1998.

Hauben Ronda，Vinton Cerf. ，"The Internet：On its International Origins and Collaborative Vision（a work in progress），" *Amateur Computerist* 12. 2，2004.

Haigh Kenneth Richardson，"Cable Ships and Submarine Cables，" London：Adlard Coles，ISBN 9780229973637，1968.

Irene Khan，"Disinformation and Freedom of Opinion and Expression，" https：//documents. un. org/doc/undoc/gen/g21/085/64/pdf/g2108564. pdf？ token＝2xaoTnsidhOEvZWn8s&fe＝true.

ITU-R, "Framework and Overall Objectives of the Future Development of IMT for 2030 and Beyond," https：//www. itu. int/rec/R-REC-M. 2160-0-202311-I/en.

Jeanette Hofmann, "Internet Governance: A Regulative Idea in Flux," Global Internet Governance: Critical Concepts in Sociology, edited by Laura DeNardis, Volume I, Routledge.

Jeffrey A. Hart, "The Digital Opportunities Task Force: The G8's Effort to Bridge the Global Digital Divide," Conference Paper, March 2004, https：//www. researchgate. net/publication/279516571_The_Digital_Opportunities_Task_Force_Results_of_an_Email_Survey_of_Participants.

Joel Snyder, Konstantinos Komaitis, Andrei Robachevsky, "The History of IANA: An Extended Timeline with Citations and Commentary," https：//www. internetsociety. org/wp-content/uploads/2016/05/ IANA_Timeline_20170117. pdf.

Jonathan E. Hillman, "Securing the Subsea Network: A Primer for Policymakers," https：//www. csis. org/analysis/securing-subsea-network-primer-policymakers.

John Lee, Meia Nouwens, Kai Lin Tay, "Strategic Settings for 6G: Pathways for China and the US," https：//www. iiss. org/research-paper/2022/08/strategic-settings-for-6g-pathways-for-china-and-the-us/.

Josh Cowls, etc. , "App Store Governance: Implications, Limitations, and Regulatory Responses," Telecommunications Policy 47, 2023.

Kirstein P. T. , "Early Experiences with ARPANET and INTERNET in the UK," http：//www. nrg. cs. ucl. ac. uk/mjh/kirstein-arpanet. pdf, accessed 28 July 2009.

Kalina Bontcheva, Julie Posetti, "Balancing Act: Countering Digital Disinformation While Respecting Freedom of Expression," https：//www. broadbandcommission. org/Documents/working-groups/FoE_Disinfo_Report. pdf.

Leiner B. M. , et al. , "The Past and Future History of the Internet," *Communications of the ACM*, 1997, 40 （2）.

Lessig Larry, "Governance," Keynote Speech at CPSR Conference on Internet Governance, http：//cyber. harvard. edu/works/lessig/cpsr. pdf, 1998.

Malte Ziewitz, Ian Brown, "A Prehistory of Internet Governance," Global Internet Governance：Critical Concepts in Sociology, edited by Laura DeNardis, Volume I, Routledge.

Marcia S. Smith, John D. Moteff, Lennard G. Kruger, Glenn J. McLoughlin, Jeffrey W. Seifert, *Internet：An Overview of Key Technology Policy Areas Affecting Its Use and Growth*, Washington D. C. ：Congressional Research Service, 2001.

Martijn Rasser, Ainikki Riikonen, Henry Wu, "Edge Networks, Core Policy：Securing America's 6G Future," https：//www. cnas. org/publications/reports/edge-networks-core-policy, 2021.

Mathieu Pollet, "EU Looks to Boost Secure Submarine Internet Cables in 2024," https：//www. politico. eu/article/eu – looks – to – boost – secure – submarine-internet-cables-in-2024/.

Michael Mink, "How the Clean Network Alliance of Democracies Turned the Tide on Huawei in 5G," https：//www. lifeandnews. com/articles/how – the – clean-network-alliance-of-democracies-turned-the-tide-on-huawei-in-5g.

Michael J. Mazarr, Ryan Michael Bauer, et al. , "The Emerging Risk of Virtual Societal Warfare：Social Manipulation in a Changing Information Environment," https：//www. rand. org/content/dam/rand/pubs/research_reports/RR2700/RR2714/RAND_RR2714. pdf, 2019.

Mike Pompeo, "Announcing the Expansion of the Clean Network to Safeguard America's Assets," https：//www. state. gov/announcing – the – expansion-of-the-clean-network-to-safeguard-americas-assets/.

National Oceanic and Atmospheric Administration, "Submarine Cables – International Framework," https：//www. noaa. gov/general – counsel/gc – international-section/submarine-cables-international-framework, 2023.

"OECD Digital Economy Papers," https：//www. oecd - ilibrary. org/ science-and-technology/oecd-digital-economy-papers_20716826？ page＝1.

"Okinawa Charter on Global Information Society," https：//www. mofa. go. jp/policy/economy/summit/2000/pdfs/charter. pdf.

Rebecca Spence, "Where in the World are Those Pesky Cable Ships？" Submarine Telecoms Magazine 15, 2020, https：//issuu. com/subtelforum/ docs/subtel_forum_115/14.

"RFC2235：Hobbes' Internet Timeline," https：//www. rfc - editor. org/ rfc/pdfrfc/rfc2235. txt. pdf.

"RFC 8700：Fifty Years of RFCs," https：//www. rfc - editor. org/rfc/ rfc8700. html.

"RFC9281：Entities Involved in the IETF Standards Process," https： // www. rfc- editor. org/rfc/rfc9281. pdf.

Ronda Hauben, "The Internet：On Its International Origins and Collaborative Vision（a Work in Progress），" *Amateur Computerist* 2004（2）.

Rajiv C. Shah, Jay P. Kesan, "The Privatization of the Internet's Backbone Network," https：//www. researchgate. net/publication/240932934_ The_Privatization_of_the_Internet's_Backbone_Network.

Sander Sagar, Thomas Hoffmann, "Intermediary Liability in the EU Digital Common Market from the E-Commerce Directive to the Digital Services Act," IDP Revista de Internet Derecho y Política 34（2021），https：//www. researchgate. net/publication/357140122_ Intermediary _ Liability _ in _ the _ EU _ Digital_Common_Market.

Samantha Bradshaw, Hannah Bailey, et al. , "Industrialized Disinformation： 2020 Global Inventory of Organized Social Media Manipulation," https： // demtech. oii. ox. ac. uk/wp － content/uploads/sites/127/2021/02/CyberTroop － Report20-Draft9. pdf, 2021.

Shane Greenstein, "How the Internet Became Commercial," Innovation,

Privatization, and the Birth of a New Network, Princeton University Press.

Shaw Robert, "Reflection on Governments, Governance and Sovereignty in the Internet Age," http: //people. itu. int/ ~ shaw/docs/reflections-on-ggs. htm.

Stamatis Dragoumanos, "Trade Restrictions Should have Minimal Impact on IEEE Members," https: //region8today. ieeer8. org/ieee-huawei/.

Telegeography, "Submarine Cable Frequently Asked Questions," https: // www2. telegeography. com/submarine-cable-faqs-frequently-asked-questions.

United Nations Division for Ocean Affairs and the Law of the Sea, "The United Nations Convention on the Law of the Sea (A Historical Perspective) ," https: //www. un. org/depts/los/convention _ agreements/convention _ overview _ convention. htm, Page last updated: 21/07/2023.

United Nations General Assembly, "Developments in the Field of Information and Telecommunications in the Context of International Security," A/RES /60/ 45, 1998.

United Nations General Assembly, "Developments in the Field of Information and Telecommunications in the Context of International Security," A/RES /58/32, 2003.

United Nations General Assembly, "Report of the Group of Governmental Experts on Developments in the Field of Information and Telecommunications in the Context of International Security," A/RES /65/201, 2010.

United Nations General Assembly, "Report of the Group of Governmental Experts on Developments in the Field of Information and Telecommunications in the Context of International Security," A/RES / 68 / 98, 2013.

United Nations General Assembly, "Report of the Group of Governmental Experts on Developments in the Field of Information and Telecommunications in the Context of International Security," A/RES /70/174, 2015.

United Nations Institute for Disarmament Research, "Report of the International Security Cyber Issues Workshop Series," 2016.

United Nations General Assembly, "Developments in the Field of Information and Telecommunications in the Context of International Security," A/RES /73/ 27, 2018.

United Nations General Assembly, "Countering Disinformation for the Promotion and Protection of Human Rights and Fundamental Freedoms," https: //documents. un. org/doc/undoc/gen/n21/416/87/pdf/n2141687. pdf? token = Qdk3BIlUfCxBEoc6e5&fe = true.

Wearesocial, "Digital 2024: Global Overview Report," https: //datareportal. com/reports/digital- 2024-global-overview-report.

Weber S. , *The Success of Open Source*, Cambridge, MA: Harvard Univ Pr.

WEF, "Global Risks Report 2024," https: //www. weforum. org/ publications/global-risks-report- 2024/.

William Yuen Yee, "Laying Down the Law Under the Sea: Analyzing the US and Chinese Submarine Cable Governance Regimes," https: //jamestown. org/ program/laying-down-the-law-under-the-sea-analyzing-the-us-and-chinese-submarine-cable-governance-regimes/.

Wolfgang Kleinwächter, "Internet Governance Outlook 2013: ' Cold Internet War' or ' Peaceful Internet Coexistence' ," https: //circleid. com/posts/2013 0103_internet_governance_outlook_2013.

图书在版编目（CIP）数据

互联网治理：历史演进与分层解析 / 戴丽娜著 .
北京：社会科学文献出版社，2024.9. --ISBN 978-7
-5228-3968-4

Ⅰ . TP393.407

中国国家版本馆 CIP 数据核字第 202445ZW01 号

互联网治理：历史演进与分层解析

著　　者 / 戴丽娜

出 版 人 / 冀祥德
责任编辑 / 吴　敏
责任印制 / 王京美

出　　版 / 社会科学文献出版社
　　　　　地址：北京市北三环中路甲 29 号院华龙大厦　邮编：100029
　　　　　网址：www.ssap.com.cn
发　　行 / 社会科学文献出版社（010）59367028
印　　装 / 三河市尚艺印装有限公司

规　　格 / 开　本：787mm×1092mm　1/16
　　　　　印　张：17.5　字　数：266 千字
版　　次 / 2024 年 9 月第 1 版　2024 年 9 月第 1 次印刷
书　　号 / ISBN 978-7-5228-3968-4
定　　价 / 89.00 元

读者服务电话：4008918866

▲ 版权所有 翻印必究